计算机信息技术基础教程

主 编 许晓萍 李 科 郑 艳 冷艳萍

南京大学出版社

图书在版编目(CIP)数据

计算机信息技术基础教程 / 许晓萍等主编. —2 版
. —南京：南京大学出版社，2022.2(2023.9 重印)
ISBN 978 - 7 - 305 - 25157 - 3

Ⅰ. ①计… Ⅱ. ①许… Ⅲ. ①电子计算机—高等职业
教育—教材 Ⅳ. ①TP3

中国版本图书馆 CIP 数据核字(2021)第 233825 号

出版发行　南京大学出版社
社　　址　南京市汉口路 22 号　　　　　邮　　编　210093
出 版 人　王文军

书　　名　计算机信息技术基础教程
主　　编　许晓萍　李　科　郑　艳　冷艳萍
责任编辑　吕家慧　　　　　　　　编辑热线　025 - 83597482
照　　排　南京开卷文化传媒有限公司
印　　刷　丹阳兴华印务有限公司
开　　本　787×1092　1/16　印张　18　字数 438　千
版　　次　2022 年 2 月第 2 版　2023 年 9 月第 2 次印刷
ISBN　978 - 7 - 305 - 25157 - 3
定　　价　49.80 元

网址：http://www.njupco.com
官方微博：http://weibo.com/njupco
微信服务号：NJUyuexue
销售咨询热线：(025)83594756

前　言

为适应信息化时代的需要，促进信息化产业的发展，推动信息化强国的建设，培养大批能熟悉并掌握计算机信息处理技术的基本知识和操作技能的应用型人才是各高校的重要任务。"大学计算机信息技术基础"课程是各普通高等学校普遍开设的一门公共基础课。

"大学计算机信息技术基础"课程由两部分组成：一是理论知识部分，主要介绍计算机信息处理方面的基本概念、原理和技术；二是上机实践部分，主要是 Windows 基本操作、网络应用及微软 Office 中 Word、Excel 和 PowerPoint 三个常用软件的使用。

本教材围绕数字化教学特征，结合普通高校的应用型人才培养特点，为改革传统教学模式，实现线上线下混合式教学而全新打造。

本教材主要由四大部分组成。

第一部分是基础知识部分，分六个章节：第一章介绍数字技术的基本知识，第二章剖析计算机硬件的组成及其工作原理，第三章是操作系统与应用软件的基本知识，第四章介绍互联网的组成、原理和功能，第五章对文字、图像、音频和视频的处理与应用作了简单介绍，第六章讲解数据库及其应用的相关情况。为了拓宽知识面，每一章后面补充了一些延展阅读材料，供学生课后自学。

第二部分是上机实践部分，分五个项目：项目一是 Windows 基本操作，项目二为网络应用，项目三是 Word 2016 文档排版，项目四是 Excel 2016 电子表格处理，项目五为 PowerPoint 2016 演示文稿编辑及美化。每个项目采用"任务驱动、自主学习"特点，充分利用了现代信息技术手段融合视频教学资源，实现立体化教学特色。

第三部分和第四部分为江苏省及全国计算机一级的考试大纲及真题卷，充分体现教考内容一体化，为学生继续学习深造提供参考途径。

另外，本书提供了课后自测题和真题试卷的答案。

本教材涉及相关操作素材及视频可通过扫描二维码，轻松获取，可供学生课后自学。

本书的编写者是长期承担大学计算机信息技术基础课程的一线教师，具有丰富的教学经验。

尽管经过了反复斟酌与修改，但因时间仓促、能力有限，书中存在的疏漏与不足之处，敬请广大师生指正。

本教材由"无锡城市职业技术学院重点教材"项目资助。

目　录

第一部分　基础知识

第二部分　实训指导

第三部分 考试大纲

第四部分 真题卷

第一部分　基础知识

第一章

信息技术概述

　　信息与信息技术无处不在。本章先介绍信息与信息技术相关知识，然后重点讲解电子信息技术的基础知识：数字技术和微电子技术。

1.1　信息与信息技术

1.1.1　信息与信息处理

1. 信息

　　信息（information）是一个高度概括的抽象概念，不同场合有不同的含义，很难对其进行统一的定义。"控制论之父"维纳曾经说过："信息就是信息，它既不是物质也不是能量。"信息是客观世界中各种事物运动状态和变化内容的反映，是认识主体对客观事物状态和变化的感知。

　　信息、物质和能量是客观世界的三大构成要素。

2. 信息处理

　　信息处理指与信息的收集、加工、存储、传递、施用相关的行为和活动。

　　（1）信息的收集，如信息的感知、测量、获取、输入等。

　　（2）信息的加工，如分类、计算、分析、转换、检索等。

　　（3）信息的存储，如书写、摄影、录音、录像等。

　　（4）信息的传递，如邮寄、出版、电报、电话、广播、短信、微信、博客等。

　　（5）信息的施用，如控制、显示、导航、机器人等。

　　在人工信息处理过程中，人们运用不同的信息器官进行不同的信息处理活动。

1.1.2　信息技术与信息产业

1. 信息技术

　　信息技术（information technology，或 information & communication technology，简称IT 或 ICT），指用来扩展人们信息器官功能、协助人们更有效地进行信息处理的一门技术。人们的信息器官主要有感觉器官、神经网络、大脑及效应器官，它们分别用于获取信息、传递

信息、加工和存储信息以及施用信息使其产生实际效用。因此,基本的信息技术包括:

（1）扩展感觉器官功能的感测（获取）与识别技术。

（2）扩展神经系统功能的通信技术。

（3）扩展大脑功能的计算（处理）与存储技术。

（4）扩展效应器官功能的控制与显示技术。

信息技术已经成为当今社会最有活力、最有效益的生产力之一。现代信息技术的主要特征是:以数字技术为基础,以计算机及其软件为核心,采用电子技术（包括激光技术）进行信息的收集、传递、加工、存储、显示与控制。它包括通信、广播、计算机、因特网、微电子、遥感遥测、自动控制、机器人等诸多领域。

2. 信息产业

信息产业（也称为"电子信息产业"）是指信息设备生产制造,以及利用这些设备进行信息采集、储存、传递、处理、制作与服务的所有行业与部门的总和。

1.1.3 信息化和信息社会

1. 信息化

信息化源于 20 世纪 60 年代。所谓信息化,就是利用现在信息技术对人类社会的信息和知识的生产与传播进行全面改造,使人类社会生产体系的组织结构和经济结构发生全面变革的一个过程,是推动人类社会从工业社会向信息社会转变的一个社会转型过程。

信息化是当今世界发展的大趋势,也是我国产业结构优化与升级、实现工业化和现代化、增强国际竞争力与提高综合国力的关键。目前我国正处于工业化的中后期,虽然已成为全球第一制造大国,但是工业大而不强,在核心技术、产品附加值、产品质量、生产效率、能源资源利用和环境保护等方面与发达国家相比,还存在较大差距。当前,全球新一轮科技革命和产业变革正日新月异,移动互联网、云计算、物联网、大数据、人工智能等新技术在制造业和服务业的应用,不断催生和孕育新产品、新业态、新模式,引发经济发展的深刻变革。

2. 信息社会

信息社会也称信息化社会。社会学和经济学学者认为,从生产力和产业结构演进的角度看,人类社会正从工业社会向信息社会转型。信息社会中,信息将借助材料和能源的力量产生重要价值而成为社会进步的基本要素,信息技术在生产、科研、教育、医疗保健、企业和政府管理以及家庭生活中的广泛应用,从而对经济和社会发展产生了巨大而深刻的影响,从根本上改变了人们的生活方式、行为习惯和价值观念。

1.2 数字技术基础

1.2.1 数字信息的基本单位——比特

1. 比特的概念

比特（bit,binary digit 的缩写）,中文翻译为"二进位数字""二进位"或简称为"位",一般用小写字母"b"表示。它只有两种状态（取值）:数字 0 和数字 1,它无颜色,无大小和重量,只代表两种状态,如开关的开或关,电平的高或低,电流的有或无。如同 DNA 是人体组织的最小单位、原子是物质的最小组成单位一样,比特是组成数字信息的最小单位。

数值、文字、符号、图像、声音、命令等都可以使用比特来表示,但是这个单位太小了,比比特稍大些的计量单位就出现了,是"字节(byte)",用大写字母"B"表示,1 个字节用 8 个比特来表示(1B＝8b)。

2. 比特的存储

1) 存储方式

(1) 触发器

在计算机和手机的 CPU 中,比特存储在一种称为触发器的双稳态电子线路中。一个触发器可以存储 1 个比特,一组触发器(如 8 个、16 个或更多个)可以存储一组比特,它们称为"寄存器"。用集成电路制成的触发器和寄存器工作速度极快,其工作频率可达 GHz 的水平(1GHz＝10^9 Hz),也就是说,其"0""1"状态的改变每秒可高达几十亿次。

(2) 电容器

当电容的两极加上电压,电容将被充电,电压撤销以后,充电状态仍会保持一段时间。这样,电容的充电和未充电状态就可以分别表示 1 和 0。现在微电子技术已经可以在一块半导体芯片上集成以亿计的微小的电容器,它们构成了可存储大量二进位信息的半导体存储器。

(3) 磁盘

磁盘是利用磁介质表面区域的磁化状态来存储二进位信息的。

(4) 光盘

光盘是通过"刻"在盘片光滑表面上的微小凹坑来记录二进位信息。

2) 存储容量

存储容量是存储器的一项重要的性能指标。内存储器(也称为主存储器)的容量单位中的前缀符号(如 K、M、G、T 等)通常使用 2 的幂次来计量,因为这有利于存储器芯片的设计和使用。经常使用的存储器容量单位有:

KB(kilobyte,千字节): 1 KB ＝ 2^{10} 字节 ＝ 10 24 B

MB(megabyte,兆字节):1 MB ＝ 2^{20} 字节 ＝ 1 024 KB

GB(gigabyte,吉字节):1 GB ＝ 2^{30} 字节 ＝ 1 024 MB(千兆字节)

TB(terabyte,太字节): 1 TB ＝ 2^{40} 字节 ＝ 1 024 GB(兆兆字节)

然而,上述 kilo、mega、giga、tera 等前缀符号在传统领域(如距离、速度、频率等)中是以 10 的幂次来计算的。用作外存储器(也称为辅助存储器)的磁盘、U 盘、光盘中的信息并不需要被 CPU 直接存取,其容量不必一定是 2 的幂次的倍数,所以设备制造商大多采用 10 的幂次来计算其存储容量,如 $1TB＝10^3 GB＝10^6 MB＝10^9 KB＝10^{12} B$,有利于降低成本,因此,用户在使用外存储器的过程中就会发现容量被缩小了的怪现象。

3. 比特的传输

在数据通信和计算机网络中传输二进位信息时,是一位一位串行传输的,传输速率大多使用每秒多少比特来度量,称为比特率,经常使用的传输速率单位如下:

比特/秒(b/s),也称"bps"(bits per second)

千比特/秒(kb/s),$1kb/s＝10^3$ 比特/秒＝1 000 b/s(小写 k 表示 1 000)

兆比特/秒(Mb/s),1Mb/s＝10^6比特/秒＝1 000 kb/s

吉比特/秒(Gb/s),1Gb/s＝10^9比特/秒＝1 000 Mb/s

太比特/秒(Tb/s),1Tb/s＝10^{12}比特/秒＝1 000 Gb/s

4. 比特的运算

比特的取值只是表示两种不同的状态,不是数量上的概念,因此在运算过程中,采用基本的逻辑运算,在运算过程中,它们按位独立进行,不受其他位影响:

逻辑加(或运算,用符号"OR""∨""＋"表示):只要有一个 1 就为 1;

逻辑乘(与运算,用符号"AND""∧""·"表示):两个都为 1 才为 1;

取反(非运算,用符号"NOT"或上横杠"——"表示):0 取反为 1,1 取反为 0。

例如:

(逻辑加)　　　　1 0 1 0　　　　　　　(逻辑乘)　　　　1 0 1 0

　　　　　∨ 0 0 1 1　　　　　　　　　　　　　∧ 0 0 1 1

　　　　　1 0 1 1　　　　　　　　　　　　　　　0 0 1 0

1.2.2 数制与数制转换

数的进位制称为数制。日常生活中人们使用的都是十进制,但计算机使用的是二进制数,程序员还使用八进制和十六进制数。

表 1-1　计算机中常用的四种进位计数制的表示

进　制	计数规则	基 本 符 号	代表符号
十进制	逢十进一	0,1,2,3,4,5,6,7,8,9	D(可省略)
二进制	逢二进一	0,1	B
八进制	逢八进一	0,1,2,3,4,5,6,7	O(Q)
十六进制	逢十六进一	0,1,2,3,4,5,6,7,8,9,A,B,C,D,E,F(或者小写 a,b,c,d,e,f)	H

表 1-1 中,十六进制的基本符号中除了十进制数中的 0~9 外,还使用了六个英文字母,它们是 A,B,C,D,E,F,分别等于十进制的 10,11,12,13,14,15。

在进制数值的表示方法中,可以用括号加数制下标或者加代表符号两种方式,如 $(18)_{10}$＝18D,$(101100.011)_2$＝101100.011B,$(4c.a)_{16}$＝4c.aH,$(377)_8$＝377O(备注:由于字母"O"和数字"0",容易混淆,所有有些书上八进制符号也用 Q 来表示)。

1. 二进制数的算术运算

使用比特来表示的数称为二进制数,有大小之分,可以进行算术运算,运算过程存在进位和借位规则。

例如:

(算术加)　 1 0 1 0　　　　　　　(算术减)　 1 0 1 0

　　　　＋ 0 0 1 1　　　　　　　　　　　－ 0 0 1 1

　　　　 1 1 0 1　　　　　　　　　　　　　 1 1 1

　　　逢二进一　　　　　　　　　　　　　向前借位

2. 进制转换方法

1) 传统的进制转换法

(1) 任意进制 R 转换为十进制：权值展开相加

例：$(abc.d)R = a \times R^2 + b \times R^1 + c \times R^0 + d \times R^{-1}$，依次类推，以小数点为中心，向左分别是第 0、1、2······位，向右分别是 $-1、-2$······位。

(2) 十进制转换成任意进制 R $\begin{cases} 整数部分：除 R 取余倒序。 \\ 小数部分：乘 R 取整顺序。 \end{cases}$

例 1 十进制数 29.6875 转换成二进制。

整数部分：
```
2 | 29    ······1   低位
2 | 14    ······0
2 |  7    ······1
2 |  3    ······1
2 |  1    ······1   高位
     0    余数
```

小数部分：
```
          0.6875
          × 2
1.       3750   高位
          × 2
0.       7500
          × 2
1.       5000
          × 2
1.       0000   低位
```

答：$(29.6875)_{10} = 11101.1011\ B$

(3) 八、十六进制与二进制互换

表 1-2 二、八、十六进制之间的关系

八进制	二进制	十六进制	二进制	十六进制	二进制
0	000	0	0000	8	1000
1	001	1	0001	9	1001
2	010	2	0010	A	1010
3	011	3	0011	B	1011
4	100	4	0100	C	1100
5	101	5	0101	D	1101
6	110	6	0110	E	1110
7	111	7	0111	F	1111

根据上表对应关系，二进制转换成八进制时，以小数点为中心，向左右两边分组，每三位为一组，两头不足三位补 0 即可。同理，十六进制只需要四位为一组进行分组分别进行转换。

例 2 10101101.11B 转换为八进制值是多少？

解：　　　　　二进制　　1 0　1 0 1　1 0 1 . 1 1　B

以小数点为中心进行分组 | 0 1 0 | 1 0 1 | 1 0 1 | . | 1 1 0 | B

　　　　　八进制　　2　　5　　5　. 6　Q

答：10101101.11B＝$(255.6)_8$

例 3 C4.6H 转换为二进制值是多少？

解：对应表 2，1 个十六进制符号用 4 个二进制符号表示。

　　　　　　　C　　4　.　6

对应的二进制　1100　0100　.　0110

答:C4.6H＝11000100.011B(注意:所得二进制值最左边和最右边若为 0 可以去掉,不影响其值的大小)。

2) 二进制与十进制的快速转换法

表 1－3　十进制与二进制的关系(熟记该表)

n	10	9	8	7	6	5	4	3	2	1	0	−1	−2	−3	−4
2^n	1024	512	256	128	64	32	16	8	4	2	1	0.5	0.25	0.125	0.0625

(1) 按权求和

例 4　11010011.011B 转换成十进制值是多少?

小数点的位置

$$1\ 1\ 0\ 1\ 0\ 0\ 1\ 1\ .\ 0\ 1\ 1$$

以小数点为中心,对应的权值 $\boxed{2^7}\ \boxed{2^6}\ 2^5\ \boxed{2^4}\ 2^3\ 2^2\ \boxed{2^1}\ \boxed{2^0}\ 2^{-1}\ \boxed{2^{-2}}\ \boxed{2^{-3}}$

答:$11010011.011B=128+64+16+2+1+0.25+0.125=(211.375)_{10}$

(2) 权值分解

例 5　$(777.75)_{10}$ 转换为二进制的值是多少?

解:把 777.75 的整数部分和小数部分分别拆分成表 1－3 中多个 2^n 的值相加的式子

$$(777.75)_{10}=512+256+8+1+0.5+0.25=2^9+2^8+2^3+2^0+2^{-1}+2^{-2}$$

从高到低位置排列　$2^9\ \ 2^8\ \ 2^7\ \ 2^6\ \ 2^5\ \ 2^4\ \ 2^3\ \ 2^2\ \ 2^1\ \ 2^0\ \ 2^{-1}\ \ 2^{-2}$

结果　　　　　　　1　1　0　0　0　0　1　0　0　1　.　1　1

答:$(777.75)_{10}=1100001001.11B$

(3) 特殊的值的互换规律

十进制	2^n	2^n-1
二进制	1 后面 n 个 0	n 个 1

例 6　$(63)_{10}$ 转换成二进制的值是多少?

解:$(63)_{10}=64-1=2^6-1=111111$ B(6 个 1)

例 7　1111B 转换成十进制值是多少?

解:10000B(1 后面 4 个 0)＝$2^4=(16)_{10}$

3) 计算器转换法(注意:只能进行十、二、八、十六四种进制之间的整数互换)

例 8　同十进制数 20 等值的十六进制数是多少? 八进制数是多少? 二进制数是多少?

解题方式如图 1－1 所示:

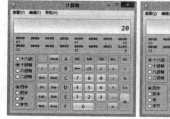

图 1－1　计算器解题

解:$(20)_{10}=(14)_{16}=(24)_8=(10100)_2$

1.2.3 信息在计算机中的表示

计算机可以处理各种各样的信息,如数值、文字、图像、声音等。这些信息在计算机内部都是用比特(二进位)来表示的。在本节中重点讲解数值在计算机中的表示,文字、图像等会在第 5 章重点讲解。

数值信息指的是数学中的数,它有正负和大小之分。计算机中的数值信息分成整数和实数两大类。整数不适用小数点,或者说小数点始终隐含在个位数的右面,所以整数也叫作"定点数"。

1. 无符号整数

无符号整数常常用于表示地址、索引等正整数,它的取值范围由位数决定。若有 n 位无符号二进位,它的取值范围用二进位表示是 n 个 $0 \sim n$ 个 1 之间,n 个 0 转换成十进制值为 0,而 n 个 1 转换成十进制值为 $2^n - 1$,因此 n 个二进位的无符号整数的取值范围是 $0 \sim 2^n - 1$。

2. 带符号整数

带符号整数的最高位代表符号位,其中"0"代表正(+)整数,"1"代表负(-)整数,其余各位则表示数值大小。

例如:$\boxed{0}$ 1111111B= $\boxed{+}$ 127　　　　　　　$\boxed{1}$ 1111111= $\boxed{-}$ 127

1) 原码

上述的表示法称为"原码"。可见,n 个带符号二进位的取值范围用二进位来表示除最高位符号位外其余位都为 1,转换为十进制值为 $-(2^{n-1}-1) \sim +(2^{n-1}-1)$。

2) 补码

原码表示法虽然与人们日常习惯较一致,但由于十进制值 0 有两种表示方法($0\ 0\cdots000B$ 和 $1\ 0\cdots000B$),且加法运算和减法运算的规则不统一,需要分别使用加法器和减法器来完成,增加了计算机运算器的复杂性。为此,负整数在计算机内不采用"原码"而都采用"补码"来表示。

原码和补码的转换公式:补码=(原码)$_{取反}$+1(注意:符号位不变)。

例 9 请用八个二进位写出 $(-31)_{10}$ 的原码和补码。

解:　　　　　$(-31)_{原码}=$ 10011111B

绝对值部分每一位取反:11100000

末位加"1":　　　　　　＋　　　　1

　　　　　　　　　　　‾‾‾‾‾‾‾‾‾‾‾

$(-31)_{补码}=$　　　11100001

因此,在补码表示法中,十进制数值 0 只有唯一的 1 种表示方法 $00\cdots000B$,而 $10\cdots000B$ 用来表示 -2^{n-1}(n 表示位数)的补码。也正因为如此,相同二进位数的补码的取值范围比原码多一个。n 位二进制的补码的取值范围是 $-2^{n-1} \sim +(2^{n-1}-1)$。

表 1-4　8 位/n 位取值范围

8 位二进制码	表示无符号整数时的数值	表示带符号整数（原码）时的值	表示带符号整数（补码）时的值
00000000	0	0	0
00000001	1	1	1
......	......	......	......
01111111	127	127	127
10000000	128	−0	−128
10000001	129	−1	−127
......	......	......	......
11111111	255	−127	−1
n 位	$0 \sim 2^n - 1$	$-(2^{n-1}-1) \sim +(2^{n-1}-1)$	$-2^{n-1} \sim +(2^{n-1}-1)$

3. 浮点数

实数通常是既有整数部分又有小数部分的数,整数和纯小数只是实数的特例。任何一个实数都可以表示成一个乘幂(阶码)和一个纯小数(尾数)的乘积,这种表示方法称为浮点数表示法。二进制数也可以如此表示,例如:

$$101011.01 = 0.10101101 \times 2^{110}$$
$$0.0000101 = 0.101 \times 2^{-100}$$

1.3　微电子技术简介

1.3.1　微电子技术与集成电路

1. 微电子技术

微电子技术就是以集成电路为核心的电子技术,它是在电子电路和电子系统的超小型化及微型化过程中逐渐形成和发展起来的。微电子技术是信息技术发展中的关键技术,是发展信息产业的基础。因此,许多国家都把微电子技术作为重要的战略技术加以高度重视,并投入大量的人力、财力和物力进行研究和开发。

2. 集成电路

集成电路(IC)是 20 世纪 50 年代出现的,它通过一系列特定的加工工艺,将大量晶体管、电阻、电容及连线构成的电子线路集成在一块半导体单晶片(如硅或砷化镓)上,封装在一个外壳内,执行特定电路或系统功能。

集成电路的特点是体积小、重量轻、功耗小、工作速度快、可靠性高。

集成电路的分类有多种方式,下面分别介绍。

(1) 按集成电路的用途,可分为通用集成电路和专用集成电路。

计算机中的 CPU、微处理器和存储器芯片等都属于通用集成电路,而专用集成电路是按照某种应用的特定要求专门设计、定制的集成电路。

（2）按集成电路的功能,可分为数字集成电路和模拟集成电路。

用来处理数字信号的集成电路称为数字集成电路,如门电路、存储器、微处理器、微控制器和数字信号处理器等。而处理模拟信号的集成电路称为模拟集成电路,如信号放大器、功率放大器等。

（3）按照集成电路所用晶体管结构、电路和工艺的不同,主要分为双极型集成电路、金属氧化物半导体(MOS)集成电路、双极-金属氧化物半导体集成电路等几类。

（4）按集成度(单个集成电路中包含的电子元器件数目),可分为小规模集成电路(SSI),中规模集成电路(MSI)、大规模集成电路(LSI)、超大规模集成电路(VLSI)和极大规模集成电路(ULSI),如表1-5所示。

表 1-5　集成电路的集成度分类

集成电路规模	元器件数目
小规模集成电路(SSI)	<100
中规模集成电路(MSI)	100~3 000
大规模集成电路(LSI)	3 000~10 万
超大规模集成电路(VLSI)	10 万~几十亿
极大规模集成电路(ULSI)	>100 万

备注:通常并不严格区分 VLSI 和 ULSI,而是统称为 VLSI。

中、小规模集成电路一般以简单的门电路或者单级放大器为集成对象,大规模集成电路则是以功能部件、子系统为集成对象。现在 PC 机中使用的微处理、芯片组、绘图处理器等都是超大规模和极大规模集成电路。

1.3.2　集成电路的设计制造

集成电路的制造工序繁多,从原料熔炼开始到最终产品包装大约需要 400 多道工序,工艺复杂且技术难度非常高,有一系列的关键技术。许多工序必须在恒温、恒湿、超洁净的无尘厂房内完成。集成电路的主要制造流程如图 1-2 所示。

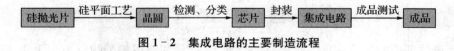

图 1-2　集成电路的主要制造流程

1.3.3　集成电路的发展趋势

集成电路的工作速度主要取决于组成逻辑门电路的晶体管的尺寸。晶体管的尺寸越小,其极限工作频率越高,门电路的开关速度就越快。所以,从集成电路问世以来,人们就一直在缩小门电路的尺寸上下功夫。芯片上电路元件的线条越细,相同面积的晶片可容纳的晶体管就越多,功能就越强,速度也越快。随着纳米量级的微细加工技术的采用和硅抛光片面积的增大,集成电路芯片的集成度越来越高,所含晶体管数目已达数十亿之多。Intel 公司的创始人之一摩尔(G.E.Moore)1965 年在美国《电子学》杂志上曾发表论文预测,单块集成电路的集成度平均每 18~24 个月翻一番,这就是有名的摩尔定律。以 Intel 公司生产的微处理器为例,30 多年来它所生产的 8086、Pentium(奔腾)系列和 Core(酷睿)系列微处理器集成度的提高证实了这个规律的正确性。

1.3.4　IC 卡

IC(Integrate Circuit)卡是"集成电路卡"或"芯片卡"的简称。它把集成电路芯片密封在塑料卡基片内部,使其成为能存储、处理和传递数据的载体。与磁卡相比,它难以复制,不受磁场影响,能可靠地存储和处理数据。

1. IC 卡按卡中所镶嵌的集成电路芯片可分为两大类

1) 存储器卡

这种卡中的集成电路主要是存储器,其容量大约为几 KB 到几十 KB,信息可长期保存,也可通过读卡器改写。这种 IC 卡除了存储电路外,还有写入保护和加密电路,具有一定的安全性,可用作校园卡、公交卡、医保卡、门禁卡等。

2) CPU 卡,也叫智能卡

卡上集成了中央处理器(CPU)、程序和数据存储器,还配有操作系统。这种卡的处理能力强,安全性更好,除上述应用外,它更适合银行、电信、公安等对安全性要求很高的部门应用。手机中的 SIM 卡就是一种 CPU 卡,它保存有手机用户的个人识别码、加密用的密钥以及用户的电话簿等信息,供手机在接入通信网络时进行身份认证,并可对用户通话时的语音信息进行加密,防止窃听。

2. IC 卡按使用方式可分为两种

1) 接触式 IC 卡

如手机 SIM 卡,其表面有一个方型镀金接口,共有 8 个或 6 个镀金触点,使用时必须将IC 卡插入读卡机卡口内,通过金属触点传输数据。

2) 非接触式 IC 卡

又叫射频卡、感应卡,它采用电磁感应方式无线传输数据,解决了无源(卡中无电源)和免接触等难题,操作方便、快捷,我国第 2 代居民身份证、公交卡等属于非接触式IC 卡。

自　测　题　1

1. 信息处理指的是与信息的收集、传递、加工、存储和施用相关的行为和活动,信息技术则泛指用来扩展人们信息器官功能、协助人们更有效地进行信息处理的一类技术。

2. 集成电路根据它所包含的晶体管等元器件的数目可以分为小规模、中规模、大规模、超大规模和极大规模集成电路,现在 PC 机中使用的 CPU 芯片属于大规模集成电路。

3. 在计算机网络中传输二进位信息时,传输速率的度量单位是每秒多少比特。某校校园网的主干网传输速率是每秒 10 000 000 000 比特,它可以简写为＿＿＿＿Gb/s。

4. 十进制数 20.5 的二进制表示是＿＿＿＿,八进制表示是＿＿＿＿,十六进制表示是＿＿＿＿。

5. 计算机中的一个 16 位带符号整数,如果它的十六进制表示是 FFF0H,那么它的实际数值是_____(十进制表示)。

6. 某进制下 5×6=28,那么 7×8=_____。

7. 现代信息技术的主要特征是:以_____为基础、以计算机及其软件为核心、采用电子技术(包括激光技术)进行信息的收集、传递、加工、存储、显示与控制。

A. 数字技术   B. 模拟技术   C. 光子技术   D. 量子技术

8. 扩展人们眼、耳、鼻等感觉器官功能的信息技术中,一般不包括_____。

A. 感测技术   B. 识别技术   C. 获取技术   D. 存储技术

9. 某计算机硬盘容量是 100GB,则它相当于_____MB。

A. 102 400   B. 204 800   C. 100 000   D. 200 000

10. 无符号整数是计算机中最常使用的一种数据类型,其长度(位数)决定了可以表示的正整数的范围。假设无符号整数的长度是 12 位,那么它可以表示的正整数的最大值(十进制)是_____。

A. 2 048   B. 4 096   C. 2 047   D. 4 095

延 展 阅 读

一、存储容量和通信流量

1. 关于存储容量的单位

介绍数字信息的数据量和存储器容量时,使用的单位有字节(B)、千字节(KB)、兆字节(MB)、吉字节(GB)等。正文中说过,这些度量单位中使用的前缀符号 K、M、G、T 等,在不同场合代表不同的数值,对于计算机和手机中的主存储器,其容量单位是 $1KB=2^{10}$ 字节,$1MB=2^{20}$ 字节,$1GB=2^{30}$ 字节,$1TB=2^{40}$ 字节,等等。对于它们的辅助存储器(包括硬盘、光盘、U 盘等),存储容量单位是:$1KB=10^3$ 字节,$1MB=10^6$ 字节,$1GB=10^9$ 字节,$1TB=10^{12}$ 字节,等等。

为什么这样呢? 因为主存储器是以字节为单位编址的,每个字节有一个自己的地址,CPU 使用二进位表示的地址码来指出需要访问(读/写)的存储单元。地址码是一个无符号整数,n 个二进制位的地址码共有 2^n 个不同组合,可以表示 2^n 个不同的地址,也就可以用来指定主存中 2^n 个不同的字节,所以主存的容量一般都以 2 的幂次来计算。

而辅助存储器不需要也不可能按字节进行存取,它是以块(block)为单位进行编址和存取的,块的大小一般是几百字节至几千字节。因此,存储容量=块的数目×块大小。为了计算方便,也为了使产品标称容量可以更大一些,辅助存储器生产厂商都以传统的 10 的幂次作为其容量的度量单位。

在电脑和智能手机中,辅助存储器和主存储器都由操作系统统一管理并分配使用,操作系统采用与主存一致的方式来计算辅存的大小,即也以 2 的幂次作为辅存容量的计量单位,这样一来,用户经常会发现一个奇怪的现象:辅助存储器的容量"缩水"了,例如,明明硬盘标注的容量是 160GB,操作系统显示的却是 149.05GB,明明买的是 8GB 的 U 盘,系统显示出来却是 7.46GB。手机也是如此。例如,某用户购买的是 32GB 的华为手机,还插入了 16GB

的 SD 卡扩充其容量。但当使用手机助手软件把手机与电脑连接后,屏幕上显示出来的存储容量分别只有 24.61GB 和 14.83GB。

原因很简单。因为操作系统在计算存储容量及文件大小时,其度量单位 $1G = 2^{30} = 1\ 073\ 741\ 824$,而辅助存储器生产厂商使用的是 $1G = 10^9 = 1\ 000\ 000\ 000$ 只是前者的 0.931 因此,32GB 和 16GB 的辅助存储器,操作系统认为分别只有 29.79GB 和 14.89GB。这种相同符号在不同场合有不同含义的情况造成了诸多不便和混淆,读者必须通过上下文来判断 K、M、G、T 等符号的正确含义。

2. 通信流量

通信流量指通信设备在通信过程中收到和发出的数据总量。日常生活中人们接触最多的是手机流量,它特指手机/平板电脑通过 2G/3G/4G 移动通信网络连接互联网时所收/发的数据总量。从手机/平板电脑送出的数据量称为上行流量,收到的数据量称为下行流量或下载流量。

流量的单位是字节,常用的是千字节(KB)、兆字节(MB)、吉字节(GB)、太字节(TB)等。我国电信运营商经常略去字母 B 而把它们简略为 K、M、G、T。它们之间的关系是:1TB = 1 024GB,1GB = 1 024MB,1MB = 1 024KB,1KB = 1 024B。

使用手机或电脑经网络传输照片、歌曲、视频等所需要消耗的流量,要比这些照片、歌曲和视频的实际数据量大一些,这是因为数据通信本身需要一些额外的开销。例如,通信双方需要呼叫、应答和同步,增加附加信息来检验收到的数据是否正确,发现传输出错后需要重新传输等。

上网是需要付费的。目前的计费方式可以按流量计费,或按时长计费,也可以包月或者包一个时间段。手机如果在设置中开通"移动数据",则意味着它通过 2G/3G/4G 移动通信网络连接互联网,则无论是中国电信、中国移动还是中国联通,均按照上网所消耗的流量来计算费用。

手机、平板电脑、电子书等移动设备一般都通过 WiFi 上网,此时用户不再关心使用了多少流量,似乎流量是免费的。其实,WiFi 的功能是把无线通信转换成有线通信,后者利用电缆或者光缆接入互联网,它们大多按使用时间的长短计费,而不像移动通信那样按流量计费,这是因为移动通信网络的建设和维护成本远高于有线宽带网络,以流量来计费可以更好地控制全网的负荷。毕竟如果大家都像有线宽带接入那样使用移动通信网的话,再先进再庞大的移动通信网络恐怕也难以承受。

不同应用所需要的流量是不同的。QQ 聊天主要是传输文字信息,几十 MB 就够 1 个月每天聊上几个小时了。但如果是下载歌曲或图片,则一首歌或 1 张高清图片就会消耗几 MB 流量。下载 1 个应用程序(App)所需的流量有大有小,小的几十 KB,大的可能需要几十 MB,至于观看电视剧,所耗费的流量就要以 GB 来计算了。

为了节省流量,有些软件采取了一定措施,例如使用微信发送照片的时候,它先把照片的分辨率降低,使每张照片的数据量大为减少然后再进行发送;如果希望保持照片的分辨率不变,则可选择以"原图"方式进行发送。对于视频,为了节省流量和缩短传输时间,微信软件专门提供了种"小视频"通信功能,它的分辨率比较低,数据量也大为减少。

二、常用 IC 卡介绍

1. 手机 SIM 卡

SIM 卡(subscriber identity module)的中文名称是用户身份识别卡,可存储用户身份数据、短信和电话号码等,用于确认手机用户的身份和通信加密。SIM 卡由电信网络运营商发放(一卡一号),手机必须插入 SIM 卡才能通话和收发短信。SIM 卡是接触式 IC 卡的一种,进入 4G 移动通信后,中国移动和中国联通使用的 SIM 卡升级为 USIM 卡,中国电信则称为 UIM 卡,其功能有了增强。习惯上人们仍称之为 SIM 卡。

SIM 属于 CPU 卡,它由 CPU、ROM、RAM、EEPROM(用作数据存储器)和接口电路等组成,通过 6 个或 8 个触点与手机电路连接。

SIM 卡的 EEPROM 中存放着一组由芯片制造商和移动通信运营商预先写入的数据。包括 SIM 卡识别号 ICCID、国际移动用户识别号 IMSI(国家代号、移动网络服务器代号、用户的手机号)、分配给该用户的二进制 128 位的用户身份认证(鉴权)密钥 Ki(在运营商的网络服务器中也保存 1 份)等,数据可保存 10 年以上。

手机在开机入网时,移动通信网必须确认手机用户身份是否合法,即必须对手机(SIM 卡)进行鉴权操作,其过程大体如下:

(1) 用户输入 PIN 码,手机将其传送给 SIM 卡,SIM 卡核对无误后将 IMSI 代码传送给手机。

(2) 手机通过移动通信网络将 IMSI 代码发送给服务器。

(3) 服务器根据 IMSI 查找数据库,找出该用户的密钥 Ki,并生成一个随机数 RAND 发送给手机。

(4) 手机接收 RAND 后交给 SIM 卡,后者按照预定的加密算法和密钥 Ki 对 RAND 进行加密计算,其结果返回给手机,由手机发送给服务器。

(5) 服务器使用密钥 Ki 对 RAND 按相同的算法进行加密计算,与手机返回的结果进行比较。

(6) 若结果相同则鉴权通过,手机获得通信授权。

上面的过程只进行了单向鉴权,没有进行双向鉴权。即网络对手机(SIM 卡)进行了身份认证,而手机(SIM 卡)没有对网络进行认证,这就给"伪基站"之类的不法行为钻了空子,犯罪分子用伪基站向用户手机发送诈骗短信,手机无法拒接。4G 手机使用了升级的 SIM 卡,具有双向鉴权功能,安全性得到了提升。

个人识别码 PIN(personal identification number)和解锁码 PUK(personal unblocking code)用于保护 SIM 卡/手机不被他人盗用,PIN 码是 SIM 卡的密码,存储在 SIM 卡中,出厂值为 1234(或 0000),用户可自行修改,启用 SIM 卡密码保护后,每次开机后用户输入 PIN 码才能登录网络,若输错 3 次,SIM 卡会自动上锁,此时只有通过输入 PUK 码才能解锁。PUK 码共 8 位,它与 SIM 卡识别号 ICCID 都印刷在 SIM 卡原卡片上,也可以到营业厅请工作人员操作。PUK 码有 10 次输入机会,输错 10 次后,SIM 卡会自动启动自毁程序使 SIM 卡失效。

SIM 卡的数据存储器容量为 128KB、512KB 甚至 1MB。除了存储上述用于鉴权和芯片保护的数据之外,它还用来存储用户数据(大约几百个电话号码、几十条短信,几个最近拨出的电话号码等），这样一来，用户可以方便地在手机之间移动其账户、短消息和电话号码簿。

SIM 卡的尺寸有几种，标准卡的尺寸为 25 mm×15 mm，稍小些的 Micro SIM 卡是 12 mm×15 mm（iPhone 4S、iPhone 4 使用），更小的 Nano SIM 卡比 Micro SIM 卡还小三分之一，厚度也减少了 15%，在华为 Mate 8、iPhone 5、iPhone 6 及 iPhone 6 plus 等手机中使用。

SIM 卡须匹配手机所开户的移动通信网络系统，无论是第 2 代（2G），第 3 代（3G）还是第 4 代（4G LTE）通信网络，电信、移动和联通三大运营商分别采用了不同的技术制式，对应的 SIM 卡也有所不同，不能交换使用。

2. 校园卡、公交卡和银行卡

当前广泛使用的公交卡、校园卡、身份证等都是一种非接触式 IC 卡（射频卡），它的工作原理是：读卡器不断发出一组固定频率的电磁波，当射频卡靠近时，卡内的一个 LC 串联谐振电路（其谐振频率与读卡器发射的电磁波频率相同）便产生电磁共振，使电容器充电，为卡内其他电路提供例如 2V 左右的工作电压，电路便开始工作，通过辐射电磁信号将卡内存储的数据发送给读卡器或接收读卡器送来的数据。使用时，IC 卡只需在读卡器有效距离（例如 5cm 左右）之内，不论 IC 卡的方向、位置和正反，均可与读卡器交换数据，实现预先设计的功能。在开始数据处理之前，非接触式 IC 卡与读卡机之间要相互认证对方的合法性，然后才进行加密的数据传送。

大学校园内广泛使用的校园卡，它具有身份认证和电子钱包的功能，集学生证、借书证、医疗卡、用餐卡、校内购物卡、实验室门禁卡等功能于一身，给广大师生提供了很大方便。

以某高校使用的校园卡为例，它采用的是国产非接触式存储卡，存储容量为 4KB，分成 32 小区（每区 64 字节）和 8 个大区（每区 256 字节），每个区相互独立，分别用作不同的用途以实现一卡多用。每个区各有 2 组密码，芯片中的加密控制逻辑电路与读卡机之间可进行加密通信和双向三重验证，确保信息安全。校园卡存储器可以擦写几万次，数据读写时间为 $1\sim2$ ms，与读卡器的有效距离在 $2.5\sim10$ cm 之间，数据通信速率 10^6 kb/s，数据保存时间可长达 10 年。校园卡必须在校园网和一卡通管理系统的基础上，实现与校内各部门信息系统的无缝对接，才能有效发挥其最大的作用。

上面列举的校园卡是一种逻辑加密卡，该类型的 C 卡在 2008 年被发现存在有安全漏洞，不法分子可通过监听数据包攻击破解 C 卡，对 C 卡进行篡改或复制，引起管理混乱和经济损失。近些年此类校园卡和公交卡已逐步升级为安全性更高的 CPU 卡。公交卡与校园卡的技术类似，但公交卡的使用为离线（off line）方式（即读卡机与计算机处于断开状态），充值的金额存储在公交卡的芯片内。公交卡丢失后应立即进行挂失，管理中心会将挂失卡卡号列入黑名单存储到车载读卡机内（需 1 天或几天后），捡卡者盗刷时就能将该卡封死，并将原卡中的余额转到失主补办的新卡中。银行 EC 卡（包括借记卡、信用卡等）大多使用安全性更高的双界面 CPU 卡。以目前我国广泛使用的银行 IC 卡为例（图 1-3），32 位的 CPU （ARM 公司 SC-100）是整个芯片的核心；256KB 的只读存储器（ROM）用于存放芯片操作系统（COS），10KB 的内存（RAMD）在执行程序时用于存放数据；存储保护电路可以对存储器的不同区域分别进行存取保护；144KB 的 EEPROM 是存放应用程序和数据的辅助存储器（擦写次数大于 10 万次，数据保存 10 年以上）；该芯片具有强大的数据安全功能，集成了我国商用密码算法 SSF33、SM、SM3、SM7 和美国数据加密标准 DES/3DESRSA（2 048 位）

的硬件协处理器,具有防复制、防伪造、防数据篡改等安全特性,可实现高度安全的借记/贷记和小额支付等金融交易。

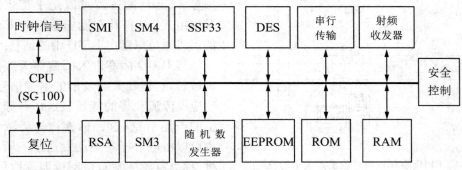

图 1-3 银行 IC 卡

3. 二代身份证

我国第 2 代居民身份证是采用非接触式 IC 卡制成的。身份证上所载信息包括姓名、性别、民族、出生日期、常住户口所在地住址、居民身份证号码、本人相片、签发机关和有效期限共 9 项内容。此外,内部还嵌入了一枚指甲盖大小的非接触式集成电路芯片,从而可以实现"电子防伪"和"数字管理"两大功能。

第 2 代身份证在"防伪"方面有多种措施。除证件表面采用防伪膜和印刷防伪技术之外,还将个人数据和相片图像经过编码、加密后存储在芯片中,需要时可通过专门的读卡器读取卡内存储的信息进行验证。这样,不但防伪性能大大提高,而且验证也更加方便快捷。甚至还可以将人体生物特征如指纹、血型等信息保存在芯片中,进一步改善防伪性能。

二代证的伪造几乎是不可能的。制作一张身份证首先要有芯片,而这种芯片是由公安部监制的专用芯片,如果要从芯片开始仿制,其代价巨大。

二代证更大的应用价值还在于居民身份信息的数字化和网络化。证件信息的存储和证件查询采用了数据库和网络技术,既可实现全国联网快速查询和身份识别,也可进行公安机关与政府其他行政管理部门的网络互查,实现信息共享,使二代证在公共安全、社会管理、电子政务、电子商务等方面发挥重要作用。

二代证使用的集成电路芯片由四部分组成,分别是射频天线、存储模块、加密模块和控制模块。存储模块容量比较大,能够储存多达几兆字节的信息,写入的信息可分区存储,按不同安全等级授权读写。居民在户口迁移以后,可将新的住址和相关信息通过写卡器重新写入芯片而不需要换领新证,加密模块是芯片的关键,它采用了国家商用密码管理办公室规定的多种加密技术。控制模块是整个芯片的"大脑",程序都存储在其中,包括通信协议、读写协议等。它具有运算和控制功能,各种操作都由控制模块执行相应程序完成。

目前存在的一个问题是身份证挂失后无法像手机卡、银行卡那样注销使之失效,他人盗窃或捡到后还能使用。一些不法分子利用这个漏洞借机牟利或掩护其违法行为,对身份证失主乃至社会造成了损害。

4. 电子标签

RFID(radio frequency identification)的中文名称是"电子标签",它的原理与非接触式 C 卡相似,标签中包含了耦合元件(线圈)及芯片。电子标签黏贴在物体表面用以标识该目标

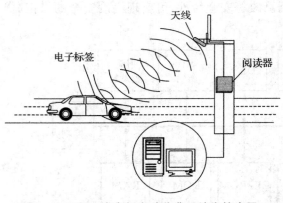

图 1-4　RFID 在车辆自动收费系统中的应用

对象,每个标签具有唯一的电子编码,使用阅读器可以读取(有时还可写入)标签中的信息。RFID 阅读器可以是手持式也可以是固定式,一些具有近场通信(NFC)功能的手机也可以读出 RFID 中的信息。

当 RFID 标签进入阅读器天线的磁场区域后,它接收天线发出的射频信号,凭借感应电流所获得的能量发送出存储在芯片中的产品信息(这种标签称为无源标签),也可以由电子标签主动发送某一频率的信号(称为有源标签),由阅读器读取信息,然后送至计算机进行处理。整个识别工作无须人工干预,在恶劣环境中也能工作。而且,阅读器还可以识别高速运动的物体,并可同时识别多个标签,操作快捷方便。图 1-4 是高速公路不停车收费系统 ETC(electronic toll collection)的示意图,它通过安装在车辆挡风玻璃上的电子标签与收费站天线之间的数据通信,借助互联网访问车主的银行账户,达到车辆不必停车而能自动交费的目的。

RFID 技术的应用领域很多。例如,物流和供应管理、生产制造与装配、航空行李处理、邮件/快递包裹处理、文档追踪与图书馆管理、动物身份标识、门禁控制与电子门票、高速公路自动收费等。

第二章

计算机组成原理

2.1 计算机的发展、分类与组成

2.1.1 计算机的发展与作用

1. 计算机的发展

第二次世界大战期间美国军方为了解决计算大量军用数据的难题,成立了由宾夕法尼亚大学莫奇利和埃克特领导的研究小组,开始研制世界上第一台电子计算机。经过三年紧张工作,第一台电子计算机 ENIAC 于 1946 年 2 月 14 日问世了。ENIAC 共使用18 000个电子管,另外还包含继电器、电阻器、电容器等电子器件,长 30.48 米,占地面积约 170 平方米,重达 30 吨,耗电量 140 千瓦,每秒执行 5 000 次加法或 400 次乘法,其运算速度是机械式继电器计算机的 1 000 倍、手工计算的 20 万倍。ENIAC 的诞生宣告了电子计算机时代的到来。在随后的几十年中,计算机的发展突飞猛进,体积越来越小,功能越来越强,价格越来越低,应用越来越广泛。

在 20 世纪 50 年代至 70 年代,计算机的应用模式主要是依赖于少数大型计算机的"集中计算模式",80 年代由于个人计算机的广泛使用而演变为"分散计算模式",90 年代起由于计算机网络的发展,使计算机的应用进入了"网络计算模式"。在这种模式下,用户不仅使用自己的计算机进行信息处理,而且还与网络中的其他计算机协同进行信息处理。现在,几乎人人都用计算机,人人都有计算机,人们已经到了离开计算机就寸步难行的地步。

计算机硬件的发展受到所使用电子元器件的极大影响,因此过去很长时间,人们都按照计算机主机所使用的元器件为计算机产品划代。表 2-1 是第 1 至 4 代计算机主要特点的对比。

表 2-1 第 1 至 4 代计算机的对比

代 别	年 代	使用的主要元器件	使用的软件类型	主要应用领域
第 1 代	20 世纪 40 年代中期至 50 年代末期	CPU:电子管 内存:磁鼓	使用机器语言和汇编语言编写程序	科学和工程计算
第 2 代	20 世纪 50 年代中、后期至 60 年代中期	CPU:晶体管 内存:磁芯	使用 FORTRAN、COBOL 等高级程序设计语言编程	开始广泛应用于数据处理领域

（续表）

代　别	年　代	使用的主要元器件	使用的软件类型	主要应用领域
第3代	20世纪60年代中期至70年代初期	CPU：中、小规模集成电路（SSI、MSI） 内存：SSI，MSI的半导体存储器	操作系统、数据库管理系统等普遍使用	在科学计算、事务处理与分析、工业控制等领域得到广泛应用
第4代	20世纪70年代中期以来	CPU：大、超大规模集成电路（LSI、VLSI） 内存：LSI、VLSI的半导体存储器	软件开发工具和平台、分布式计算软件等开始广泛使用	计算机应用深入到各行各业，家庭和个人普遍使用计算机

自20世纪90年代开始，计算机的发展进一步加快，学术界和工业界早就不再沿用"第×代计算机"的说法。人们正在研究开发的计算机系统，主要着力于计算机应用的智能化，它以知识处理为核心，模拟或部分替代人的智能活动为目标，在芯片技术、大数据和人工智能的推动下，这个目标有望逐步实现。

2. 计算机的作用和影响

计算机得以飞速发展的根本原因，除了微电子技术等使计算机性价比不断提高之外，还归功于计算机作为信息处理工具的通用性以及由此带来的计算机应用的广泛性。

计算机是一种通用的信息处理工具。使用计算机进行信息处理具有如下一些特点：① 速度极快。② 通用性强，不仅能进行复杂的数学运算，而且能对文字、图像和声音等多种形式的信息进行获取、编辑、转换、存储、展现等处理。③ 存储容量大、存取速度高。④ 具有互联、互通和互操作的特性，通过网络计算机不仅能交流与共享信息，还可与网络上的其他计算机协同完成复杂的信息处理任务。⑤ 体积小、功耗低、方便携带，甚至可以穿戴，计算机很容易嵌入在其他机电设备中，使之数字化、智能化，促进产品升级换代。

目前，计算机正以非凡的渗透力与亲和力深入人类活动的各个领域，对人类社会的进步与发展产生巨大的影响。

（1）计算机应用于科学研究，大大增强了人类认识自然及开发、改造和利用自然的能力，促进了现代科学技术的发展。

（2）计算机应用于工农业生产，显著提高了人类物质生产水平和社会劳动生产率，促进了经济的飞跃发展。

（3）计算机应用于社会服务，全面扩展和改善了服务范围与质量，提高了工作效率，推动了社会进步。

（4）计算机应用于教育文化，为人类传承并创造知识与文化提供了现代化工具，改变了人们创造和传播文化的方式和方法，大大扩展了人类文化活动的领域，丰富了文化的内容，提高了文化质量。

（5）计算机进入办公室和家庭，已经并还将改变人们的工作和生活方式。

计算机科学技术对于一个国家发展政治、经济、科技、教育、文化、国防等方面的催化作用和强化作用，具有难以估量的意义。

虽然计算机和网络正在迅速地、不可逆转地改变着世界，但是，先进信息技术给我们带来进步和机遇的同时，也会带来一些新的社会问题和引发某些潜在的危机。例如，个人隐私受到威胁,信息欺骗和计算机犯罪增加,知识产权保护更加困难,计算机系统崩溃将带来不可预测的后果,不良和有害信息肆意传播和泛滥,大量电子垃圾污染环境、破坏生态,长期沉迷于计算机游戏和网络聊天会给青少年生理和心理带来严重危害等。对此,政府、学校和社会组织必须予以足够重视,并采取相应的对策。

2.1.2 计算机的分类

计算机种类很多,可以从不同角度对计算机进行分类。按照计算机原理分类,可以分为数字式电子计算机、模拟式电子计算机和混合式电子计算机。按照计算机用途分类,可分为通用计算机和专用计算机。按照计算机内部逻辑结构分,可分为 8 位、16 位、32 位、64 位计算机。按照计算机性能来分,可分为巨型机、大型机、服务器、个人计算机、嵌入式计算机。

1. 巨型计算机

巨型计算机(supercomputer)也称超级计算机,它采用大规模并行处理的体系结构,包含数以千万计的 CPU。它具有极强的运算处理能力,比当前个人电脑的处理速度高出了 3 个数量级,大多使用在军事、科研、气象预报、石油勘探、航空航天、生物医药等领域。我国研制成功的"神威·太湖之光"巨型计算机,其峰值计算速度达每秒 12.54 亿亿次,持续计算速度为每秒 9.3 亿亿次,它包含 40 960 个自主开发的 SW26010 处理器(每个处理器芯片有 260 个 CPU 核),内存总容量达 1 310TB。图 2-1(a)为神威·太湖之光巨型计算机。

（a）神威·太湖之光巨型计算机　　　（b）IBM System z10大型计算机

图 2-1 巨型计算机和大型计算机

2. 大型计算机

大型计算机(mainframe)指运算速度快、存储容量大、通信联网功能强、可靠性很高、安全性好、有丰富的系统软件和应用软件的计算机。它采用虚拟化技术同时运行多个操作系统,因此不像是一台计算机,更像是多台不同的虚拟计算机,因而可以替代数以百计的普通服务器,用于为企业或政府的海量数据提供集中的存储、管理和处理,承担主服务器(企业级服务器)的功能,可以几年甚至一二十年不间断运行,在信息系统中起着核心作用。它同时为大量终端设备执行信息处理任务,即使同时有成千上万个终端提出处理请求,其响应速度快得能让每个终端用户感觉好像只有自己一个人在使用计算机一样。美国 IBM 公司目前拥有大型机的大部分市场,图 2-1(b)是该公司推出的 System z10 BC 大型计算机的照片。

3. 服务器

服务器(server)原本只是一个逻辑上的概念,指网络中专门为其他计算机提供资源和服务的那些计算机,巨、大、中、小、微各种计算机原理上都可以作为服务器使用。但由于服务器往往需要具有较强的计算能力、高速的网络通信和良好的多任务处理功能,计算机生产厂商专门开发了用作服务器的一类计算机产品。与普通的 PC 机相比,服务器需要不分昼夜连续工作,对可靠性、稳定性和安全性等要求更高。

根据不同的计算能力,服务器又分为工作组级服务器(家用服务器)、部门级服务器和企业级服务器。我国浪潮集团是国内最大的服务器制造商和服务器解决方案提供商。图 2-2 为惠普公司的 ProLiant 服务器样式。

图 2-2　HP 公司的 ProLiant 服务器

4. 个人计算机

个人计算机也称个人电脑、PC 机,早期称为微型计算机,它们是 20 世纪 80 年代初由于单片微处理器的出现而开发成功的。个人计算机的特点是体积小巧,结构精简,功能丰富,使用方便,通常由使用者自行操作使用,并由此而得名。

个人计算机分成台式机和便携机两大类,前者不便携带,在办公室、实验室等地方使用,后者体积小、重量轻,便于外出携带,性能接近台式机,但价格稍高。近几年开始流行一些更小更轻的超级便携式计算机,如平板电脑、智能手机等,它们摒弃了键盘,采用多点触摸屏进行操作,功能多样,有通用性,能无线上网,大多作为互联网的移动终端设备使用,人们可以随身携带作为通信、工作和娱乐的工具。图 2-3 为 4 种常见的个人计算机样式。

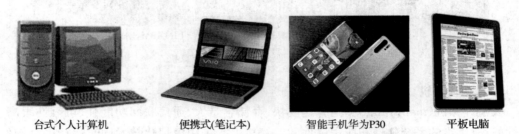

| 台式个人计算机 | 便携式(笔记本) | 智能手机华为P30 | 平板电脑 |

图 2-3　个人计算机:台式机、笔记本、智能手机、平板电脑

需要注意的是,智能手机和平板电脑实质上也是个人计算机的一个品种,但它们的软硬件结构、配置和应用有许多特点,与 PC 机并不兼容。还要说明的是,平板电脑和智能手机除了尺寸大小不同,硬件、软件、应用等无区别。

5. 嵌入式计算机

嵌入式计算机是把运算器、控制器、存储器、输入/输出控制、接口电路全都集成在一块芯片上,这样的超大规模集成电路称为“单片计算机”或“嵌入式计算机”。它一般由嵌入式微处理器、外围硬件设备、嵌入式操作系统以及用户的应用程序等四个部分组成。它是计算机市场中增长最快的领域，也是种类繁多、形态多种多样的计算机系统。嵌入式系统几乎包括了生活中的所有电器设备，如平板电脑、计算器、电视机顶盒、手机、数字电视、多媒体播放器、工业自动化仪表与医疗仪器等。现在，世界上90%以上的计算机都以嵌入方式在各种设备里运行。以汽车为例，一辆汽车中有几十甚至上百个嵌入式计算机，它们的计算能力加起来可能比一台普通商用电脑的计算能力还强。

2.1.3 计算机的逻辑组成

计算机系统由硬件和软件两部分组成。计算机硬件是计算机系统中看得见、摸得着的所有实际物理装置的总称。例如，处理器芯片、存储器芯片、主板、机箱、键盘、鼠标、显示器、打印机等，都是计算机的硬件。计算机软件是指在计算机中运行的各种程序及其处理的数据和相关文档。程序用来指挥计算机硬件自动进行规定的操作，数据则是程序处理的对象，文档是软件设计报告、操作使用说明等，它们都是软件不可缺少的组成部分。没有安装任何计算机软件的计算机系统称为裸机，裸机几乎无法完成工作。

从逻辑上（功能上）来讲，计算机硬件主要包括中央处理器（CPU）、主存储器、辅助存储器、输入设备和输出设备（I/O设备）等，通过总线相互连接，如图2-4所示。习惯上人们把CPU、主存储器及总线等作为"主机"，输入/输出设备和辅助存储器等称为计算机的"外围设备"，简称"外设"。

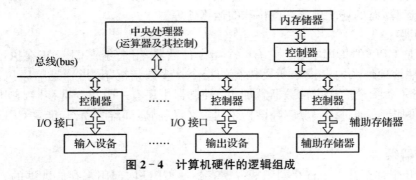

图2-4 计算机硬件的逻辑组成

2.2 CPU 的结构与原理

负责对输入信息进行各种处理的部件称为"处理器"，由于它们制作在面积很小的半导体芯片上，所以也把它称为"微处理器"。一台计算机有很多个处理器，它们各有不同的任务，其中承担系统软件和应用软件运行任务的处理器称为"中央处理器"（CPU），它是任何一台计算机必不可少的核心组成部件。

2.2.1 CPU 的组成

迄今为止，我们所使用的计算机大多是按照匈牙利数学家冯·诺伊曼（J. von Neumann）提出的"存储程序控制"原理进行工作的，即一个问题的解算步骤（程序）连同它所处理的数据都使用二进位表示，并预先存放在存储器中。程序运行时，CPU自动从内存中一条一条地取出指令和相应的数据,按指令操作码的规定,对数据进行运算处理,直到程序执行完毕为止。

CPU 的主要任务是执行指令,它按指令的规定对数据进行操作。CPU 的结构如图2-5所示,它主要由三部分组成:运算器、控制器和寄存器组。

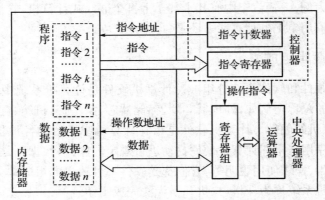

图 2-5　CPU 的组成及其与内存的关系

1. 运算器

用来对二进制数据进行各种算术运算和逻辑运算,所以也称为算术逻辑部件(ALU)。为了加快运算速度,运算器中的 ALU 可能有多个,有的负责完成整数运算,有的负责完成实数(浮点数)运算,有的还能进行一些特殊的运算处理。

2. 控制器

控制器是 CPU 的指挥中心。它有一个指令计数器,用来存放 CPU 正在执行的指令地址,CPU 按照该地址从内存读取所要执行的指令。多数情况下,指令是顺序执行的,所以CPU 每执行一条指令后指令计数器就加 1。控制器中还有一个指令寄存器,它用来保存当前正在执行的指令,通过译码器解释该指令的含义,控制运算器的操作,记录 CPU 的内部状态等。

3. 寄存器组

它由十几个甚至几十个寄存器组成。寄存器是 CPU 内部用来存放数据的一些小型存储区域,用来临时存放参与运算的数据和运算得到的中间(或最后)结果。需要运算器处理的数据预先从内存传送到寄存器;运算结果不再需要继续参加运算时就从寄存器保存到内存,寄存器由一组触发器组成,运算处理速度极快。

2.2.2　指令与指令系统

使用计算机完成某个任务(如播放音乐)必须运行相应的程序(如酷狗音乐)。在计算机内部,程序是由一连串指令组成的,指令是构成程序的基本单位。指令采用二进位表示,由两个部分组成。

1. 操作码

指出计算机应执行何种操作的一个命令词,例如,加、减、乘、除、逻辑加、逻辑乘、取数、存数、移位、跳转等,每一种操作分别使用不同的二进制代码表示。

2. 操作数地址(操作数)

给出该指令所操作(处理)的数据或者指出数据所在位置(在哪个寄存器或在内存的哪

个单元）。操作数地址可能是1个、2个甚至3个，这需要由操作码决定。

尽管计算机可以运行非常复杂的程序，完成多种多样的功能，然而，任何复杂程序的运行总是由CPU一条一条地执行指令来完成的。CPU执行每一条指令都还要分成若干步，每一步仅仅完成一个或几个非常简单的操作（称为微操作）。指令的执行过程可简述为三个阶段：取指令，分析指令，执行指令。

不同指令的功能不同，所处理的操作数类型、个数和来源也不一样，执行时的步骤和复杂程度可能有差别。

每一种CPU都有它自己独特的一组指令。CPU所能执行的全部指令称为该CPU的指令系统，也称为指令集。现在，PC机和智能手机CPU的指令系统中有数以百计的不同指令，它们分成许多类，例如在Core处理器中共有七大类指令，即数据传送类、算术运算类、逻辑运算类、移位操作类、位（位串）操作类、控制转移类、输入/输出类。每一类指令（如数据传送类、算术运算类）又按照操作数的性质（如整数还是实数）、操作数长度（16位、32位、64位、128位等）等区分为许多不同的指令。

不同公司生产的CPU各有自己的指令系统，一般并不相同。例如，现在大部分PC都使用Intel公司的微处理器作为CPU，而许多智能手机使用的则是英国ARM公司设计的微处理器，它们的指令系统有很大差别，再加上操作系统也不相同，因此PC机上的程序代码不能直接在智能手机上运行，反之也是如此。但有些PC机使用AMD公司的微处理器，它们与Intel处理器的指令系统基本一致，因此可以相互兼容。

2.2.3 CPU 的性能指标

计算机的性能在很大程度上是由CPU决定的。CPU的性能主要表现在程序执行速度的快慢，而程序执行的速度与CPU相关的因素有很多，例如：

1. 字长（位数）

字长指的是CPU中通用寄存器/定点运算器的宽度（即二进制整数运算的位数）。由于存储器地址是整数，整数运算由定点运算器完成，定点运算器的宽度也就决定了地址码位数的多少。而地址码的位数则决定了CPU可访问的最大内存空间，这是影响CPU性能的一个重要因素。中、低端应用（如洗衣机、微波炉、数码相机等）的嵌入式计算机大多是8位、16位或32位的CPU，中、高端的智能手机如华为Mate 20、苹果iPhone X等使用64位CPU；PC机使用的CPU早些年大多是32位处理器，现在使用的都是64位CPU。

2. 主频（CPU 时钟频率）

CPU中电子线路的工作频率，它决定着CPU芯片内部数据传输与操作速度的快慢。一般而言，执行1条指令需要1个或几个时钟周期，所以主频越高，执行一条指令需要的时间就越少，CPU的处理速度就越快。20世纪80年代初PC机CPU的主频不超过10MHz，现在个人计算机和高端智能手机的CPU的主频都在1～4GHz之间。

3. 高速缓存（cache）

高速缓存是位于CPU与内存之间的临时存储器，它的容量比内存小得多，但是传输速度却比内存要快得多。高速缓存主要是为了解决CPU运算速度与内存读、写速度不匹配的矛盾。它采用速度极快的SRAM芯片直接制作在CPU内部。通常，cache容量越大、级数越多，CPU性能发挥就越好。

4. 指令系统

指令的类型、格式、功能和数目会影响程序的执行速度。

5. 逻辑结构

指其硬件体系结构,如 CPU 包含的定点运算器和浮点运算器数目、是否具有数字信号处理功能、有无指令预测功能、流水线结构和级数等。

6. CPU 核的个数

为提高 CPU 芯片的性能,现在 CPU 芯片往往包含有 2 个、4 个、6 个甚至更多 CPU 核,每个核都是一个独立的 CPU,有各自的 1 级和 2 级 cache,共享 3 级 cache 和前端总线。在操作系统支持下,多个 CPU 核并行工作,核越多,CPU 芯片整体性能越高。需要说明的是,由于算法和程序的原因,n 个核的 CPU 性能绝不是单核 CPU 的 n 倍。

多年来,度量 CPU 性能使用的指标有 MIPS(百万条定点指令/秒)、MFLOPS(百万条浮点指令/秒)和 TFLOPS(万亿条浮点指令/秒)。但应用程序执行速度不仅与 CPU、内存有关,而且与硬盘、存储器、操作系统等也有密切关系,再加上实际应用又千变万化,因此除了巨型机、大型机之外,个人计算机一般并不使用上述指标来衡量其性能,而是面向应用进行综合性能测试后给出评分。

2.3 主板和 I/O

2.3.1 主板、芯片组与 BIOS

1. 主板

无论是台式机、笔记本电脑还是智能手机,CPU/SoC 芯片、存储器芯片、总线和 I/O 控制器等电路都是安装在印制电路板上的,除了芯片和电子元件之外,电路板上还安装了各种用作 I/O 接口的插头插座,这种电路板就称为计算机的主板(或母板)。主板性能的好坏,将直接影响整个计算机系统的性能。

主板采用开放式结构,通常安装有 CPU 插座、芯片组、存储器插座、扩充卡插座、显卡插座 BOS 芯片、CMOS 存储器、辅助芯片和若干用于连接外围设备的 I/O 接口,如图 2-6 所示。

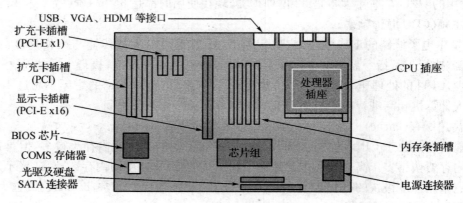

图 2-6　主板构成示意图

CPU 芯片和内存条分别通过主板上的 CPU 插座和内存条插槽安装在主板上。PC 机常用外围设备通过扩充卡(例如声音卡、显示卡等)或 I/O 接口与主板相连,扩充卡借助卡上的印刷插头插在主板上的 PCI 或 PCI－E 总线插座中。随着集成电路的发展和计算机设计技术的进步,许多扩充卡的功能已经部分或全部集成在芯片组和主板上(例如,串行口、并行口、声卡、网卡等控制电路),因而主板的结构越来越简化。

主板上还有两块特别有用的集成电路:一块是闪速存储器(flash ROM),其中存放的是基本输入/输出系统(BIOS),它是 PC 机启动时最先运行的软件,没有它机器就无法启动;另一块是CMOS 存储器,其中存放着与计算机系统相关的一些参数,也称为"配置信息",包括当前的日期和时间、开机口令、已安装的光驱和硬盘的个数及类型、加载操作系统的顺序等。CMOS 芯片是一种易失性存储器,它由主板上的纽扣电池供电,所以计算机关机后也不会丢失所存储的信息。

2. 芯片组

芯片组(chipset)是各组成部分相互连接和通信的枢纽,它决定了主板的功能,进而影响到整个计算机系统性能的发挥。

芯片组原先有两块芯片:北桥芯片和南桥芯片。北桥芯片是存储控制中心,用于高速连接CPU、内存条、显卡,并与南桥芯片互连;南桥芯片是 I/O 控制中心,主要与 PCI 总线插槽、USB 接口、硬盘接口、音频编解码器、BOS 和 CMOS 存储器等连接,CPU 的时钟信号也由芯片组提供。随着集成电路技术的进步,北桥的大部分功能(如内存控制、显卡接口等)已经集成在 CPU 芯片中,其他功能则合并至南桥芯片,所以现在只需要 1 块芯片(称为单芯片的芯片组)即可完成系统所有硬件的连接。目前广泛使用的 Core i7/i5/i3、赛扬、奔腾等 CPU 芯片都是如此。

需要注意的是,有什么样功能和速度的 CPU,就需要使用什么样的芯片组。芯片组是与 CPU 芯片及外围设备配套同步发展的。

智能手机的主板上并没有芯片组,扩展功能有限,外设接口很少,必需的一些控制电路已经集成在 SoC 芯片中了。

3. BIOS

BIOS 的中文名叫作基本输入/输出系统,它是存储在主板上闪速存储器中的一组程序。由于存放在闪存中,即使机器关机,它的内容也不会改变。每次机器加电时,CPU 总是首先执行 BIOS 程序,它具有诊断计算机故障及加载操作系统并启动其运行的功能。

BIOS 主要包含四个部分的程序:加电自检程序(POST),系统盘主引导记录的装入程序,CMOS 设置程序和基本外围设备的驱动程序。有关计算机操作系统的启动过程在第 3 章再做介绍。

2.3.2　I/O 总线与 I/O 接口

1. I/O 操作

输入/输出设备(I/O 设备)是计算机与外界沟通与联系的桥梁。I/O 操作的任务是将输入设备输入的数据送入计算机内存,或者将数据从内存读出送到输出设备。

I/O 操作的特点是:

(1) I/O 操作与 CPU 的运算可同时进行。

(2) 多个 I/O 设备的操作也可同时进行工作。

(3) 每类 I/O 设备都有各自的控制器。它们按照 CPU 的 I/O 操作命令,独立地控制

I/O 操作的全过程。

不同 I/O 设备的控制器结构与功能不同,复杂程度不同。随着集成电路技术的发展,很多设备控制器的功能已经集成在主板上的芯片组内。如果有些设备的功能系统没有集成,则通过万能驱动程序进行安装,也可以从网上下载驱动人生或者驱动精灵软件进行安装。

2. 总线

总线(bus)是用于在 CPU、内存、外存和各种输入/输出设备之间传输信息并协调它们工作的一种部件,由传输线和控制电路组成。有些计算机把用于连接 CPU 和内存的总线称为 CPU总线(或前端总线、高速总线),把连接内存和 I/O 设备(包括辅存)的总线称为 I/O 总线。

另外,根据总线所传输的信号种类,总线又可以划分为数据总线、地址总线和控制总线,分别用来传输数据信号、地址信号和控制信号。

(1) 数据总线(DB):用来传送数据信息,是双向。

(2) 地址总线(AB):用于传送 CPU 发出的地址信息,是单向的。存储器是按地址访问的,所以每个存储单元都有一个固定地址,要访问 1MB 存储器中的任一单元,需要给出 1MB 个地址,即需要 20 位地址(2^{20}＝1MB)。因此,地址总线的宽度决定了 CPU 的最大寻址能力。

(3) 控制总线(CB):用来传送控制信号、时序信号和状态信息等。

I/O 总线的主要任务是高速传输数据,即总线的带宽(bandwidth,单位时间内可传输的最大数据量)是衡量 I/O 总线最重要的性能指标。总线带宽的计算公式如下:

总线带宽(MB/s)＝(数据线宽度/8)×总线的工作频率(MHz)×每个总线周期的传输次数

例:若总线的数据线宽度为 16 位,总线的工作频率为 133MHz,每个总线周期传输一次数据,则其带宽为多少?

解答:该总线的带宽＝16/8×133MHz×1＝266MB/s。

3. I/O 接口

I/O 设备大多是独立的物理实体,它们在需要时才与主机连接。用于连接 I/O 设备的连接器(connector)也称为插头/插座。主机上一般都是插座,它通过数据线(或直接)与 I/O设备连接。计算机中用于连接 I/O 设备的连接器以及用于实现 I/O 通信规程的控制电路就称为 I/O 设备接口,简称 I/O 接口。通用计算机可以连接许多不同种类的 I/O 设备,以前不同设备使用不同的 I/O 接口,类型繁多。如图 2－7 所示为 I/O 设备接口图。

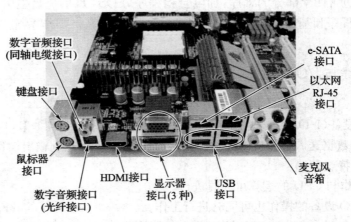

图 2－7 I/O 设备接口图

根据上图所示的各个常用接口给出表 2-2,说明各个接口的性能指标。

表 2-2 常用 I/O 接口及其性能指标

名 称	数据传输方式	数据传输速率	插头/插座形式	可连接的设备数目	通常连接的设备
PS/2 接口	串行,双向	低速	圆形 6 针	1	键盘、鼠标
USB 2.0	串行,双向	60MB/s(高速)	矩形 4 线	最多 127	几乎所有外围设备
USB 3.0	串行,双向	400MB/s	矩形 8 线	最多 127	几乎所有外围设备
IEEE 1394a IEEE 1394b	串行,双向	50MB/s,100MB/s,200MB/s	矩形 6 线	最多 63	音视频设备
ATA	并行,双向	66MB/s,100MB/s,133MB/s	(E-IDE)40/80 线	1~4	硬盘,光驱,软驱
SATA	串行,双向	150MB/s,300MB/s,600MB/s	7 针插头/插座	1	硬盘,光盘
eSATA	串行,双向	300MB/s	连接线最长 2m	1	外置的 SATA 接口,连接移动硬盘
显示器输出接口 VGA	并行,单向	200~500MB/s	HDB15	1	显示器
红外线接口 (IrDA)	串行,双向	115000 bps 或 4 Mbps	不需要	1	键盘,鼠标器,打印机等
高清晰多媒体接口 HDMI	并行,单向	10.2Gbps	19 针插座	1	显示器,电视机

现在除了显示器和硬盘还有自己的专用接口之外,其他设备几乎都使用 USB 接口进行连接。USB 接口是通用串行总线式接口,是一种可以通过 USB 集线器同时连接多个设备同时进行 I/O 操作的接口。

USB 接口的主要特性:

(1) 借助"USB 集线器",一个 USB 接口用 USB 集线器最多可连接 127 个设备。

(2) 符合即插即用规范,支持热插拔。

(3) 可通过 USB 接口由主机向外设提供电源(+5 V,100~500 mA)。

USB 接口有多个版本,早期的 1.0 版和 1.1 版已很少使用,现在普遍使用的是 USB 2.0 版,其微型 B 连接器(micro-B)已经逐步替代 mini 连接器,几乎已成为智能手机等便携式设备的标配。如表 2-3 所示。

表 2-3 USB 接口的版本及常用的连接器

USB 接口型号	特点	接口标准	插头	插座	说明
USB 2.0	带宽:480Mb/s; 供电:4.4～5.25 V,100～500 mA	标准 A	4 3 2 1 type A	1 2 3 4 type A	计算机主机使用
		标准 B	1 2 4 3 type B	2 1 3 4 type B	计算机外设使用
		小型 B	5 4 3 2 1 mini-B	12345 mini-B	数码产品
		微型 B	54321 micro-B	12345 micro-B	手机等移动终端
USB 3.0	带宽:5Gb/s; 供电：＋5 V, 150～900 mA	标准 A	5 6 7 8 9 4 3 2 1		计算机主机使用
		微型 B	10 9 8 7 6 5 4 3 2 1 0.65 mm		外置硬盘、U盘等
USB 3.1	带宽:10Gb/s	USB-C	type C	type C	各种设备的通用连接器

2.4 存　储　器

　　计算机能够把程序和数据(包括原始数据、中间运算结果与最终结果等)储存起来,具有这种功能的部件就是"存储器"。

　　计算机中的存储器分为主存储器(或工作存储器,简称主存,英语为 memory)和辅助存储器(简称辅存,英语为 storage)两大类。

　　主存储器与 CPU 高速连接,按字节编址(每个字节均有地址,CPU 可直接访问任一字节),它用来存放已经启动运行的程序代码和需要处理的数据。主存的存取速度快而容量相对较小(因成本较高),大多是易失性存储器。

　　辅助存储器能长期存放计算机系统中几乎所有的信息,即使断电信息也不会丢失。辅存的容量很大但存取速度相对较慢,它按数据块进行编址(不能也不需要按字节编址),计算机执行程序时,辅存中的程序代码及相关的数据必须预先传送到主存,然后才能被 CPU 运行和处理。

2.4.1 存储器的层次结构

计算机中有多种不同类型的存储器。为了使存储器的性能/价格比得到优化,计算机中各种内存储器和辅助存储器往往组成一个层状的塔式结构(图 2-8),它们相互取长补短,协同工作。

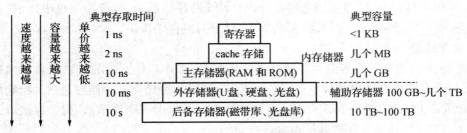

图 2-8 存储器的层次结构及特点

2.4.2 内存储器

1. DRAM、SRAM 和 ROM

内存储器由半导体集成电路构成,具有高速读写和按字节随机存取的特性,也称为随机存取存储器(RAM),断电时信息会丢失,属于易失性存储器。RAM 目前多采用 MOS 型半导体集成电路芯片制成,根据其保存数据的机理又可分为 DRAM 和 SRAM 两种(图 2-9)。

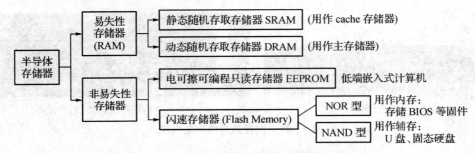

图 2-9 半导体存储器的类型及其在计算机中的应用

(1) DRAM(动态随机存取存储器)。芯片的电路简单,集成度高,功耗小,成本较低,适合用作内存储器的主体部分(称为主存储器或主存)。但它的速度比 CPU 慢,为了匹配 CPU 速度,出现了多种不同结构的 DRAM,以改善其性能。

(2) SRAM(静态随机存取存储器)。与 DRAM 相比,它的电路较复杂,集成度低,功耗较大,制造成本高,价格贵,但工作速度很快,与 CPU 速度相差不多,适合用作高速缓冲存储器 cache(目前大多与 CPU 集成在同一芯片中)。

除了易失性的 RAM 存储器之外,半导体存储器的另外一类是非易失性存储器。其中 EEPROM(电可擦可编程只读存储器)能按“位”擦写信息,但速度较慢、容量不大,由于价格便宜,在低端产品(如 IC 卡)中用得较多。另一种 flash memory(快擦除存储器,或闪速存储器,简称闪存)是 EEPROM 的改进,它是一种新型的非易失性存储器,速度快、容量大,能像 RAM 一样写入信息。它的工作原理是:在低电压下,存储的信息可读但不可写,这时类似于 ROM;而在较高的电压下,所存储的信息可以更改和删除,这时又类似于 RAM。

快擦除存储器有两类:或非型(NOR flash)和与非型(NAND flash)。NOR flash 以字节为单位进行随机存取,存储在其中的程序可以直接被 CPU 执行,可用作内存储器(例如存储 BIOS 程序的 flash 存储器);NAND flash 以页(块)为单位进行存取,读出速度较慢,通常应将程序或数据先成批读入 RAM 中再进行处理,但它在容量、使用寿命和成本方面有较大优势,大多作为存储卡、U 盘或固态硬盘(SSD)等辅助存储器使用,智能手机中所谓"手机存储""机身内存"之类的辅助存储器,都是 NAND 型闪速存储器。

2. 主存储器

服务器、PC、智能手机等的主存储器主要是由 DRAM 芯片组成的。它包含有大量的存储单元,每个存储单元可以存放 1 个字节(8 个二进位)。存储器的存储容量就是指它所包含的存储单元的总和,单位是 MB($1MB=2^{20}$字节)或 GB($1GB=2^{30}$字节)。每个存储单元都有一个地址,CPU 按地址对存储器的内容进行访问。

存储器的存取时间指从 CPU 给出存储器地址开始到存储器读出数据并送到 CPU(或者是把 CPU 数据写入存储器)所需要的时间。主存储器存取时间的单位是纳秒(ns,$1ns=10^{-9}s$)。

台式 PC 机主存储器在物理结构上由若干内存条组成,内存条是把若干片 DRAM 芯片焊在一小条印制电路板上做成的部件,如图 2-10(a)所示。内存条必须插入主板上的内存条插座如图 2-10(b)所示中才能使用。DDR3 和 DDR4 均采用双列直插式(DIMM)内存条。PC 机主板上一般都配备有 2 个或 4 个 DIMM 插座。

(a) 内存条　　　　　　　　　　　　　　(b) 内存条插座

图 2-10　内存条与内存条插座

智能手机等移动终端设备现在使用的主存储器也是由 DDR SDRAM 存储芯片构成的。为减少能耗,一般选用低功耗的存储芯片(LPDDR3/LPDDR4)。另外,由于受体积限制,存储芯片都直接焊装在主板上,用户不能更换也无法扩充其容量。

2.4.3　辅助存储器

计算机传统的辅助存储器是硬盘、光盘等,它们已经使用了几十年。近十多年来,U 盘和存储卡的普及,为大容量信息存储提供了更多的选择。

1. 硬盘存储器

几十年来,硬盘存储器一直是计算机最重要的辅助存储器。由于微电子、材料、机械等领域的先进技术不断地应用到新型硬盘中,硬盘的容量不断增大,性能不断提高。下面介绍硬盘的组成、原理、与主机的接口和主要性能指标。

1）组成与原理

硬盘存储器由磁盘盘片（存储介质）、主轴与主轴电机、移动臂、磁头和控制电路等组成，它们全部密封于一个盒状装置内，这就是通常所说的硬盘，如图 2-11(a)所示。

（1）磁盘盘片和磁头

硬盘的盘片由铝合金或玻璃材料制成，盘片的上下两面都涂有一层很薄的磁性材料，通过磁性材料粒子的磁化来记录数据。磁性材料粒子有两种不同的磁化方向，分别用来表示记录的是"0"还是"1"。盘片表面由外向里分成许多同心圆，每个圆称为一个磁道，盘面上一般都有几千个磁道，每条磁道还要分成几千个扇区，每个扇区的容量一般为 512 字节或 4KB（容量超过 2TB 的硬盘），盘片两侧各有一个磁头，磁头是一个质量很小的薄膜组件，它负责盘片上数据的写入或读出，盘片两面都可记录数据。图 2-11(b)为盘片上的磁道和扇区，特别要注意的是，所谓磁盘的格式化操作，就是在盘面上划分磁道和扇区，并在扇区中填写扇区号等信息的过程。

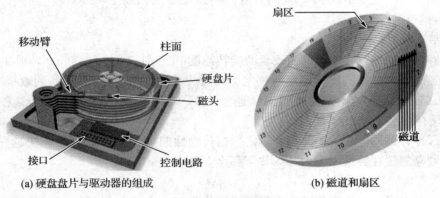

(a) 硬盘盘片与驱动器的组成　　　　(b) 磁道和扇区

图 2-11　硬盘

（2）柱面

通常，一块硬盘由 1 至 4 张盘片（1 张盘片也称为 1 个单碟）组成，所有盘片上相同半径处的一组磁道称为"柱面"。所以，硬盘上的数据需要使用三个参数来定位：柱面号、扇区号和磁头号。

（3）硬盘工作原理

硬盘中的所有单碟都固定在主轴上。主轴底部有一个电机，当硬盘工作时，电机带动主轴，主轴带动盘片主轴高速旋转，其速度为每分钟几千转甚至上万转。盘片高速旋转时带动的气流将盘片两侧的磁头托起。移动臂用来固定磁头，并带动磁头沿着盘片的径向高速移动，定位到指定的柱面。

磁盘盘片的直径为 3.5 英寸、2.5 英寸和 1.8 英寸等，有些甚至更小。3.5 英寸和 2.5 英寸的硬盘分别用于台式 PC 和笔记本电脑，微型硬盘用于数码摄像机、MP3 和 MP4 播放器等设备。

硬盘上的数据读写速度与机械运动有关，完成一次读写操作比较慢，大约需要 10 ms 左右。为此，硬盘通过将数据暂存在一个比其速度快得多的缓冲区中来加快它与主机交换数据的速度,这个缓冲区就是硬盘的高速缓存(cache)。硬盘的高速缓存由 DRAM 芯片构成。

硬盘与主机的接口是主机与硬盘驱动器之间的信息传输通道。固定安装在 PC 机箱中的硬盘接口是串行 ATA(简称 SATA)接口,它以高速串行的方式传输数据,传输速率高达 150MB/s(SATA 1.0)、300MB/s(SATA 2.0)或 600MB/s(SATA 3.0)。由于是串行传输,线缆数目大大缩减,有利于机箱内散热。

2) 硬盘的主要性能指标

(1) 容量

硬盘的存储容量以千兆字节(GB)或太字节(TB)为单位。目前 PC 硬盘单碟容量大多为几百 GB 至 1TB,其存储容量为所有单碟容量之和。

例 硬盘的存储容量是衡量其性能的重要指标。假设一个硬盘有 2 个碟片,每个碟片有两面,每面有 10 000 个磁道,每个磁道有 1 000 个扇区,每个扇区 512B,则该磁盘的存储容量为多少 GB?

解:容量 = 碟片数×面数×磁道数×扇区数×扇区容量
        = 2×2×10 000×1 000×512B=20 480 000 000B=20GB

答:该磁盘的存储容量为 20GB。

(2) 平均存取时间

硬盘存储器的平均存取时间由硬盘的旋转速度(每分钟 7 200 转、5 400 转或 4 200 转)、磁头的寻道时间和数据的传输速率所决定。硬盘旋转速度越高,磁头移动到数据所在柱面越快,对于缩短数据存取时间越有利。目前这两部分时间大约在几毫秒至几十毫秒之间。

(3) 缓存容量

高速缓冲存储器能有效地改善硬盘的数据传输性能,理论上 cache 是越快越好、越大越好。目前硬盘的缓存容量大多为几 MB 至几十 MB。

(4) 数据传输速率

数据传输速率分为外部传输速率和内部传输速率。外部传输速率(接口传输速率)指主机从(向)硬盘缓存读出(写入)数据的速度,它与采用的接口类型有关,现在采用 SATA3.0 接口的硬盘传输速率为 6Gbps;内部传输速率指硬盘在盘片上读写数据的速度,通常远小于外部传输速率。一般而言,当单碟容量相同时,转速越高内部传输速率也越快。

总之,在选购硬盘时,存储容量、平均存取时间、缓存大小、内部传输速率、接口类型等都是需要考虑的因素。

3) 移动硬盘

除了固定安装在机箱中的硬盘之外,还有一类硬盘产品,它们的体积小,重量轻,采用 USB 接口,可随时插上计算机或从计算机拔下,非常方便携带和使用,称为"移动硬盘"。移动硬盘通常采用 2.5 英寸的硬盘加上特制的配套硬盘盒构成。一些超薄型的移动硬盘,厚度仅 1 个多厘米,比手掌还小一些,重量只有 200 至 300 g,存储容量可以达到 1TB 甚至更高,工作时噪音小,环境安静。

移动硬盘的优点如下:

(1) 容量大。非常适合携带大型图库、数据库、音像库、软件库的需要。

(2) 兼容性好,即插即用。由于采用了通用的 USB 接口,移动硬盘可以与各种电脑连接。而且在 Windows 系统下不用安装驱动程序,即插即用,并可以热插拔(注意:需要在其停止读写操作之后）。

（3）速度快。USB 2.0 接口传输速率是 60MB/s，USB 3.0 的传输速率高达400MB/s，与主机传输数据时，读写一个 GB 数量级的大型文件，理论上只需要几分钟就可完成（实际还取决于软件等多种因素），特别适合于视频和音频文件的存储与交换。

（4）体积小，重量轻，由主机供电，无须外接电源。USB 移动硬盘体积仅手掌般大小，重量只有 200 g 左右，无论放在包中还是口袋内都十分轻巧方便。

（5）安全可靠。有的移动硬盘具有防震功能，在剧烈震动的情况下盘片会自动停转，并将磁头复位到安全区，防止盘片损坏。

4）硬盘使用注意事项

硬盘的正确使用和日常维护非常重要，否则会出现故障或缩短使用寿命，甚至殃及所存储的数据，给工作带来不可挽回的损失。硬盘使用中应注意以下问题：

（1）硬盘正在读写时不能关掉电源，因为硬盘高速旋转时突然断电将导致磁头与盘片猛烈摩擦，从而损坏硬盘。

（2）保持使用环境的清洁卫生，注意防尘；控制环境温湿度，防止高温、潮湿和磁场对硬盘的影响。

（3）防止硬盘受震动。硬盘在进行读写操作时，一旦发生较大的震动，就可能造成磁头与盘片相撞，导致盘片数据区损坏（划盘），丢失硬盘内的文件信息。因此在工作时严禁搬动硬盘。

（4）及时对硬盘数据进行整理，包括目录的整理、文件的清理、磁盘碎片整理等。

（5）防止计算机病毒对硬盘的破坏，对硬盘定期进行病毒检测和数据备份。

2. U 盘、存储卡和固态硬盘

目前广泛使用的移动存储器除了移动硬盘之外，还有 U 盘、存储卡和固态盘（SSD）等，它们的存储部件都是使用闪速存储器芯片构成的。

1）U 盘

U 盘（又称为优盘、闪存盘）是目前广泛使用的移动存储器之一，它通过 USB 接口与电脑连接，实现即插即用。U 盘由外壳和机芯两部分组成，外壳可以是塑料或金属制成，机芯是一小块印制电路板，上面安装了控制芯片、NAND 闪存芯片、晶体振荡器、LED 指示灯、电容、电阻、写保护开关等。

U 盘的容量可以从几百 MB 到几百 GB，有些容量更大。它能安全可靠地保存数据，使用寿命长达数年之久。U 盘还可以模拟光驱和硬盘启动系统工作。当 Windows 操作系统受到病毒感染时，U 盘可以同光盘一样，起着引导和加载操作系统的作用。

2）存储卡

存储卡是在闪存芯片基础上做成的固态存储器，形状为扁平的长方形或正方形，细小轻巧，插拔方便，最先在数码相机上使用。存储卡的种类较多，现在广泛使用的有 SD 卡、MMC 卡、CF 卡和 Memory Stick 卡（MS 卡）等，它们在手机等各种便携式数码设备中广泛使用，台式 PC 配置了读卡器之后也可使用存储卡。

目前使用最广泛的是 SD 卡，除了标准卡之外，还有尺寸更小的 mini SD 卡和 micro SD 卡（又称为 TF 卡），如图 2 - 12（a）所示。SD 卡的容量目前分 3 档，即 SD（8MB～2GB）、SDHC（大于 2～32GB）和 SDXC（大于 32GB～2TB）。按照其数据读写速率，SD 卡又分成若干等级,不同速率等级的 SD 卡适合不同的应用(如高清摄像机需要使用高等级的 SD 卡),价格也有显著差别。

(a) SD 卡   (b) MMC 卡

图 2-12　SD 卡和 MMC 卡

MMC 卡[multi-media card,多媒体存储卡,如图 2-12(b)所示]与标准 SD 卡大小差不多,它可以插入 SD 卡插槽中使用,它由控制电路和闪存芯片两部分组成。MMC 的技术标准是开放的,其他厂商可免费使用。

3) 固态硬盘(SSD)

固态硬盘(solid state disk 或 solid state drive,简称 SSD,准确的技术名称应为固态驱动器),它也是基于 NAND 型闪速存储器构成的一种辅助存储设备,其目的是在计算机中代替传统的硬盘。由于其接口规范、功能及使用特性与普通硬盘完全相同,起初外形和尺寸也保持一致,所以人们把这类存储器称为"固态硬盘"。

SSD 的结构并不复杂。其主体是一块印制电路板,上面安装了 NAND 闪存芯片、控制芯片、缓存芯片等。

与常规硬盘相比,固态硬盘具有读写速度快、功耗低、无噪音、抗震动等优点。但价格较高,容量较低(目前容量大多为几十到几百 GB),一旦硬件损坏,数据较难恢复,耐用性(寿命)也相对较短。为此,一些高端 PC 机尝试使用混合硬盘(SSD+HDD)的方案,即一块小容量固态硬盘用于休眠和文件的高级缓存;另一块大容量的机械硬盘用于海量数据存储,它们协同工作以提高系统的整体性能。

3. 光盘存储器

自 20 世纪 70 年代初光存储技术诞生以来,光盘存储器获得迅速发展,产生了 CD、DVD 和 BD 三代光盘存储器产品。光盘由于成本较低、容量大、可靠性高,在前十年非常受欢迎,但是光盘存储器的读写速度较慢,容易损坏,且 U 盘的广泛使用,光盘的应用已大幅减少。

1) 光盘存储器的结构与原理

光盘存储器由光盘片和光盘驱动器两个部分组成。光盘片用于存储数据,其基片是一种耐热的有机玻璃,直径大多为 120 mm(约 5 英寸),用于记录数据的是一条由里向外的连续的螺旋状光道。光盘存储数据的原理与磁盘不同,它通过在盘面上压制凹坑的方法来记录信息,凹坑的边缘处表示"1",而凹坑内和凹坑外的平坦部分表示"0",信息的读出需要使用激光进行分辨和识别。

光盘驱动器简称光驱,用于带动盘片旋转并读出盘片上的(或向盘片上刻录)数据,其性能指标之一是数据的传输速率。内置于机箱的光驱与主机的接口现在大多为 SATA 接口,外接光驱使用 USB 接口与主机连接。

2) 光驱的类型

光盘存储器技术在 21 世纪初发展很快,现在已基本稳定。光盘驱动器按其信息读写能力,分成只读光驱和光盘刻录机两大类型;按其可处理的光盘片类型,又进一步分成 CD 只读光驱和 CD 刻录机(使用红外激光)、DVD 只读光驱和 DVD 刻录机(使用红色激光)、DVD 只读光驱与 CD 刻录机结合在一起的组合光驱(所谓的"康宝"),以及大容量蓝色激光光驱 BD。由于 DVD 驱动器均能兼容 CD 光盘的读出,单纯的 CD 只读光驱和 CD 刻录机目前市场上已很少见。

3) 光盘片的类型

光盘片是光盘存储器的信息存储载体(介质),按其存储容量目前主要有 CD 盘片、DVD 盘片和蓝色激光盘片三大类,按其信息读写特性又可进一步分成只读盘片、一次可写盘片和可擦写盘片三种。

(1) CD 光盘片

CD 光盘片主要用来存储高保真数字立体声音乐(称为 CD 唱片),存储容量不大(约 650MB),它有只读(CD-ROM 盘)、可写一次(CD-R 盘)和可多次读写(CD-RW 盘)三种不同类型。

(2) DVD 光盘片

DVD 盘片与 CD 盘片的大小相同,但它有单面单层、单面双层、双面单层和双面双层共 4 个品种。DVD 的道间距比 CD 盘小一半,且信息凹坑更加密集,它利用聚焦更细 (1.08 μm)的红色激光进行信息的读取,因而盘片的存储容量大大提高。表 2-4 是各种不同 DVD 光盘的存储容量及其名称。

表 2-4　各种不同 DVD 光盘的存储容量

DVD 光盘类型	120 mm DVD 存储容量(GB)	80 mm DVD 存储容量(GB)
单面单层(SS/SL)	4.7(DVD-5)	1.46(DVD-1)
单面双层(SS/DL)	8.5(DVD-9)	2.66(DVD-2)
双面单层(DS/SL)	9.4(DVD-10)	2.92(DVD-3)
双面双层(DS/DL)	17(DVD-18)	5.32(DVD-4)

与 CD 光盘片一样,可刻录信息的 DVD 光盘片也分成一次性记录光盘(DVD-R 或 DVD+R)和可复写光盘(DVD-RAM、DVD-RW 或 DVD+RW)两大类。

(3) 蓝光光盘

蓝光光盘(blu-ray disc,简称 BD)是目前比较先进的大容量光盘片,单层盘片的存储容量为 25GB,双层盘片的容量为 50GB,是全高清晰度影片的理想存储介质。新的 3 层和 4 层蓝光光盘容量分别达到 100GB 和 128GB。与 DVD 盘片一样,BD 盘片也有 BD-ROM、BD-R 和 BD-RE 之分,它们分别适用于只读、单次刻录和多次刻录三种不同的应用。

2.5　常用输入设备

"输入(input)"是把命令、数据、文本、声音、图像和视频等信息送入计算机的过程。输入可以由人、外部环境或其他计算机来完成。用来向计算机输入信息的设备通称为"输入设备",它们是计算机系统必不可少的重要组成部分。输入设备有多种,例如键盘、鼠标器、触摸屏、麦克风、传感器以及条码、磁卡、IC 卡的扫描器或读卡器等。不论信息的原始形态如何,输入到计算机中的信息都使用二进位来表示。

2.5.1 字符与命令输入设备

1. 键盘

键盘是计算机最常用也是最主要的输入设备。用户通过键盘可以将字母、数字、符号等送入计算机,从而向计算机发出命令,输入中西文字和数据。

计算机键盘上有一组印有不同符号标记的按键,按键以矩形排列安装在电路板上。这些按键包括数字键(0~9)、字母键(A~Z)、符号键、运算键以及若干控制键和功能键。表 2-5 是 PC 机键盘中部分常用控制键的主要功能。

表 2-5　键盘中部分常用控制键的作用

控制键名称	主要功能
Alt	Alternate 的缩写,它与另一个(些)键一起按下时,将发出一个命令,其含义由应用程序决定
Break	经常用于终止或暂停一个 DOS 程序的执行
Ctrl	Control 的缩写,它与另一个(些)键一起按下时,将发出一个命令,其含义由应用程序决定
Delete	删除光标右面的一个字符,或者删除一个(些)已选择的对象
End	一般是把光标移动到行末
Esc	Escape 的缩写,经常用于退出一个程序或操作
F1~F12	共 12 个功能键,其功能由操作系统及运行的应用程序决定
Home	通常用于把光标移动到开始位置,如一个文档的起始位置或一行的开始处
Insert	输入字符时有覆盖方式和插入方式两种,Insert 键用于在两种方式之间进行切换
Num Lock	数字小键盘可用作计算器键盘,也可用作光标控制键,由本键进行切换
Page Up	使光标向上移动若干行(向上翻页)
Page Down	使光标向下移动若干行(向下翻页)
Pause	临时性地挂起一个程序或命令
Print Screen	记录当时的屏幕映像,将其复制到剪贴板中

键盘上的按键大多是电容式的。电容式键盘的优点是:击键声音小,无触点,不存在磨损和接触不良问题,寿命较长,手感好。

无线键盘采用蓝牙、红外线等无线通信技术,它与电脑主机之间没有直接的物理连线,而是通过无线电波或红外线将输入信息传送给计算机上安装的专用接收器,距离可达几米,因而操作使用比较灵活方便。

2. 鼠标器

鼠标器(mouse)简称鼠标,它能方便地控制屏幕上的鼠标箭头准确地定位在指定的位置处,并通过按键进行各种操作。它的外形轻巧,操纵自如,尾部有一条连接计算机的电缆,形似老鼠,故得名。由于价格低,操作简便,用途广泛,目前它已成为台式 PC 机必备的输入设备之一。

当用户移动鼠标器时,借助于机电或光学原理,鼠标移动的距离和方向将分别变换成脉冲信号输入计算机,计算机中运行的鼠标驱动程序把接收到的脉冲信号再转换成为鼠标器在水平方向和垂直方向的位移量,从而控制屏幕上鼠标箭头的运动。Windows 中鼠标箭头的常见形状及含义如表 2-6 所示。

表 2-6 Windows 中鼠标箭头的常见形状及含义

鼠标形状	含义	鼠标形状	含义
↖	标准选择	↕	调整窗口垂直大小
I	文字选择	↔	调整窗口水平大小
↖?	帮助选择	↖↘	窗口对角线调整
↖⧗	后台操作	↙↗	窗口对角线调整
⧗	忙	✛	移动对象

鼠标器通常有两个按键,称为左键和右键,它们的按下和放开,均会以电信号形式传送给主机。至于按动按键后计算机做些什么,则由正在运行的软件决定。除了左键和右键之外,鼠标器中间还有一个滚轮,可以用来控制屏幕内容进行上、下移动,它与窗口右边框滚动条的功能一样。当你看一篇比较长的文章时,向后或向前转动滚轮,就能使窗口中的内容向上或向下移动。

鼠标器的结构经过了几次演变,现在流行的是光电鼠标。它使用一个微型镜头不断地拍摄鼠标器下方的图像,经过一个特殊的微处理器(数字信号处理器 DSP)对图像颜色或纹理的变化进行分析,计算出鼠标器的移动方向和距离。光电鼠标器的工作速度快,准确性和灵敏度高(分辨率可达800dpi 以上),几乎没有机械磨损,很少需要维护,也不需要专用鼠标垫。除了玻璃、金属等光亮表面外,几乎在任何平面上均可操作。图 2-13 是光电鼠标的正面和底面的照片。

图 2-13 光电鼠标器

鼠标器与主机的接口主要有两种:PS/2 接口和 USB 接口。现在,使用蓝牙通信的无线鼠标也已逐步流行,作用距离有的可达 10 m。

与鼠标器作用类似的设备还有轨迹球、指点杆、触摸板、操纵杆和触摸屏等。

3. 触摸屏

现在,便携式数字设备如智能手机、电子书阅读器、GPS 定位仪等以及博物馆、医院等公共场所的电子终端设备广泛使用触摸屏作为其输入设备。触摸屏兼有鼠标和键盘的功能,可以手写汉字和西文字母输入,深受用户欢迎。

触摸屏是在液晶面板上覆盖一层透明的触摸面板,它对压力很敏感,当手指或塑料笔尖施压其上时会有电流产生以确定压力源的位置,并可对其触摸位置进行跟踪,用以取代鼠标器。触摸面板附着在液晶屏上，不需要额外的物理空间，具有视觉对象与触觉对象完全一致的效果，实现无损耗、无噪声的控制操作。

智能手机现在流行使用"多点触摸屏"。与传统电阻型（压感式）的单点触摸屏不同，多点触摸屏大多基于电容传感器原理，可以同时感知屏幕上的多个触控点。用户除了能进行单击、双击、平移等操作之外，还可以使用双手（或多个手指）对指定的屏幕对象（如一幅图像、一个窗口等）进行缩放、旋转、滚动等控制操作。

除了上述键盘、鼠标器、触摸屏等人工输入字符和命令的设备之外，借助扫描仪、摄像头、话筒、读卡器等也可以向计算机/智能手机输入字符和命令，此类方法称为自动识别输入，特点是速度快、效率高，但技术更复杂一些。

2.5.2 图像输入设备

1. 扫描仪

扫描仪是将原稿（图片、照片、底片、书稿）的影像输入计算机的一种输入设备。按扫描仪的结构来分，扫描仪可分为手持式、平板式、胶片专用和滚筒式等几种。

手持式扫描仪工作时，操作人员用手拿着扫描仪在原稿上移动。它的扫描头比较窄，只适用于一行一行地扫描文字稿。

平板式扫描仪主要扫描反射式原稿，它的适用范围较广，单页纸可扫描，一本书也可逐页扫描。它的扫描速度、精度、质量比较好，已经在家用和办公自动化领域得到了广泛应用。

胶片扫描仪和滚筒式扫描仪都是高分辨率的专业扫描仪，它们在光源、色彩捕捉等方面均具有较高的技术性能，光学分辨率很高，这种扫描仪多数都应用于专业印刷排版领域。

扫描仪是基于光电转换原理而设计的，上述几种类型的扫描仪工作原理大体相同，只不过是结构和使用的感光器件不同而已。

扫描仪的主要性能指标包括：

（1）扫描仪的光学分辨率。它反映了扫描仪扫描图像的清晰程度，用纵向和横向每英寸的取样点（像素）数目（dpi）来表示。

（2）色彩位数（像素深度）。它反映了扫描仪对图像色彩的辨析能力，色彩位数越多，反映的色彩就越丰富，得到的数字图像效果也越真实。色彩位数可以是 24 位、36 位、42 位、48 位等，分别可表示 2^{24}、2^{36}、2^{42}、2^{48} 种不同的颜色。使用时可根据应用需要选择黑白、灰度或彩色工作模式，并设置灰度级数或色彩的位数。

（3）扫描幅面。指允许被扫描原稿的最大尺寸，例如 A4，A3，A1，A0 等。

（4）与主机的接口。办公或家用扫描仪大多采用 USB 接口与主机连接。

实际使用时，分辨率的设置、色彩类型和位数的选择、扫描窗口大小的设定等都会影响到输入图像的质量和数据量大小。

2. 数码相机

数码相机是另一种重要的图像输入设备。与传统照相机相比，数码相机不需要使用胶卷，能直接将照片以数字形式记录下来，并输入电脑进行存储、处理和显示，或通过打印机打印出来，或与电视机连接进行观看。

数码相机的镜头和快门与传统相机基本相同,不同之处是它不使用光敏卤化银胶片成像,而是将影像聚焦在成像芯片(CCD 或 CMOS)上,并由成像芯片转换成电信号,再经模数转换(A/D 转换)变成数字图像,经过必要的图像处理和数据压缩之后,存储在相机内部的闪速存储器中。其中成像芯片是数码相机的核心。

采用 CCD 芯片成像时,CCD 芯片中数以亿计的 CCD 像素(元件)排列成一个矩形成像区,每个 CCD 像素均可感测影像中的一个点,将其光信号转换为电信号。显然,CCD 像素越多,影像分解的点就越多,最终所得到的图像分辨率(清晰度)就越高,图像的质量也越好。所以,CCD 像素的数目是数码相机一个重要的性能指标。

例如:成像芯片的像素数目是数码相机的重要性能指标,它与可拍摄的图像分辨率直接相关。若某数码相机的像素约为 320 万,它所拍摄的图像的最高分辨率为_____。

    A. 1 280×960   B. 1 600×1 200   C. 2 048×1 536   D. 2 560×1 920

解:其中,2 048×1 536=3 145 728,最接近 320 万,所以选答案 C。

数码相机的存储器大多采用由闪速存储器组成的存储卡,如 MMC 卡、SD 卡、记忆棒等,即使关机也不会丢失信息。存储卡的容量和存取速度也很重要,在照片分辨率和质量要求相同的情况下,存储卡容量越大,可存储的照片就越多。

2.5.3　传感器

传感器(transducer/sensor)是一种检测装置,它能感知被测量的信息,并将其变换成电信号输入计算机,供计算机进行测量、转换、存储、显示或传输等处理。

以高端智能手机为例,除了前面已经介绍的触摸屏、摄像头、微型话筒之外,它还配置了其他多种传感器,以便自动采集设备自身和周边环境的信息。例如:

(1) 指纹传感器。自动采集用户指纹,实现对用户的身份认证。

(2) 环境光感应器。它能感知设备使用时周围环境的光线明暗,自动调整屏幕的显示亮度,这不仅可以节省能耗延长电池寿命,而且对保护眼睛也有利。

(3) 近距离传感器。通过红外线进行测距,当手机用户接听电话或者装进口袋时,传感器可以判断出手机贴近了人脸或衣服而关闭屏幕的触控功能,以防止误操作。

(4) 气压传感器。主要用于检测大气压,感知当前高度以及辅助 GPS 定位。

(5) 三轴陀螺仪。它能感知手机横竖纵三个方向的位置变化,自动调整屏幕以横向或者纵向进行显示。

(6) 重力传感器(加速度感应器)。它能感知用户晃动手机的速度、角度、方向和力量的大小,陀螺仪和加速度感应器在玩游戏时很有用。

(7) 磁力计(电子罗盘)。主要作用是电子指南针,辅助 GPS 定位等。

(8) 3D 触摸传感器。它嵌在液晶屏的背光层,可测量出用户触摸屏幕的力量大小。它与振动器结合,可向用户提供力反馈。

上述传感器大多以微型组件的形式安装在手机主板上,它们自动地不间断地进行工作,采集各种数据提供给手机。即使手机处于睡眠状态,运动协处理器也可以收集、处理和存储传感器的数据,这也是一些用于健康检测和运动跟踪的软件的工作基础。现在许多智能手机所采用的 SoC 芯片中,已经将运动协处理器集成在其中了。

2.6 常用输出设备

"输出(output)"表示把文本、语音、音乐、图像、动画等多种形式的信息送出计算机,负责完成输出任务的是输出设备。

2.6.1 显示器与显卡

显示器是计算机必不可少的一种图文输出设备,其作用是将数字信号转换为光信号,使文字与图形在屏幕上显示出来。没有显示器,用户便无法了解计算机的处理结果和所处的工作状态,也无法进行操作。

计算机显示器通常由两部分组成:显示器和显示控制器。显示器是一个独立设备;显示控制器在计算机中做成扩充卡的形式,所以叫作显示卡(独立显卡)。现在,为了降低成本,显示控制功能已经越来越多地集成在 CPU 芯片中,除了某些要求较高的应用之外,一般不再需要独立的显卡。

1. 液晶显示器

计算机使用的显示器主要有两类:CRT 显示器和液晶显示器(LCD)。

CRT 显示器由于笨重、耗电,还有辐射,现在几乎全部被液晶显示器所取代,只有很少数台式 PC 还在使用。

与 CRT 显示器相比,LCD 具有工作电压低,辐射危害小,功耗少,不闪烁,适用于大规模集成电路驱动,体量轻薄,易于实现大画面显示等特点,现在已经广泛应用于计算机、手机、数码相机、数码摄像机、电视机等设备。

现在一些台式机和笔记本电脑仍在使用传统的软液晶屏,而智能手机则已进入了 IPS 硬屏时代。IPS 液晶屏不会因触摸而出现水纹,也不因外力按压而引起色差变化,响应速度快,功耗也低,因而成为触摸屏的首选。

除了电脑专用的 LCD 显示器之外,现在液晶电视机也可作为电脑和手机的外接显示器使用。通过电脑的 VGA、DVI 或者 HDMI 接口与电视机进行连接,或者通过无线局域网(WiFi)借助 DLNA 技术,就可将电脑或智能手机的图像和声音传输至电视机和投影机。

下面是关于 LCD 显示器的一些主要性能参数。

(1) 显示屏的尺寸。与电视机相同,计算机显示器屏幕大小也以显示屏的对角线长度来度量。传统显示屏的宽度与高度之比一般为 4∶3,现在多数液晶显示器的宽高比为 16∶9 或 16∶10,它与人眼视野区域的形状更为相符。

(2) 显示器的分辨率。分辨率是衡量显示器的一个重要指标,它表示整屏最多可显示像素的多少,一般用水平分辨率×垂直分辨率来表示,例如 1 024×768、1 280×1 024、1 440×900、1 920×1 080、1 920×1 200 等。现在有一些所谓"2K/3K/4K"的显示器(或电视机),其中几 K 就是指水平分辨率达到或者接近 1 024 的几倍。

(3) 刷新速率。刷新速率指所显示的图像每秒钟更新的次数。理论上刷新频率越高图像的稳定性越好,不会产生闪烁和抖动。PC 显示器和手机屏幕的刷新速率一般在 60Hz 左右。

（4）响应时间。响应时间反映了 LCD 像素点对输入信号反应的速度，即由暗转亮或由亮转暗的速度。

（5）色彩、亮度和对比度。液晶本身并不能发光，因此背光的亮度决定了它的画面亮度。一般而言，亮度越高，显示的色彩就越鲜艳，效果也越好。对比度是最亮区域与最暗区域之间亮度的比值，对比度小时图像容易产生模糊的感觉。

（6）背光源类型。LCD 显示器采用透射显示，其背光源主要有荧光灯管和白色发光二极管（LED）两种，现在大多使用 LED 背光，它在显示效果、节能、环保等方面均优于荧光灯管，显示屏幕也更为轻薄。

（7）辐射和环保。显示器工作时会产生一定的电磁辐射，可能导致信息泄漏，影响信息安全。因此，显示器必须达到国家显示器能效标准和通过 MPRⅡ和 TCO 认证（电磁辐射标准），以节约能源、保证人体安全和防止信息泄漏。

2. 显示卡（显示控制器）

计算机的显示控制器过去多半做成插卡的形式，它与显示器、CPU 及 RAM 的相互关系如图 2-14 所示。

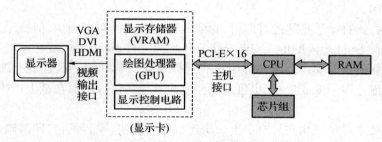

图 2-14 显示器、显示卡、CPU 及 RAM 的关系

显示卡主要由显示控制电路、图形处理器（GPU）、显示存储器和接口电路四个部分组成。显示控制电路负责对显示卡的操作进行控制，包括对液晶显示器进行控制，如光栅扫描、同步、画面刷新等。主机接口电路负责显示卡与 CPU 和内存的数据传输。由于经常需要将内存中的图像数据成批地传送到显示存储器，因此相互间的连接方法和数据传输速度十分重要。现在的显卡一般都采用 PCI-E×16 高速接口。

显卡生成的图像要送到 LCD 或电视机屏幕显示，那就离不开显卡的输出接口。最常见的输出接口是 VGA 接口，它把显卡转换后的 R、G、B 三基色模拟信号输出到 LCD 显示器或液晶电视机进行显示。另一种 DVI 接口是全数字的视频接口，它直接将显卡产生的数字视频信号传输给显示器，与 VGA 接口相比，避免了信号转换时的失真，确保了图像质量。

为了传输高清晰度或超高清晰度视频信号，许多显卡还配置了 HDMI 接口。HDMI 接口既传送数字图像信号，也同时传送多声道数字音频信号，目前已广泛使用于电视机、机顶盒、DVD 播放机、数字音响设备、游戏机、PC 电脑等。HDMI 接口使用的连接器共 19 针，它有几种不同大小。A 型（标准型）普遍使用于电视机和机顶盒，C 型（mini 型）适合便携设备，D 型（micro 型）则用于智能手机和平板电脑。

HDMI 数据线（电缆）质量对高清视频的传输有较大影响，传输距离也不宜过长。此外，千万不要热插拔，否则很容易将 HDMI 接口的芯片烧毁。

独立显卡中有高性能的图形处理器(GPU)负责高速图像处理和图形绘制,还配置了专门的显示存储器。集成显卡中的 GPU 包含在 CPU 芯片中,显示存储器则与主存储器合二为一,因而性能与独立显卡有明显差距。智能手机使用的也是集成显卡,其 GPU 和 CPU 一起集成在 SoC 芯片中。

2.6.2 打印机

打印机也是一种主要输出设备,它能把程序、数据、字符、图形打印在纸上。目前使用较广的打印机有针式打印机、激光打印机和喷墨打印机三种。

1. 针式打印机

针式打印机是一种击打式打印机,它的工作原理主要体现在打印头上。打印头安装了若干根钢针,有 9 针、16 针和 24 针等几种。

针式打印机的打印质量不高、工作噪声大,现已被淘汰出办公和家用打印机市场。但它使用的耗材成本低,能多层套打,特别是平推打印机,因其独特的平推式进纸技术,在打印存折和票据方面,具有其他种类打印机所不具有的优势,在银行、税务、证券、邮电、商业等领域中还在继续使用。

另一种击打式打印机是热敏打印机,它的结构与针式打印机相仿,但打印原理不同。它在打印头上以行、列或矩阵的形式安装有半导体加热元件,使用的热敏打印纸上则覆盖了一层涂有热敏材料的透明膜。打印时打印头有选择地在热敏纸的一些位置上加热,热敏材料经高温加热的地方瞬间变成黑色(也可以是蓝色或其他颜色),从而在纸上产生文字、符号和图形。

热敏打印技术最早使用在传真机上。由于打印速度快、噪音低,打印清晰,使用方便,热敏打印机目前在超市 POS 机、ATM 柜员机、医疗仪器中得到广泛应用。

2. 激光打印机

激光打印机是激光技术与复印技术相结合的产物,它是一种非击打式输出设备,具有高质量、高速度、低噪声等优点。

激光打印机由激光器、旋转反射镜、聚焦透镜和感光鼓等部分组成。由于激光能聚焦成很细的光点,炭粉又很细,因此激光打印机的分辨率较高,印刷质量相当好。

激光打印机分为黑白和彩色两种,其中低速黑白激光打印机已经普及,而彩色激光打印机的价格还比较高,适合专业用户使用。

激光打印机与主机的接口过去以并行接口为主,现在大多已改用 USB 接口。

3. 喷墨打印机

喷墨打印机也是一种非击打式输出设备,它的优点是能输出彩色图像,经济,低噪音,打印效果好,使用低电压不产生臭氧,有利于保护办公室环境。在彩色图像输出设备中,喷墨打印机已占绝对优势。

喷墨打印机所使用的耗材是墨水,理想的墨水应不损伤喷头,能快干但又不在喷嘴处结块,防水性好,不在纸张表面扩散或产生毛细渗透现象,在普通纸张上打印效果要好,不因纸张种类不同而产生色彩偏移现象,黑色要纯,色彩要艳,图像不会因日晒或久置而褪色,墨水应无毒、不污染环境、不影响纸张再生使用等。由于有上述许多要求,墨水成本高,而且消耗快,这是喷墨打印机的不足之处。

4. 打印机的性能指标

（1）打印精度。打印精度也就是打印机的分辨率，它用 dpi（每英寸可打印的点数）来表示，是衡量图像清晰程度最重要的指标。300dpi 是人眼分辨文本与图形边缘是否有锯齿的临界点，再考虑到其他一些因素，因此 360dpi 以上的打印效果才能基本令人满意。针式打印机的分辨率一般只有 180dpi，激光打印机的分辨率最低是 300dpi，有的产品为 400dpi、600dpi、800dpi，甚至达到 1 200dpi。喷墨打印机分辨率一般可达 300～360dpi，高的能达到 1 000dpi 以上。

（2）打印速度。针式打印机的打印速度通常使用每秒可打印的字符个数或行数来度量。激光打印机和喷墨打印机是一种页式打印机，它们的速度单位是每分钟打印多少页纸（PPM），家庭用的低速打印机大约为 4PPM，办公使用的高速激光打印机速度可达到 10PPM 以上。

（3）色彩表现能力。这是指打印机可打印的不同颜色的总数。对于喷墨打印机来说，最初只使用 3 色墨盒，色彩效果不佳。后来改用青、黄、品红、黑（称为 CMYK）4 色墨盒，虽然有很大改善，但与专业要求相比还是不太理想。于是又加上了淡青和淡洋红两种颜色，以改善浅色区域的效果，从而使喷墨打印机的输出有着更细致入微的色彩表现能力。

（4）其他。包括打印成本、噪音、可打印幅面大小、功耗及节能指标、可打印的拷贝数目、与主机的接口类型等。

5. 3D 打印机

3D 打印机不是在纸上打印平面图形，而是打印生成三维的实体。与传统的减材制造（切削、钻孔等）工艺相反，这是一种"增材制造"过程。

3D 打印有几种不同的技术，一种是熔融沉积技术，运用粉末状金属或塑料等可黏合材料，通过逐层堆叠的方式来构造物体。另一种是选择性激光烧结技术，该技术利用粉末材料打印成型，打印机先在铺设好的打印层上扫描出零件截面，然后用高强度的激光器将材料粉末烧结在一起，得到坚硬成型的零件。还有一种类似于立体平版印刷技术，它与选择性激光烧结技术相似，但使用的材料是液态树脂。

3D 打印不仅能生产栩栩如生的工艺玩具，还能制造出复杂的机械零件、假牙、假肢和仿生耳等。3D 打印技术的关键是使用的材料，理论上塑料、金属、陶瓷、沙子等材料经过特殊处理都可以用来做打印的"墨水（粉）"，这方面的研究和开发应用已经受到人们的密切关注。

自 测 题 2

1. 计算机的性能与 CPU 的工作频率密切相关，因此 CPU 主频为 3GHz 的计算机比另一台 CPU 主频为 1.5GHz 的计算机在完成相同任务时速度快 1 倍。

2. 计算机运行程序时，CPU 所执行的指令和处理的数据都直接从磁盘中取出，处理结果也直接存入磁盘。

3. 内存储器在计算机内部，辅助存储器在计算机外部。

4. RAM 代表随机存取存储器，ROM 代表只读存储器，关机后前者所存储的信息会丢失，后者则不会。

5. 计算机硬件在逻辑上主要由 CPU、内存储器、辅助存储器、输入/输出设备与_____

_____等五类主要部件组成。

6. 扫描仪是将图片、照片或文稿输入到计算机的一种输入设备,工作过程主要基于光电转换原理,其用于光电转换的电子器件大多是_____。

7. 显示器所显示的信息每秒钟更新的次数称为_____。

8. 鼠标器、打印机和扫描仪等设备都有一个重要的性能指标,即分辨率,其含义是每英寸的像素(点)数目,简写成3个英文字母为_____。

9. 设内存储器的容量为1MB,若首地址的十六进制表示为00000,则末地址的十六进制表示为_____。

10. 独立显卡具有很强的图形绘制功能,它能加快图形绘制速度,减轻CPU的负担。其中关键是因为显卡上配置有专门的_____处理器和专用的显示存储器。

11. 下面关于微处理器的叙述中,不正确的是_____。

A. 微处理器通常以单片集成电路制成

B. 它具有运算和控制功能,但不具备数据存储功能

C. 目前PC中使用最广泛的CPU是Intel公司Core(酷睿)系列微处理器

D. 当前智能手机中的CPU大多采用英国ARM公司的ARM处理器架构

12. 下面关于PC中CPU的叙述错误的是_____。

A. 为了暂存中间运算结果,CPU中包含几十个甚至上百个寄存器,用来临时存放数据

B. CPU是PC中不可缺少的组成部分,它担负着运行系统软件和应用软件的任务

C. 所有PC的CPLU都具有相同的指令系统

D. PC中至少有1个CPU芯片,其中包含1个或多个CPU核

13. 下面是关于计算机内存储器的一些叙述:① 内存储器由DRAM芯片或NAND闪存芯片组成;② CPU可按字节地址随机存取内存储器的内容;③ 目前市场上销售的PC其内存容量多数已达1GB以上;④ 台式PC内存容量一般可扩充,手机内存容量一般不可扩充。其中正确的是_____。

A. ①③   B. ①②③   C. ①④   D. ②③④

14. CPU的运算速度与许多因素有关,下面_____是提高运算速度的有效措施。

① 增加CPU中寄存器的数目;② 提高CPU的主频;③ 增加高速缓存(cache)的容量;④ 改进芯片组的设计。

A. ①③   B. ①②③   C. ①④   D. ②③④

15. 在PC中,SATA(串行ATA)接口主要用于_____。

A. 打印机与主机的连接   C. 图形卡与主机的连接

B. 显示器与主机的连接   D. 硬盘与主机的连接

16. 下面是关于目前流行的台式计算机主板的叙述:① 主板上通常包含CPU插座和芯片组;② 主板上通常包含存储器(内存条)插座;③ 主板上通常包含PCI或PCI-E总线插座;④ 主板上的SATA连接器用于连接硬盘和光盘。其中正确的是_____。

A. ①③   B. ①②③   C. ①④   D. ①②③④

17. 下面关于USB接口的叙述中,错误的是_____。

A. USB 3.0的数据传输速度要比USB 2.0快得多

B. USB具有热插拔和即插即用功能

C. 主机不能通过 USB 连接器向外围设备供电

D. USB 连接器有多种不同的形状和大小

18. 下面_____设备不属于计算机的输入设备。

A. 麦克风　　　　　B. 摄像头　　　　　C. 指示灯　　　　　D. 传感器

19. 数码相机中 CCD 或 CMOS 芯片的像素数目与图像分辨率密切相关。假设一个数码相机的像素数目为 200 万,则它所拍摄的数字图像能达到的最大分辨率为_____。

A. 800×600　　　　B. 1 024×768　　　　C. 1 280×1 024　　　D. 1 600×1 200

20. 显示器是 PC 机不可缺少的一种输出设备,通过显卡控制其工作,在下面有关显卡的叙述中,正确的是_____。

A. 显卡与液晶显示器的连接大多采用 PC1-E 接口

B. 目前显卡可支持的分辨率大多达到 1 024×768,但可显示的颜色数目还不超过 65 536 种

C. 显示屏上显示的信息预先都被保存在显示存储器中,在显卡的控制下一帧一帧地送到屏幕上进行显示

D. 独立显卡与主机的接口大多是 USB 2.0

延 展 阅 读

一、微处理器的发展与应用

20 世纪 70 年代的微处理器,其运算器和寄存器宽度仅为 4 位或 8 位。当时影响颇大的美国苹果公司的 Apple-Ⅱ 微型计算机,其 CPU 采用的是主频为 1MHz 的 8 位微处理器。

80 年代出现了 16 位微处理器,代表产品是 Intel 公司的 8086。1982 年美国 IBM 公司研制的 IBM PC 个人计算机采用 8086 作为 CPU,这是国际上第一次提出个人计算机的概念。它强调了这种计算机属于个人专用,而非多个用户共享使用。

20 世纪 80 年代末、90 年代初出现了 32 位微处理器,如 Intel 公司的 80386 和 80486 微处理器。以 80386、80486 为 CPU 的 PC 电脑,开始采用具有图形用户界面的 Windows 操作系统,可执行多任务处理。由 PC 组成的局域网开始推广,个人计算机的应用进入办公和商业领域。

1993 年 Intel 公司研制成 Pentium(奔腾)微处理器,它在单个芯片上集成了 310 万个晶体管,使用 273 个引脚的封装,主频达 100MHz,运算速度已超过 100MIPS(MIPS 表示每秒钟可完成 100 万次整数运算),性能开始超过 60 年代的大型计算机。

此后微处理器继续发展,Intel 公司先后推出了 Pentium Pro(高能奔腾)以及 Pentium Ⅱ、Pentium Ⅲ 和 Pentium 4 微处理器。它们的时钟频率已达 GHz 水平,不但能高速处理数值和文字信息,而且适合三维图形显示、音频视频信号处理和网络计算等多方面的应用。有些高档的 CPU 甚至还扩充了 64 位整数处理功能,把内存地址空间扩大到 2^{64}。

进入 21 世纪后,随着 CPU 芯片复杂度的增加和工作频率的提高,芯片的功耗和散热问题就成为制约 CPU 性能进一步提高的瓶颈。而集成电路制造工艺和封装水平的发展,

允许在一个集成电路芯片中包含更多的晶体管电路。因此人们不再把提高主频作为改善微处理器性能的研发重心,而是考虑在一个芯片中集成 2 个或多个 CPU 核,让多个 CPU 同时进行工作,通过并行处理技术来提高系统的性能,从而出现了双核和多核的处理器芯片。现在 PC 电脑、智能手机、服务器和巨型计算机等使用的 CPU 芯片都是多核微处理器。

表 2-7 是 40 多年来 Intel 公司有代表性的微处理器芯片技术参数的比较,从中可见微处理器技术的发展过程。

表 2-7　Intel 公司微处理器主要技术参数比较

处理器 主要参数	8086	80386	奔腾 I～III	奔腾 4	酷睿 2 (双核)	Core i7-980x (6 核)	Core i7-5960X (8 核)	Core i9-7980XE (18 核)
推出时间(年)	1978	1985	1993～ 1998	2000～ 2008	2006～ 2011	2010	2014	2017
主频(MHz)	4.77～ 10	16～ 33	60～ 333	1500～ 3800	1060～ 3500	3330	3500	2600
前端总线频率 (MHz)	4.77～ 10	16～33	50～66	400～ 1066	800～ 1600	DDR3-1066 (3 通道)	DDR4-2133 (4 通道)	DDR4-2666 (4 通道)
外部数据线数目	16	32	64	64	64	64	64	64
最大物理内存	1MB	4GB	4GB、地址线 36	地址线 36	地址线 36	24GB	64GB	128GB
内核数目	1	1	1	1	2	6	8	18
晶体管数目 (万)	2.9	27.5	310～ 750	4200	29 100～ 41 000	117 000	260 000	不详
芯片引脚数目	40	132	273、296 或 242	478 或 775	775	1366	2011	2066

二、智能手机

1. 发展概述

手机是移动电话的简称,它是个人移动通信系统的终端设备。按照移动通信网的技术划分,手机相应地也分为 1G 手机(俗称"大哥大",模拟手机)、2G 手机(GSM 或 CDMA 手机)、3G 手机(分 3 种制式)和 4G 手机(分 TDD-LTE 和 FDD-LTE);如果按照手机的功能划分,则可分为笨手机(dumb phone)、功能手机(feature phone)和智能手机(smart phone)三大类,笨手机只能用来打电话,很少有其他功能。功能手机除了通话功能之外,还具有收发短信、通信录、计算器、收音、录音、日历与时钟、简单游戏、手电筒等功能,有些还可以拍照、播放 MP3、看电子书等。智能手机的功能比功能手机更加丰富多样,它可以像 PC 个人电脑一样下载安装第三方软件,不断扩充功能。而功能手机一般不能随意安装和卸载软件。

智能手机可以认为是:电话＋电脑＋数码相机＋电子书＋音视频播放器＋导航仪＋……,它既是手机,又是电脑,又是相机,还是身份证和钱包。一般认为,智能手机有如下一些技术特点:

(1) 具有无线接入移动电话网和互联网的能力。

(2) 具有功能强大的通用操作系统,操作方便,使用效率高。

(3) 安装了丰富的应用软件,与通用计算机保持数据兼容。

(4) 扩展性好,可以方便地安装、卸载、升级和更新各种软件。

(5) 具有文字、图像,音频、视频处理的多媒体信息处理功能。

实际上,智能手机就是一台可以随身携带的真正的个人电脑,与台式 PC 相比,除了屏幕较小,不带键盘和没有大容量硬盘以外,其他如 CPU 速度、内存容量等已经相差不多。不仅如此,智能手机还有许多传统 PC 所不具备的能力,如 3G/4G 移动通信、环境感知、位置服务等。

2. 典型智能手机的技术参数

表 2－8 是 2017、2018 年市场上三种高端智能手机的主要技术参数,其中一些术语的含义可在教材有关章节找到解释。

表 2－8　3 种智能手机的主要技术参数

手机型号		华为 P20 Pro	iPhone X	小米 MIX 2s
发布时间		2018.4	2017.11	2018.3
操作系统		华为 EMUI 8.1（兼容 Android 8.1）	iOS11.0.1	MIUI9（Android）
SoC 芯片		麒麟 970	Apple A11 Bionic	高通 骁龙 845
内存容量		6 GB LPDDR4X	3 GB LPDDR4X	8 GB LPDDR4X
辅助存储器		64/128/256GB	64/256GB	256GB（UFS）
液晶屏	尺寸	6.1 英寸全面屏	5.8 英寸全面屏,三维触控	5.99 英寸全面屏
	分辨率	2 240×1 080（OLED）	2 436×1 125（OLED）	2 160×1 080（OLED）
WiFi 版		802.11 a/b/g/n/ac,双频	802.11a/b/g/n/ac	802.11 a/b/g/n/ad,双频
蓝牙		BT4.2,支持 BLE	蓝牙 5.0	蓝牙 5.0
NFC		NFC	NFC	NFC
移动通信		4G 全网通＋3G/2G 双卡双待单通	4G 全网通＋3G/2GVoLTE	4G 全网通＋3G/2GVoLTE
定位功能		GPS、Glonass、北斗、Galileo	AGPS、Glonass、Galileo QZSSi、Beacon 微定位	GPS、AGPS、Glonass、北斗、Galileo
环境传感器		重力和光线感应器、接近传感器、霍尔传感器、陀螺仪、色温传感器、指南针	气压计、三轴陀螺仪、加速感应器、距离感应器、环境光传感器	距离传感器、陀螺仪、电子罗盘、加速传感器、霍尔传感器、环境光传感器、气压计

手机型号		华为 P20 Pro	iPhone X	小米 MIX 2s
摄像头	后置	① 4 000 万像素（f/1.8） 4K 视频；720p@60fps ② 2 000 万像素（f/1.6） ③ 800 万像素（f/2.4） 3 倍光学/5 倍混合变焦	① 1 200 万像素（f/1.8） 4K 视频（60fps） 1 080p（30fps） ② 1 200 万像素（f/2.4） 2 倍光学/10 倍数码 变焦	双 1 200 万像素（f/1.8＋f/2.4）4K 视频 （3 840×2 160），30fps 1 080p，30fps
	前置	2 400 万像素，f/2.0	700 万像素，f/2.2，1080p 视频（30fps）	500 万像素 1 080p 视频通话
安全功能		指纹识别（360 度）	面容（人脸）识别	指纹＋人脸识别
接口		USB 3.1，OTG 功能 数据线接口：Type－C	闪电接口	USB 3.1，OTG 功能 数据线接口：Type－C
电池容量和类型		4 000mAh 锂聚合物电池	2 716mAh 可无线充电	3 400mAh 可无线充电
重量（克）		180	174	189

3. 智能手机硬件分析

智能手机对硬件的要求很高。例如，需要使用高速度、低功耗，具有多媒体信息处理能力的 32/64 位 CPU 芯片；需要有容量较大的内存和辅助存储器；需要有分辨率高、面积较大的触摸式显示屏；需要有多种无线通信和联网功能；还需要配备大容量电池等。

以苹果公司的 iPhone 6s/6s Plus 手机为例，整个硬件系统的核心是 2 块 SoC 芯片，一块是高通公司的基带处理器（baseband processor），它负责音频信号的 A/D 和 D/A 转换，在信号发送时把音频信号压缩编码成供发射的基带信号；接收时把收到的基带信号解码为音频信号。同时，它也负责地址信息（手机号、网站地址）、文字信息（短信文字、网站文字）、图片和视频信息的编/解码；三个射频信号收发器负责调制/解调、信道编/解码等功能。另一块 SoC 芯片是苹果公司设计、三星电子代工生产的片上系统 Apple A9，它以主频为 1.85GHz 的双核 Twister CPU（ARMv8－A 架构）为中心，负责运行 iOS 操作系统和各种应用程序（App），对整个手机进行控制和管理，该芯片还包括图形处理器（GPU）、图像处理器、音频处理器、定时控制、电源管理和多种 I/O 接口电路等模块。

图 2-15 是 iPhone 6s 手机拆解之后主板（10 层印制电路板）的照片，上面是朝向显示屏的一面，下面是它的背面，仅供参考。为了节省空间，2GB 容量的 LPDDR4 内存芯片与 A9 SoC 芯片相互叠在一起，这种技术称为堆叠式封装（Package on Package，PoP）。

华为 Mate 10 等其他智能手机的结构与图 2-15 相仿，不同的是，苹果手机使用了两块 SoC 芯片，其中一块是 Apple A9，另一块是高通公司用于移动通信的 SoC；而华为 Mate 10 只使用了 1 块 SoC，因为华为自行设计的移动通信模块与 CPU、GPU 等都集成在同一 SoC 芯片中，这不仅缩小了主板体积，也有助于节省功耗。

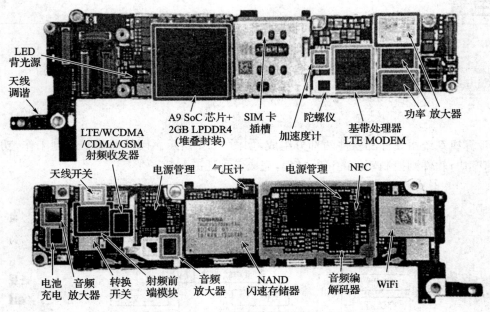

图 2 - 15 iPhone 6s 手机的主板和 IC 芯片

第三章

计算机软件

计算机系统由硬件和软件两部分组成,如图3-1所示。硬件通过二进制工作,功能简单,速度快;软件则控制硬件的运行过程,完成各种任务。

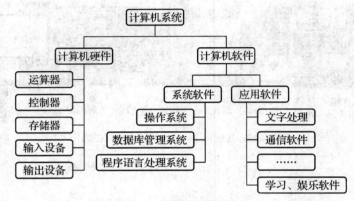

图3-1 计算机系统的组成

3.1 概   述

3.1.1 什么是计算机软件

1. 程序

程序是告诉计算机做什么和如何做的一组指令(语句),这些指令都是计算机能够理解和执行的。

2. 数据

计算机中程序所处理的对象和处理后所得到的结果,通称为数据。

3. 文档

文档是用自然语言编写的文字资料和图表等,用于描述程序的内容、组成、设计、功能、开发情况、测试结果及使用方法,如程序设计说明书、使用指南、用户手册等。

4. 软件

一般情况下,软件指的是设计比较成熟、功能比较完善并具有某种使用价值的程序。人们把程序,以及与程序相关的数据和文档统称为软件。其中,程序是软件的主体,单独的数据或文档一般不认为是软件。

软件是智力活动的成果,受到版权(知识产权)法的保护,用户购买的软件只有使用权,未经授权的拷贝和分发都是盗版行为。

3.1.2 计算机软件的特性

1. 不可见性

软件是用二进制形式保存在存储器上的,无法直接看到其本身的形态,必须通过使用才能了解其功能及性能。

2. 依附性

软件的运行要依附于一定的硬件、软件和网络环境,没有适当的环境就不能正常运行。

3. 复杂性

软件的规模越来越大、结构越来越复杂、开发成本越来越高,一般都由软件公司组织专门的人员,按照软件工程的方法进行开发和测试。

4. 易复制性

软件是以电、磁、光等形式存储和传输的,可以很容易且毫无失真地进行复制,所以盗版行为很难根除。

5. 不断演变性

由于计算机技术发展很快,用户需求又会不断发展和变化,所以软件投入使用后还需要更新和版本升级。

6. 有限责任

软件厂商无法承诺任何情况下软件都能正常运行,有些厂商会要求用户在使用软件之前接受免责协议。

7. 脆弱性

软件的设计和实现中必然存在漏洞,也很容易遭受攻击、篡改和破坏,这给系统的安全和软件的可靠运行带来了威胁。

3.1.3 计算机软件的分类

1. 系统软件和应用软件

从应用的角度出发可以将计算机软件大致分为系统软件和应用软件两大类。

1)系统软件

系统软件泛指为整个计算机系统所配置的、不针对特定应用的通用软件,是为软件开发和运行提供支持,或者为用户管理与操作计算机提供支持的一类软件。

系统软件主要包括:基本输入/输出系统(BIOS)、操作系统(如 Windows、iOS)、程序设计语言处理系统(如 C 语言编译器)、数据库管理系统(如 ORACLE、SQL Server、Access 等)、常用的实用程序(如磁盘清理程序、备份程序)。

2)应用软件

应用软件即 App,是为用户解决各种具体问题、完成特定任务的专门软件。按照开发方式和适用范围,应用软件又分为通用应用软件和定制应用软件两大类。

(1)通用应用软件

通用应用软件的应用范围十分广泛,几乎人人都需要使用。常用的有文字处理软件、电子表格软件、演示软件、图像处理软件、网页浏览软件、多媒体播放软件等,如表 3－1 所示。

表 3－1　常用的通用应用软件

类　别	功　能	流行软件举例
文字处理软件	文本编辑、文字处理、桌面排版等	Word、Adobe Acrobat、Wps、FrontPage 等
电子表格软件	表格定义、数值计算和统计、绘图等	Excel 等
图形图像软件	图像处理、几何图形绘制、动画制作等	AutoCAD、 Photoshop、 CorelDraw、 3DS MAX 等
媒体播放软件	播放各种数字音频和视频文件	Media Player、Real Player、Winamp 等
网络通信软件	电子邮件、聊天、IP 电话等	Outlook Express、MSN、QQ、ICQ 等
演示软件	投影片制作等	PowerPoint 等
信息检索软件	在数据库和因特网中查找需要的信息	Google,天网,百度等
个人信息管理软件	记事本、日程安排、通信录、邮件	Outlook,Lotus Notes
游戏软件	游戏、教育和娱乐	棋类游戏、扑克游戏等

（2）定制应用软件

定制应用软件是针对用户的特定需求而专门开发设计的,专用性强、设计和开发成本高,主要是机构用户购买使用。

2. 商品软件、共享软件、自由软件和免费软件

按照软件权益的处置方式,软件可以分为商品软件、共享软件、自由软件和免费软件。

1）商品软件

商品软件需要用户付费才能得到使用权。版权法规定,用户将一个软件复制到多台计算机去使用是非法的。若要多个用户或多台计算机使用同一个软件,则需要购买多用户许可证。

2）共享软件

共享软件其实是一种销售策略,允许用户在购买前先免费试用一段时间。

3）自由软件

自由软件的创始人理查德·斯托曼(Richard Stallman)创建了自由软件基金会(FSF),拟定了通用公共许可证(GPL),倡导软件的"非版权"原则。在其协议规定下,用户可以共享软件,可以随意复制和修改软件的源代码,允许销售和自由传播。但是,对软件源代码的任何修改都必须向所有用户公开,还必须允许以后的用户享有复制和修改的自由。

自由软件有利于软件共享和技术创新,我们日常使用的 TCP/IP 协议、Mozilla Firefox(火狐)浏览器、Android 操作系统等都是自由软件。

4）免费软件

免费软件是可以免费使用的软件,但是用户没有修改和销售的权利,其源代码一般也不公开。大多数自由软件都是免费的,但是免费软件并不一定是自由软件。

3.2 操 作 系 统

操作系统(operating system,简称OS)是直接运行在"裸机"上的最基本、最重要的系统软件,是许多程序模块的集合。操作系统负责管理和控制计算机软硬件资源,科学安排计算机的工作流程,控制和支持应用软件的运行,提供各种形式的用户界面,确保整个计算机系统高效有序安全地运行。

3.2.1 概述

1. 操作系统的作用

操作系统主要有三个重要作用,如图3-2所示。

(1)管理和分配计算机系统中的各种软硬件资源,提高系统资源的使用效率。操作系统的资源管理主要包括处理器管理、存储管理、文件管理、I/O设备管理等几个方面。

(2)为用户提供友好的人机界面。现在操作系统普遍采用图形用户界面(graphical user interface,简称GUI)来方便用户与计算机之间的通信,它以矩形窗口的形式显示正在运行的各个程序,以图标来形象地表示系统中的文件、程序、设备等对象。用户可以通过鼠标或触摸屏控制光标移动,用点击菜单或图标的方式启动命令,减少了记忆操作指令的麻烦。

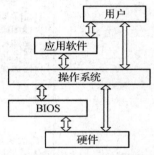

图3-2 操作系统的重要作用

(3)为应用程序的开发和运行提供高效的平台。操作系统屏蔽了几乎所有物理设备的物理特性和技术细节,以规范而高效的方式向应用程序提供支持。

此外,操作系统还有处理软硬件错误、监控系统性能、保护系统安全等作用。总之,有了操作系统,计算机才能成为一个高效、可靠、通用的信息处理系统。

2. 操作系统的启动

安装好的操作系统大多驻留在硬盘或NAND闪存等辅助存储器中。一般来说,操作系统的启动分为四个步骤。

(1)启动计算机时,CPU首先执行BIOS中的加电自检(POST)程序,测试计算机主要部件的工作状态是否正常。如果没有异常情况,CPU将继续执行下一步的系统自举程序。此时如果用户按下某一热键(如【Del】键或【F1】【F2】【F8】键,各种BIOS的规定不同),就可以启动BIOS中的CMOS设置程序,对系统的参数进行修改。

(2)CPU执行BIOS中的系统自举(引导装入)程序,按照CMOS中设置好的启动顺序,依次搜索计算机的辅助存储器。当找到需要启动的操作系统所在的辅存,就将其第一个扇区的内容(主引导记录)读入内存。

(3)主引导记录中的加载程序将操作系统的核心程序装入内存。

(4)操作系统的核心加载进入内存后,整个计算机就处于操作系统的控制下,用户可以正常使用计算机了。

3.2.2　多任务处理与处理器管理

1. 多任务处理

为提高 CPU 的利用率,操作系统总是同时处理多个任务,例如编写文档、播放音乐、下载文件等,每个任务都会对应某个程序。借助于任务管理,用户可以了解系统中有哪些任务正在运行、处于什么状态、CPU 使用率等信息。同时按下快捷键【Ctrl＋Alt＋Delete】或【Ctrl＋Shift＋Esc】可以弹出 Windows 任务管理器。

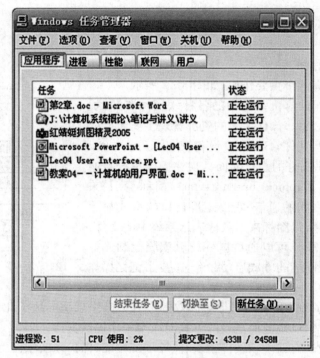

图 3-3　Windows 任务管理器

每启动一个应用程序,操作系统就会打开一个相应的窗口,同时会在任务栏上显示一个相应的任务按钮,通常一个窗口/按钮就是一个任务。窗口可以放大或缩小,甚至可以"最小化",但任务的运行不受其影响。

1）前台任务

正在接受用户输入(击键或按击鼠标)的窗口所对应的任务,也被称为活动窗口。该窗口位于其他窗口的前面,其标题栏的颜色比非活动窗口更深。Windows 中前台任务只能有1 个。

2）后台任务

除前台任务外,所有其他任务均为后台任务,对应的窗口就是非活动窗口。后台任务虽然暂时未与用户进行交互,但仍然在计算机中运行,也能够得到 CPU 的响应,并能及时更新其内容。Windows 中后台任务的数目原理上可以不受限制。

2. 处理器管理

Windows 操作系统采用并发多任务方式支持系统中多个任务的执行,前台任务和后台任务都能分配到 CPU 的使用权。需要注意的是，多任务宏观上是同时执行，而微观上任意时刻只有一个任务正在被 CPU 执行。操作系统中的处理器调度程序会把 CPU 的时间分配给各个任务，一般采用时间片轮转（比如 1/20 秒）的策略，即每个任务都能轮流得到 0.05 秒的 CPU 时间。当时间用完之后，任务就会被强行暂停直至下一次得到 CPU 使用权，而调度程序则把 CPU 交给下一个任务，依次轮转。

如果同时启动了多个需要与用户交互的任务（如文字处理、电子表格、图像处理等），这些任务即使处在后台状态，也会不断查询用户有无输入，从而使 CPU 效率降低。

3.2.3　存储管理

1. 存储管理的主要任务

即使现在 PC 和智能手机的内存已经增大到几个 GB，但仍然不能保证有足够的空间来满足多任务处理的需要。因此，操作系统中存储管理的任务是：

（1）为每个任务分配内存空间，任务终止后再回收内存空间；

（2）对内存空间进行保护，避免被其他任务随意访问和修改；

（3）提供内存空间共享，提高利用率；

（4）采用虚拟存储技术，对内存空间进行扩充，使任务的存储空间不受实际物理内存容量的限制。

2. 虚拟存储技术

应用程序在运行时，仅需将当前要运行的部分页面先装入内存，其余则留在硬盘提供的虚拟内存中。如果程序所要访问的数据页面尚未调入内存，则通过操作系统所提供的请求调页功能，将它们调入内存即可。在用户看来，系统所提供的内存容量比实际容量大得多，这就是虚拟内存。

在 Windows 操作系统中，虚拟内存是由计算机的物理内存和硬盘上一个名为 Pagefile.sys 的页面文件（或称交换文件）联合组成。Pagefile.sys 文件通常位于系统盘的根目录下，用户可以自行设置其大小，也可以指定存放在哪个硬盘分区下。

3.2.4　文件管理

1. 文件的概念

文件是存储在辅助存储器中的一组相关信息的集合。计算机中的程序、数据、文档通常都组织成为文件，并以文件为单位进行存取操作。

为便于管理和使用，每个文件都有一个名字，即文件名。文件名由主文件名和扩展名两部分组成。主文件名最多由 255 个字符组成，允许带空格，但不能含有？ * : " / \ < > | 这 9 个英文字符。扩展名由"."加 1～4 个英文字母组成，用于区分文件的类型。

文件除了包含其本身的内容之外，为了方便管理的需要，还包含了文件的说明信息。大多数操作系统使用的文件说明信息包括：主文件名、扩展名、文件大小、文件存放位置、文件创建时间、文件修改时间、最近访问时间、文件创建者、文件属性等。说明信息和文件内容是分开存放在辅助存储器里的，前者集中存放在目录区，后者则存放在数据区。

文件的属性有很多种，Windows 中常见的有：

（1）系统属性，表示该文件为操作系统运行所必需，默认为隐藏文件；

(2) 存档属性,表示自上次备份后发生过变更;

(3) 隐藏属性,表示在资源管理器中不显示(通过"文件夹选项"可以设置为显示);

(4) 只读属性,表示该文件只能读取,不允许修改(但可以另存和删除)。

2. 文件目录

为便于查找和使用,操作系统把所有文件分门别类地组织在不同的文件目录(也称文件夹)中。操作系统一般采用多级层次式的树状结构来组织文件,每个逻辑分区都有一个根目录,它包含若干文件和子目录,子目录下又可以包含文件和下一级目录,依次类推。某个文件的位置由分区盘符和文件路径来确定(分区盘符:\文件路径\文件名),其中文件路径即从根目录经由各个子目录直到文件的顺序。

3.2.5 设备管理

操作系统的设备管理主要负责控制和操纵所有 I/O 设备,实现不同 I/O 设备之间、I/O 设备与 CPU 之间、I/O 设备与控制器之间的数据传输,使它们能协调工作。每个物理设备都配有驱动程序(通常由设备的生产厂商提供),驱动程序负责把逻辑设备上的 I/O 操作转换为具体物理设备的 I/O 操作。如此,只要安装了对应的驱动程序,操作系统和应用程序就能直接使用该设备。

Windows 系统中有一个设备管理器,用户可以查找所关心的设备,查看其相关信息和工作状态,也可以修改或重新设置该设备的驱动程序。

3.2.6 常见的操作系统

目前常见的操作系统主要有:

(1) 单用户多任务操作系统,用于个人计算机;

(2) 多用户多任务的网络操作系统,用于网络服务器;

(3) 对外部事件能快速做出响应的实时操作系统,用于军事指挥和武器控制系统、电网调度和工业控制系统、证券交易系统等,具有很高的可靠性和安全性;

(4) 运行在嵌入式计算机中的"嵌入式操作系统",快速、高效,具有实时处理功能,代码紧凑。

1. Windows 操作系统

全世界 80% 以上的 PC 上安装了 Windows 系列操作系统。它由美国微软公司开发,支持多任务处理和图形用户界面,系统效率高,用户操作简便。由于市场份额大,许多第三方开发者都在 Windows 平台上开发软件,数目之多、品种之丰富占有绝对优势,尤其是办公、教育、娱乐等领域。

2015 年 7 月,微软发布了 Windows 10 操作系统,能无缝运行于 PC(x86 架构)、平板电脑(ARM 架构和 x86 架构)和服务器等多种平台,是跨平台最多的操作系统。它提供新的浏览器软件(Microsoft Edge)、支持虚拟桌面、改善任务管理和窗口功能,有家庭版、专业版、企业版等 7 个版本。

2. UNIX 操作系统

UNIX 由美国 AT&T 公司贝尔实验室开发,是一种通用的多用户、多任务、分时操作系统。自 1970 年问世以来,被大型服务器和大型网站广泛采用。它结构简单、功能强大、可移植性好、网络功能丰富、安全可靠,对现在许多流行的技术如 TCP/IP 协议、客户/服务器模式以及系带操作系统产生了巨大的影响。

3. Linux 操作系统

Linux 由芬兰学生林纳斯·托瓦茨(Linus Torvalds)于 1991 年开发并上传到因特网上,是最有名的一个自由软件,源代码免费公开。经过成千上万的程序员不断改进,现在全球有超过 300 个 Linux 操作系统发行版本,被移植到多种硬件平台(包括计算机、智能手机、路由器、电视机、游戏机等)上,用户遍及商业、政府、教育以及家庭等不同领域。

3.3　算法与程序设计语言

软件的主体是程序,程序的核心是算法。

3.3.1　算法

1. 算法的基本概念

算法就是解决问题的方法和步骤。一旦给出了算法,人们就能以此解决实际问题,所以算法也是一种分享智慧的途径。开发计算机应用的核心,就是研究和设计解决实际问题的算法,并将其在计算机上实现。

尽管需要求解的问题不同使得算法千变万化,但所有算法都必须满足 4 个基本特性:

(1) 确定性。算法中的每一个步骤都必须有确切的含义,不能有二义性。

(2) 有穷性。算法必须能在有限步骤内结束,而且每一步都必须能在有限时间内完成。

(3) 能行性。算法中的每一步操作都是计算机能够执行的。

(4) 输出。当算法结束时,至少要产生一个输出(包括状态的变化)。

一般来说,使用计算机求解问题,包含这样几个步骤:确定和理解问题;寻找解决问题的算法;用程序设计语言表达算法(即编程);运行程序并获得解答;对算法进行评估以求改进。

例如:有三个硬币,其中一个是伪造的,另两个是真的,伪币与真币重量略有不同。现在提供一座天平,如何找出伪币呢? 算法如图 3-4 所示。

但是要注意,计算机也不是万能的,对于某些问题无法给出可行的算法。

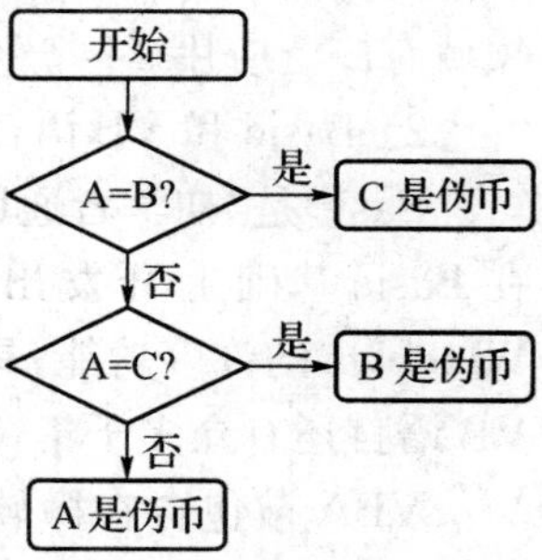

2. 算法的设计与表示

算法所解决的是一类问题而不是某一个特定的问题。设计一个算法需要完整地考虑整个问题和所有可能的情况,并且要满足算法的基本特性。人们经过长期的研发,已经总结出了许多基本的算法设计方法,例如枚举法、迭代法、递归法、回溯法等,但复杂问题的算法设计仍然十分困难。一般情况下,算法的设计采用由粗到细,由抽象到具体的逐步求精的方法。

图 3-4　算法举例

算法的表示可以有多种形式,如自然语言(简单但不够明确细致)、流程图(直观、清晰)、伪代码(介于自然语言和程序设计语言之间)和程序设计语言(计算机能够执行)等。

3. 算法的分析

一个问题往往有多种不同的算法可以解决,不同的算法效率也不一定相同。在不同的情况下,人们对算法也可以有不同的选择。选择算法,除了考虑其正确性之外,还需要考虑算法是否容易理解、调试,以及算法占用计算机资源的多少(包括时间资源和空间资源)。

3.3.2 程序设计语言

自从计算机诞生,人们就需要和计算机交换信息,这就产生了计算机语言,即程序设计语言。程序设计语言按其级别可以分为机器语言、汇编语言和高级语言三大类。

1. 机器语言

机器语言就是计算机的指令系统,用二进制指令代码表示(可简化为十六进制),是计算机唯一能直接识别和执行的计算机语言。但是机器语言的指令难以记忆和理解,也难以编写、修改和维护,不同计算机的机器语言还不兼容,所以现在人们已经不使用机器语言来开发程序了。

2. 汇编语言

汇编语言出现于 20 世纪 50 年代初,用一些助记符代替机器语言中的操作码,操作数使用人们习惯的十进制数,比机器语言容易理解。但是汇编语言和机器语言都是面向机器的程序设计语言,不能兼容于不同的机器和不同的指令系统。

3. 高级语言

高级语言更接近人们的自然语言(主要是英语),提高了编写和维护程序的效率。高级语言和计算机指令系统无关,具有良好的通用性和可移植性。

但是,高级语言和自然语言仍然有很大差异,主要表现在采用的符号、各种语言成分及其构成、语句的格式等都有专门的规定,语法规则极为严格。根据不同的特点和特殊的用途,高级语言迄今为止已有上千种之多。

1) FORTRAN 语言

FORTRAN 是 Formula Translation(公式翻译)的缩写,是世界上最早出现的、适用于数值计算的、面向过程的程序设计语言,是大型科学与工程计算的有力工具,在高性能计算领域有广泛应用。

2) Basic 和 VB 语言

Basic 是"初学者通用符号指令代码"的缩写,简单易学。VB(Visual Basic)是微软公司在 Basic 基础上开发出的一种基于图形用户接口的可视化程序设计语言,可以调用 Windows 的许多功能,具有强大的数据库访问能力,实现分布式数据库处理,使用相当广泛。VB 语言还有众多子集,例如 VBA(Visual Basic for Application)和 VBScript。

VBA 被包含在微软 Office 软件(如 Word、Excel、PowerPoint、Access)中,用户可以用来编程扩展 Office 软件的功能。它寄生于已有的应用程序中,不需要另外的开发环境,所编写出来的程序(称为"宏")必须由宿主程序调用才能运行。

VBScript 嵌入在 HTML 文档中使用,所编写的脚本程序可以扩充网页的功能,例如动态修改网页的内容、控制 HTML 文档的展现、验证用户的输入信息是否正确等。

3) Java 语言

Java 语言是由原 Sun Microsystem 公司于 1995 年发布的一种面向对象、用于网络环境编程的程序设计语言。它与操作系统无关,安全、稳定,能将图形浏览器和超文本结合在一起,受到了许多应用领域(包括移动设备)的重视。

4) C 语言、C++语言、Objective-C 和 C♯语言

C 语言是由贝尔实验室于 1972 年设计而成的一种面向过程的程序设计语言。它兼具了高级语言的功能和汇编语言的效率,既简洁又实用,可移植性强。C 语言的表达简练,数据结构和控制结构十分灵活,被成功应用于实时控制、数据处理、操作系统开发等各个领域,是当前使用最广泛的通用程序设计语言之一。UNIX 操作系统就是用 C 语言编写而成的。

C++语言是在 C 语言基础上发展起来的面向对象的程序设计语言,是对 C 语言 的扩充。它具有数据抽象和面向对象能力,运行性能高,又能与 C 语言兼容,是面向对象程序设计的主流语言。

Objective-C 也是在 C 语言基础上扩充的面向对象的程序设计语言,完全兼容 C 语言。Objective-C 主要用于 iPhone 和 iPad 编程,iOS 操作系统和 iOS 应用程序都是用它开发而成的。

C♯(读作 C Sharp)是微软公司开发的一种面向对象且运行于.NET Framework 上的高级程序设计语言,非常类似 C++,也很接近 Java。使用 C♯ 开发的程序,无须修改即可运行在不同的计算机平台上,是.NET 开发的首选语言。

3.3.3　程序设计语言处理系统

除了机器语言程序外,其他程序设计语言编写的程序都不能直接在计算机上运行,所以要对它们进行相应的处理。负责进行这种处理的软件是汇编程序、解释程序和编译程序,它们统称为"程序设计语言处理系统"。

1. 汇编程序

汇编程序用于把汇编语言程序翻译成机器语言程序。由于汇编语言的指令与机器语言大体一一对应,所以汇编程序比较简单。

2. 解释程序

解释程序把用高级语言编写的源程序作为输入,逐句扫描、逐句翻译,翻译一句执行一句,不会最终形成机器语言的目标程序。这种方法相当于外语翻译中的"口译"。解释程序的优点是实现简单,便于修改和调试;缺点是运行效率低。

3. 编译程序

编译程序把高级语言编写的源程序扫描一次或多次,进行翻译转换,最终形成一个机器语言的目标程序,可以直接在计算机上执行。这种方法相当于外语翻译中的"笔译"。编译程序实现起来比较复杂,但能够产生出高效率的目标程序,并保存在磁盘上用以多次运行。

自　测　题　3

1. 下面关于系统软件的叙述中,错误的是＿＿＿＿＿＿＿。

A. 操作系统与计算机硬件密切相关,属于系统软件

B. 在通用计算机系统中系统软件几乎是必不可少的

C. 数据库管理系统是系统软件之一

D. Windows 操作系统安装时附带的所有程序都是系统软件

2. 关于计算机程序的下列叙述中,错误的是_____。

A. 程序由指令(语句)组成

B. 程序中的指令(语句)都是计算机能够理解和执行的

C. 启动运行某个程序,就是由 CPU 执行该程序中的指令(语句)

D. CPU 可以直接执行存储在外存储器中的程序

3. 为了支持多任务处理,操作系统采用_____技术把 CPU 分配给各个任务,使多个任务宏观上可以"同时"执行。

A. 时间片轮转　　　　B. 虚拟存储　　　　C. 批处理　　　　D. 即插即用

4. _____软件运行在计算机系统的底层,并负责管理系统中的各类软硬件资源。

A. 操作系统　　　　B. 应用程序　　　　C. 编译系统　　　　D. 数据库系统

5. 下列关于计算机算法的叙述中,错误的是_____。

A. 算法是问题求解规则(方法)的一种过程描述,它必须在执行有限步操作之后结束

B. 算法的设计一般采用由细到粗、由具体到抽象的逐步求解的方法

C. 算法的每一个运算必须有确切的定义,即必须是清楚明确、无二义性的

D. 分析一个算法的好坏,必须要考虑其占用的计算机资源(如时间和空间)的多少

6. Windows(中文版)有关文件夹的以下叙述中,错误的是_____。

A. 网络上其他用户可以不受限制地修改共享文件夹中的文件

B. 文件夹为文件的查找提供了方便

C. 几乎所有文件夹都可以设置为共享

D. 将不同类型的文件放在不同的文件夹中,方便了文件的分类存储

7. 很长时间以来,在求解科学与工程计算问题时,人们往往首选_____作为程序设计语言。

A. FORTRAN　　　　B. Pascal　　　　C. Java　　　　D. C++

8. 若同一单位的很多用户都需要安装使用同一软件时,最好购买该软件相应的_____。

A. 多用户许可证　　　　　　　　　B. 专利

C. 著作权　　　　　　　　　　　　D. 多个拷贝

9. 下列叙述中,_____是错误的。

A. 存储容量要求大于实际主存储器容量的程序,采用虚拟存储技术之后就能运行

B. 操作系统在读写磁盘上的一个文件中的数据时,不需要使用该文件的说明信息

C. 操作系统具有管理计算机资源的功能

D. 多任务操作系统允许同时运行多个应用程序

10. 在 PC 机中,某个应用软件包(如 QQ)能正确安装,但该软件包在手机上却不能安装的根本原因是_____。

A. 计算机与手机的操作方式不一样

B. 手机太旧,该应用软件包版本新

C. 手机内存不够大

D. 计算机与手机的指令系统不兼容

延 展 阅 读

一、个人电脑时代的主导——WinTel

20 世纪 80 年代初,苹果和 IBM 在个人电脑市场激战正酣。当时,很少有人能想到,引领之后几十年个人电脑发展的,其实是 IBM-PC 背后的微软和英特尔。

1976 年,史蒂夫·乔布斯(Steve Jobs)和沃兹尼亚克(Steve Wozniak)在一间车库里"攒"出了世界上第一台可以商业化的个人电脑 Apple Ⅰ。虽然有各种局限性,但沃兹尼亚克很快就开发出了热销的 Apple Ⅱ。这可能是史上销量最大、生命力最长的个人电脑之一,其扩展型号甚至卖到了 1993 年。

另一边,商用计算机巨头 IBM 也于 1980 年决定开发个人电脑,并把这个任务交给了一个只有十几人的小组。由于人手不足,这个小组不得不打破了以前 IBM 自行设计全部软硬件的做法,而采用了英特尔的 8088 芯片,并委托微软公司的比尔·盖茨(Bill Gates)开发操作系统。盖茨花 5 万美元买了一个叫 QDOS 的小型操作系统,改名为 MS-DOS 后,去向 IBM 交差。这样,仅仅用了一年,IBM-PC 就问世了,当年就卖掉了 10 万台,并占领了 75% 的个人电脑市场。IBM-PC 被认为是 20 世纪最具革命性的计算机产品,性能比当时苹果公司的好了很多。个人电脑进入家庭,帮助人们解决日常问题,正是从这时候开始的。

不过,这时的人们还需要用键盘不断输入命令,也就是用计算机规定的语言来和计算机交流。这个门槛并不低,如果解决不了,计算机的普及仍然很困难。

1980 年,乔布斯就将源自施乐公司的图形界面系统和鼠标,用到了苹果的个人电脑上。1981 年,他请小字辈的盖茨来为图形界面的操作系统设计办公软件。让他想不到的是,盖茨想的却是如何开发类似的操作系统和苹果竞争。

微软几经周折,到 1990 年终于开发出一款可以媲美苹果系统的 Windows 3.0。这个系统一上市就确立了微软在个人电脑时代的领袖地位,并在短短两年时间里把苹果的市场份额挤得只剩下 5%。盖茨"让每个家庭都拥有计算机"的理想实现了。

在个人电脑时代,除了摩尔定律之外,还有一个安迪-比尔定律,该定律的原文是"安迪所给的,比尔都要拿走"。安迪是英特尔公司联合创始人兼当时的 CEO 安迪·格罗夫(Andy Grove),比尔就是比尔·盖茨。这条规律的意思是,微软等软件公司的新软件,总要比从前的软件消耗更多的硬件资源,以至于抵消了英特尔等硬件公司带来的性能提升效果。

安迪-比尔定律其实是计算机工业发展的需要。为了让计算机真正对个人和家庭有用,就必须开发出各种各样、功能越来越多、结构越来越复杂的软件,而运行这些软件要消耗内存和处理器等硬件资源。为了管理这些软件和越来越多的用户数据,计算机的操作系统也要做得越来越复杂,消耗越来越多的硬件资源。而随着软件越来越复杂,软件开发的难度就越来越大,于是程序员们不得不采用变得方便但运行效率降低的程序语言,这也会消耗更多的硬件资源。在摩尔定律和安迪-比尔定律的共同作用下,几十年来计算机的价格逐渐下降,性能越来越强,功能越来越多,用途越来越广。

虽然生产硬件的厂商和开发软件的公司非常多,但大家都绕不开两个环节——CPU 和操作系统,而它们分别被英特尔和微软控制了。生产不兼容英特尔 CPU 和微软操作系统的机器,就意味着各种软件都无法运行了。于是,英特尔和微软主导了个人电脑时代,两个核心 Windows 加上 Intel,就简称 WinTel。而苹果公司自成一体,软硬件全都自行开发制作,和其他的个人电脑完全不能兼容。这就导致了三个后果:价格贵、软件少和不兼容。WinTel 代表开放与分工合作,这是现代工业社会的基本特征;苹果则代表着封闭和对技术的垄断,在市场份额上落败是必然的。

(本篇改编自《文明之光》第三册第十九章,吴军,人民邮电出版社,2015 年版)

二、Linux 的起源与发展

1991 年芬兰学生林纳斯·托瓦茨终于有了一台完全属于自己的电脑,不必再忍受学校机房漫长的等待。然而令他郁闷的是,他的电脑上没有合适的操作系统可用。于是,林纳斯不得不自己写一个操作系统来用。两个月后,一个勉强可以使用的 0.01 版的 Linux 内核诞生了。随后林纳斯将其上传至 FTP,并公布了全部源代码。

此前,当微软靠卖软件赚得盆满钵满时,有一个黑客很是不满。理查德·斯托曼 (Richard Stallman)认为所有软件都是人类智慧和思想的结晶。软件应该自由地让人们使用。1983 年,Stallman 发起了"GNU"计划,目的是创建一套完全自由的操作系统,以"重现软件界合作互助的团结精神"。他拟定了一份通用公共许可证(general public license,简称 GPL),强调公共版权和鼓励自由传播,它允许修改程序、复制软件和销售获利,但前提是公布修改后的全部源代码,必须保证自由思想的传递。GNU 计划激发了软件界极大的热情,世界各地的软件高手们纷纷参与,并且开发出包括 C 语言编译器、大部分 UNIX 系统程序库和工具在内的许多软件。

虽然 GNU 编写了很多自由免费的软件,可是却没有自由的操作系统。而林纳斯刚好只有一个操作系统内核却没有应用软件。终于,林纳斯率领 Linux 加盟了 GNU 计划,这一转变至关重要,它促进了 Linux 在商业领域的繁荣。

一开始,Linux 开放的政策让无数黑客和业余爱好者参与了进来,这是自由的胜利。随后,商业软件公司也逐渐参与进来,开创了"销售服务而非软件"的商业模式。Linux 也从黑客和业余爱好者自娱自乐的工具,转变成了一个具有全球影响力的软件平台。

1992 年,Linux 的核心代码只有几万行;如今,其核心代码已经超过千万行。1998 年,全球前 500 台超级计算机中只有 1 台运行 Linux;如今,全球前 500 台超级计算机中,有 400 多台选用 Linux,遍布世界各地各行各业。从 IC 卡芯片到航天科技,Linux 已无处不在。

三、计算机之母

艾达·洛芙莱斯(Augusta Ada King, Countess of Lovelace,1815 年 12 月 10 日—1852 年 11 月 27 日,通称 Ada Lovelace)是英国著名诗人拜伦唯一合法的女儿。在她只有一个月大的时候父母就离异了。艾达的母亲担心女儿会"感染"拜伦式"疯狂",决定让她远离文艺,引导她转向数学和科学领域。

从 5 岁开始,艾达就接受一系列严格的教育,她富有想象力,对数学、机械学很着迷。整个 1828 年,她在给母亲的信中都在讲述自己尝试用纸、丝绸或羽毛来制作翅膀,以便能够飞起来。这样的想象力最终使她参与到一个由蒸汽机驱动的飞行机器项目中。

1833 年,艾达 17 岁,刚踏入社会的第一年,有幸成为见识到巴贝奇(Charles Babbage)

差分机原型的一小部分人之一。艾达在科学尤其是数学方面有着丰富的想象力，她几乎是当时唯一一个能够理解巴贝奇差分机工作原理和潜力的人，这开启了他们之间的友谊。

虽然巴贝奇的差分机（后改为分析机）从未建成，但艾达还是对其设计有着深刻的理解，并为此撰写了一部了不起的论文，即《查尔斯·巴贝奇分析机原理》（Sketch of the Analytical Engine Invented by Charles Babbage），这一论文于 1842 年发表。其中的一个表格常被描述为"第一个计算机程序"，它对未来计算机的挑战及其创造性和潜力的憧憬极具远见。艾达也因此被认为是世界上第一个程序员。

艾达的设计思想甚至还超越了巴贝奇。巴贝奇只是将计算机视为数字的操控者，而艾达则专注于计算机创造性的可能性和局限性，这也是我们当今世界所需要处理的问题。艾达还创造出许多巴贝奇也未曾提到的新构想，比如她曾经预言："这个机器未来可以用来排版、编曲或是各种更复杂的用途。"

1953 年，艾达之前阅读查尔斯·巴贝奇的《分析机概论》所留下的笔记重新公布，被公认对现代计算机与软件工程造成了重大影响。她的笔记中提出一个重要思想："分析机不创造任何东西，它可以完成我们命令它执行的任何任务。它也可以跟踪分析，但却无法预测任何分析关系或真相。它的价值在于协助我们做好我们已经熟悉的事情。"——这在关于计算机和创造力的讨论中经常被引用，特别是数学家阿兰·图灵的"模仿游戏"论文。

1980 年 12 月 10 日，美国国防部制作了一个新的高级计算机编程语言——Ada，以纪念艾达·洛芙莱斯。Ada 是一种表现能力很强的通用程序设计语言，是美国国防部为克服软件开发危机，耗费巨资，历时近 20 年研制成功的，被誉为第四代计算机语言的最成功代表。它主要用于高完整性/安全性领域，包括商用和军用航空飞行设备、空中交通管制、铁路系统以及医疗设备等。

第四章

计算机网络与互联网

计算机网络是计算机技术和通信技术结合的产物。随着技术的发展,计算机网络,特别是遍布全球的互联网(Internet,也称因特网)已经渗透到社会的各个领域,不断改变着人们的工作、学习和生活方式。

4.1　数字通信基础

通信,指人与人或人与自然之间通过某种行为或媒介进行的信息交流与传递。从广义上说,各种信息传递都可以被称作通信。而现代通信是指利用电波或光波传递信息的技术,也称为电信,例如电报、电话、广播和电视等。其中,电话是点对点的双向通信,而广播则是单点对多点的单向通信。

现代通信的发展历史:

(1) 1837 年,英国建成第一条电报线路(Morse 电报)。

(2) 1876 年,美国人 A.G.Bell 研制成可供实用的电话。

(3) 20 世纪初,马可尼实现了跨越大西洋的无线电报通信。

(4) 1918 年,出现收音机和无线电广播。

(5) 1938 年,第一个电视台开始播出。

(6) 1940 年以后出现彩色电视。

(7) 1960 年以后出现计算机网络。

在不到 200 年间,通信技术有了翻天覆地的变化,移动通信、卫星技术、光纤通信、人工智能等技术将我们带进了信息化的社会。

4.1.1　通信系统基本原理

1. 通信系统的简单模型

通信系统由三个要素组成:信息的发送者(信源)、信息的接收者(信宿)和携带了信息的电/光信号、信息的传输通道(信道),如图 4-1 所示。

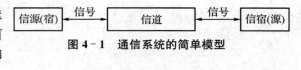

图 4-1　通信系统的简单模型

通信系统中所传输的信息,都必须以某种电(或光)信号的形式,才能通过信道进行传输。信号的形式有两种:模拟信号和数字信号,如图 4-2 所示。模拟信号通过连续变化的物理量(如电平的幅度或电流的强度)来表示信息,例如人们打电话或者播音员播音时声音经话筒(麦克风)转换得到的电信号。数字信号使用有限个状态(一般是 2 个)来表示(编码)信息,例如电报机、传真机和计算机发出的信号。

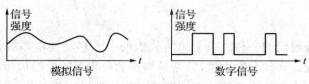

图4-2　模拟信号和数字信号

模拟信号在传输中容易受到干扰、保密性差、信号质量不稳定。随着数字技术的发展,现在已经普遍采用数字信号进行通信,即数字通信。数字通信的优点有抗干扰性强、可靠性高、安全性好。

2. 有线通信与无线通信

按照使用的传输介质类型,通信分为有线通信和无线通信两大类。不同的介质具有不同的传输特性,所用设备也不一样,具有不同的应用范围,如表4-1所示。

表4-1　通信介质的类型、特点和应用

介质类型		特　　点	应　　用
有线通信	双绞线	成本低,易受外部高频电磁波干扰,误码率较高;传输距离有限	固定电话本地回路、计算机局域网
	同轴电缆	传输特性和屏蔽特性良好,可作为传输干线长距离传输载波信号,但成本较高	固定电话中继线路、有线电视接入
	光缆	传输损耗小,通信距离长,容量大,屏蔽特性非常好,不易被窃听,重量轻,便于运输和铺设;缺点是精确连接两根光纤很困难	电话、电视等通信系统的远程干线,计算机网络的干线
无线通信	自由空间	使用微波、红外线、激光等,建设费用低,抗灾能力强,容量大,无线接入使得通信更加方便;但易被窃听、易受干扰	广播,电视,移动通信系统,计算机无线局域网

双绞线只能短距离(无中继时一般不超过100 m)通信,价格便宜、抗干扰性差、误码率高,普遍用于建筑物内的计算机局域网。

同轴电缆传输距离远、速度快,但由于含有大量金属,成本很高,所以已经大量被光缆取代。目前,在有线电视电缆中还有使用。

光缆不仅通信容量大、传输距离远,而且抗干扰性强、安全性好,目前已经成为几乎所有现代通信网和计算机网的基础平台。

借助电磁波在空间的传播进行信息传输,即无线电波通信。但是无线通信的传输效率没有有线通信高,易受干扰,易被窃听。无线电波按频率(或波长)可以分为中波、短波、超短波和微波,传播特性各不相同,有不同的应用领域。

微波具有类似光波的特性,主要是直线传播,遇到物体阻挡时会反射,不能沿地球表面传播,也不能通过电离层反射。利用微波进行远距离通信时,要依靠一系列微波站(一般间隔50 km)进行接力通信。也可以利用人造卫星进行转发(即卫星通信)。微波通信常用于手机、蓝牙、GPS和无线局域网(WiFi)等。

红外线通信、激光通信的信号沿直线传播,不能穿透障碍物,是可视范围内的近距离通信。

3. 移动通信

移动通信是微波通信的一种。以手机为代表的个人移动通信系统,由移动台、基站、移动电话交换中心组成。移动台即手机,基站是与移动台联系的无线信号收发机,交换中心则与固定电话网连接。由于每个基站的有效区域互相分割又彼此交叠,形成蜂窝一样的形状,所以移动通信系统也称为"蜂窝式移动通信"。

移动通信经历了4代的发展,现在已经迈向第5代(5G)。

(1)第1代移动通信采用模拟通信技术,功能仅限于电话通信。

(2)第2代移动通信(2G)开始使用数字通信技术,除了语音之外还提供低速的数据服务。我国曾广泛使用的 GSM(中国移动、联通)和 CDMA(中国电信)就属于第2代移动通信系统。

(3)第3代移动通信(3G)能实现高速数据传输和宽带多媒体服务,能接入互联网。我国采用3种3G技术标准:中国移动采用 TD-SCDMA,中国电信采用 CDMA2000,中国联通采用 WCDMA。三种标准的网络是互通的,但终端设备(手机)互不兼容。

(4)第4代移动通信(4G)速度更快、频谱更宽,能实现更加灵活多样的高质量多媒体通信和应用。中国移动采用 TD-LTE 制式,中国电信和中国联通采用 FDD-LTE 制式。

(5)第5代移动通信(5G)是4G的真正升级版,下行峰值速率可以达到10Gb/s,能以1Gb/s 的速率支持数以千万计的用户同时工作。频谱效率比4G显著增强,延迟时间也显著低于4G。2018年,中美日韩等国开始试验组网,运营商和设备制造商也不断宣传造势,但以目前的情况看,距离大规模商业应用还需要几年时间。

4.1.2 调制解调技术和多路复用技术

1. 调制解调技术

电信号直接传输的距离不远,而高频振荡的正弦波信号在长距离通信中比其他信号传送得更远。因此,把这种高频正弦波信号用作携带信息的载波,比直接传输的距离远得多。

调制是指利用信源信号去调整载波的参数(幅度、频率、相位)。解调是指接收端把载波所携带的信号检测出来并恢复成原始信号。实现调制和解调的设备,分别称为"调制器"和"解调器",实际应用中常将两者合在一起,称为"调制解调器(modem)",俗称"猫"。

数字信号的调制方法有三种:调幅、调频和调相。无论是有线通信还是无线通信,远距离通信都要采用调制解调技术,如图 4-3 所示。以光缆为例,在发送端通过"光猫"进行电光转换,并对光信号进行调制;经远距离传输(一般超过 50 km 就要使用光中继器重建光信号)后,在接收端通过"光猫"对光信号进行解调,并进行光电转换恢复信号。

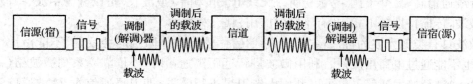

图 4-3 远距离通信必须使用调制解调技术

2. 多路复用技术

由于传输线路的建设和维护成本很高,而一条传输线路的容量通常远远超过一路用户信号所需的带宽。为降低通信成本,提高线路利用率,一般都会让多路信号共用一条传输线路,这就是多路复用技术。多路复用技术主要有时分多路复用、频分多路复用和波分多路复用。

1) 时分多路复用

时分多路复用(TDM)是按传输信号的时间进行分割的,它使不同的信号在不同的时间内传送,将整个传输时间分为许多时间片,每个时间片被一路信号占用,线路上的每一短暂时刻都只有一路信号存在。时分多路复用被广泛应用于数字通信系统,如计算机网络、手机移动通信等。

2) 频分多路复用

频分多路复用(FDM)将每路信源信号都调制在不同频率的载波上,通过多路复用器把它们复合成一个信号在传输线路上进行传输。在接收端,通过分路器(如收音机和电视机的调谐电路)把不同频率的载波分别送到不同的接收设备。频分多路复用技术用在无线广播电台系统和有线电视系统中。

3) 波分多路复用

波分多路复用(WDM)与频分多路复用类似,它将多种不同波长的光载波信号在发送端经复用器汇合在一起,并耦合到光线路的同一根光缆中进行传输。而接收端经分波器将各种波长的光载波分离,分别送到各自相应的光电检测器中恢复出原始信号。这样,一根光缆的传输容量能达到 1Tb/s 以上。

4.1.3　交换技术

1. 电路交换与分组交换

交换就是把一条线路转接到另一条线路,使它们连通起来。常用的两大类交换方式是电路交换和分组交换。

电路交换要求通信双方用物理线路直接连通。例如,电话系统在通话时经过拨号交换机把双方的线路接通,建立起一条物理通路,通话后再释放该线路。电路交换的特点是:通信双方占用整条线路,延迟非常小,实时性强,但是线路利用率很低。

分组交换也称包交换,它将需要传输的数据划分成若干个适当大小的数据段,每个数据段都附加上收发双方的地址、数据段编号、校验信息等作为"头部信息",组成一个个"包"(也称"分组")。然后以包为单位通过网络向目的计算机逐个发送,数据包的格式如图 4 - 4 所示。

发送计算机地址	目的计算机地址	编号	有效载荷(传输的数据)	校验信息

图 4 - 4　数据包的格式

采用分组交换时,文件会被分解成若干个数据包进行传输,每个数据包在网络中经过的路径可能不同,抵达目的地的先后次序也可能不同,甚至某些数据包会被传输多次。当全部数据包都到达目的地后,接收端将按照编号还原源文件。

分组交换的优点是线路利用率高、通信可靠、灵活性好；缺点是延时较长、头部信息产生额外开销、交换机成本较高。总之，当前在数据通信和计算机网络中，分组交换技术已被广泛采用。

2. 分组交换机与存储转发

为实现分组交换，网络中必须使用一种关键设备——分组交换机，其工作模式为"**存储转发**"。当分组交换机收到一个数据包后，就会检查数据包中的目的计算机地址，然后检查转发表以决定应该由哪个端口转发出去。分组交换机的每个端口都有一个输出缓冲区，需要发送的包都在其中排队。端口每发送完一个包，就从缓冲区中提取下一个包发送，这就是存储转发技术。

分组交换机的转发表中包含通向所有可能目的地的转发信息，也叫路由信息。**转发表是根据网络的实际情况自动计算得到的，当网络中的通信线路发生变化时，转发表会重新计算和更新。**

4.2 计算机网络基础

4.2.1 计算机网络的分类与组成

1. 计算机网络的概念

计算机网络就是利用通信设备和网络软件，把地理位置分散且功能独立的多台计算机（或其他智能设备）以相互共享资源和进行信息传递为目的连接起来的一个系统。

计算机联网的目的主要基于四个方面：

（1）数据通信。计算机网络使分散的计算机之间可以相互传送数据，方便地交换信息。

（2）资源共享。只要允许，用户就可以共享网络中其他计算机的软件、硬件和数据资源，而不必受到地理位置的限制。

（3）实现分布式信息处理。分散在各地的用户可以通过网络合作，协同完成一项任务。

（4）提高计算机系统的可靠性和可用性。当计算机出现故障时，网络中的计算机可以互为后备；当计算机负荷过重时，可将部分任务分配给空闲的计算机去完成，提高系统的可用性。

2. 计算机网络的分类

计算机网络的分类方法很多。例如，按使用的传输介质可分为有线网和无线网；按网络的使用性质可分为公用网和专用网；按网络的使用对象可分为企业网、政府网、金融网和校园网等。大多数情况下，人们按网络所覆盖的地域范围分为局域网（LAN）、城域网（MAN）和广域网（WAN）。

（1）局域网的范围较小，一般不超过 3 km，通常是一栋楼、一个小区或一个单位。网内的计算机较少，结构简单，速度快（如 10G 以太网）。

（2）城域网的范围在 5 到 50 km 之间，一般用于把城市范围内大量的局域网和个人计算机高速接入互联网。

（3）广域网的范围可覆盖一个国家、地区，甚至横跨几个洲形成国际性网络。人们日常使用的互联网（Internet），就是覆盖全球的最大的一个广域网，由大量的局域网、城域网和个人计算机等互联而成。

3. 计算机网络的组成

计算机网络从逻辑上可以分为资源子网和通信子网。资源子网包括终端设备和网络软件资源，通信子网包括数据通信链路和网络协议。

（1）终端设备，如电脑、手机、智能电视等各种智能化、网络化的设备，是网络的主体。

（2）网络软件资源，包括网络操作系统（NOS）和网络应用软件。目前主流的网络操作系统有 Windows 系统的服务器版（如 Windows 2000 Server、Windows 2008 Server、Windows 2016 Server 等，用于中低档服务器）、UNIX 系统（稳定性和安全性好，可用于大型网络）和 Linux 系统（源代码开放，可免费得到许多应用软件）。

（3）数据通信链路，就是用于数据传输的线路，以及线路中的各种控制设备（如网卡、调制解调器、交换机、路由器等）。带宽是衡量数据链路性能的重要指标之一，指该链路能达到的最高数据传输速率，其单位有比特/秒（bps）、千比特/秒（kbps）、兆比特/秒（Mbps）、吉比特/秒（Gbps）。此外，数据链路性能的指标还包括端对端延迟、误码率等。

（4）网络协议是指为了使网络中的计算机能正确进行数据通信和资源共享，所有设备必须共同遵循的一组通信规则和约定。

4. 计算机网络的工作模式

网络中的计算机可以扮演两种角色：提供资源给其他计算机的服务器；使用服务器资源的客户机。每一台联网的计算机，或者是客户机，或者是服务器，或者是兼具两种身份。

计算机网络有两种基本的工作模式：对等（peer-to-peer，简称 P2P）模式和客户/服务器（client/server，简称 C/S）模式。

（1）对等模式的网络中，每台计算机既作为客户机也作为服务器，每台计算机的地位都是对等的。对等模式组网简单，没有专门的服务器，也不需要管理员。网上邻居、BT 下载、迅雷下载、即时通信等业务流量超过 60% 的网络应用都采用对等模式。

（2）客户/服务器模式的网络中，每一台计算机都有固定的角色，或是服务器，或是客户机。客户机向服务器提出请求，服务器响应该请求并做出相应的处理，再将结果反馈给客户机。实际应用中大多采用一些专门设计的性能较高的计算机作为服务器，它们并发处理能力强，存储量大，传输速率高，安全可靠。服务器按用途可以分为：Web 服务器、打印服务器、邮件服务器、文件服务器、数据库服务器等。

4.2.2 局域网的基本原理

局域网是计算机网络中最常见的一种形式，其特点是：为一个单位所拥有，自建自管，地理范围有限；使用专门铺设的传输介质进行联网；数据传输速率高（10Mbps～10Gbps）、延迟时间短；可靠性高、误码率低（10^{-8}～10^{-11}）。

1. 局域网的组成

计算机局域网由网络工作站（包括 PC、手机等）、网络服务器、网络打印机、网络接口卡、传输介质、网络互联设备等组成，如图 4-5 所示。

网络上的每一台设备，都有自己的物理地址（即 MAC 地址，由 48bits 组成），以便相互识别和通信。

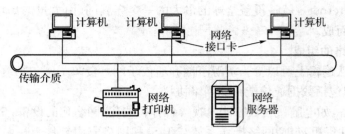

图 4-5　局域网的组成

局域网采用分组交换技术,网络中传输的数据被分成若干"帧",一次只能传输 1 帧,用时分多路复用技术共享传输介质,提高网络的整体效率。数据帧的格式如图 4-6 所示。

发送计算机 MAC 地址	目的计算机 MAC 地址	控制信息	有效载荷(传输的数据)	校验信息

图 4-6　数据帧的格式

2. 网卡

网络中的每台设备都有网络接口卡,简称网卡。每块网卡都有一个全球唯一的 MAC 地址,由于该地址被固化在网卡的 ROM 中,所以也被称为物理地址。MAC 地址是由电子电气工程师协会(IEEE)为网卡制造商统一分配的。由于集成电路集成度的提高,现在网卡均已集成在 PC 芯片组或手机 SoC 芯片中。即使是同一个设备,当接入不同类型的网络时,也需要使用不同类型的网卡。

4.2.3　常用局域网

局域网的类型很多。按使用的传输介质可分为有线网和无线网;按各种设备互连的拓扑结构可分为星型网、环型网、总线型网、树型网和混合型网;按传输介质所使用的访问控制方法可分为以太网、FDDI 网和令牌网。其中,以太网是当前应用最广泛的局域网技术。

1. 共享式以太网

共享式以太网采用总线型拓扑结构,网络中的所有节点通过以太网卡连接到一条共用的传输线路(总线)上,实现计算机之间的通信。共享式以太网以集线器(HUB)为中心,所有计算机共享一定带宽,采用"广播"方式通信。当计算机数目较多且通信比较频繁时,网络容易阻塞,性能会急剧下降,现在已经很少使用。

2. 交换式以太网

交换式以太网采用星型拓扑结构,其中心是以太网交换机。交换式以太网采用点对点(P2P)方式通信,连接在以太网交换机上的所有计算机都可以同时互相通信,而且每台计算机各自独享一定带宽(100Mbps 甚至更高)。由于可以方便地将网络规模扩展到很大,绝大部分以太网都采用交换式以太网。

3. 千(万)兆位以太网

一般企业或学校内部,会借助以太网交换机,按性能高低以树状方式将许多小型以太网连接起来,构成中央—部门—工作组—计算机的多层次以太局域网。其中,中央交换机采用光纤为传输介质,总带宽可以达到 1 000Mbps 甚至更高。这种局域网被称为千(万)兆位以太网。

4. 无线局域网

无线局域网（WLAN）是以太网和无线通信技术相结合的产物，其优点是能方便地移动终端设备的位置，组网方便灵活。无线局域网主要采用 2.4GHz 和 5GHz 两个频段的微波，覆盖范围广、抗干扰性强，安全性好。采用的协议主要是 IEEE 802.11（WiFi）。2014 年批准的 802.11ac 协议，传输速率达到了 1 000Mbps，现已广泛使用。

无线局域网使用无线网卡、无线接入点等设备构建，不能完全脱离有线网络，只能作为有线网络的补充和扩展。无线接入点（wireless access point，简称 WAP 或 AP）也叫无线热点，实际上就是个无线交换机，相当于移动通信中的基站。

蓝牙和 NFC（近场通信）也可以组建无线局域网，成本低但是距离近、速度慢，主要用作无线 I/O 接口，如蓝牙耳机、蓝牙音箱、刷卡/手机支付等。

4.3 互联网的组成

4.3.1 网络分层结构与 TCP/IP 协议

1. 网络的分层结构

计算机网络是个复杂的系统，互相通信的各个终端和设备必须高度协调才能完成预定的任务，为此必须采用各种设备共同遵守的网络通信协议（简称协议）。网络协议采用分层的方法进行设计和开发。分层可以把复杂问题转换为若干较小的局部问题，比较容易处理。由于各层之间相对独立，所以灵活性好，有利于软件的实现与维护。

2. TCP/IP 网络协议

TCP/IP 协议是现在互联网上使用最广泛的网络协议。该协议将计算机网络分成 4 层：应用层、传输层、网络互联层、网络接口和硬件层，如图 4 - 7 所示。每一层都包含若干协议，整个 TCP/IP 协议中包含数以百计的协议。其中，TCP（传输控制协议）和 IP（网络互连协议）是最基本、最重要的两个核心协议。

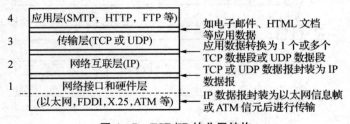

图 4 - 7 TCP/IP 的分层结构

（1）网络接口和硬件层规定了怎样与不同的物理网络进行链接，负责把 IP 数据报转换成适合在特定网络中传输的帧格式，也叫链路层。

（2）网络互联层为整个互连的网络中的所有计算机统一规定了编制方案和数据包格式（称为 IP 数据报），并提供将 IP 数据报从一台计算机逐步通过一个个路由器送到目的地的转发机制。

（3）传输层提供端对端的数据传输，主要有 TCP 和 UDP（用户数据包协议）两个协议。TCP 负责可靠地端对端传输；UDP 提供简单、快速、高效的无连接服务，但不保证传输的可靠性。

（4）应用层规定了运行在终端设备上的应用程序之间如何通过网络进行通信。不同的应用需要用到不同的应用层协议，如 Web 浏览器采用 HTTP 协议（超文本传输协议），发送电子邮件使用 SMTP 协议（简单邮件传送协议）。

TCP/IP 协议适用于异构网络的互联，能提供可靠的端对端通信，与操作系统紧密结合。既支持面向连接服务，也支持无连接服务，有利于实现基于音视频通信的多媒体应用。

4.3.2　IP 协议与路由器

为给互连的异构网络中所有计算机进行统一编址和数据包格式转换，必须使用 IP 协议和路由器。

1. IP 地址

为了屏蔽异构网络中计算机地址格式的差异，IP 协议规定，所有主机必须使用一种统一格式的地址作为标识，这就是 IP 地址。IP 地址是一种逻辑地址，并不会影响设备的物理地址。

IP 协议第 4 版（IPv4）规定，IP 地址由 32 个二进位（4 个字节）组成。为了便于记忆和使用，通常用"点分十进制"的形式表示，即 4 个字节分别用等值的十进制数表示，中间以小数点"."隔开。例如，IP 地址 11000000 10101000 00000000 01100100 表示为 192.168.0.100。

IP 地址包含网络号和主机号两个部分。网络号表示主机所属的物理网络在 Internet 中的编号。主机号表示该主机在所属的物理网络中的编号。IP 地址可以分为 A 类、B 类、C 类三个基本类，用来表示不同规模的物理网络，另外还有 D 类和 E 类分别作为组播地址和备用地址，如图 4-8 所示。

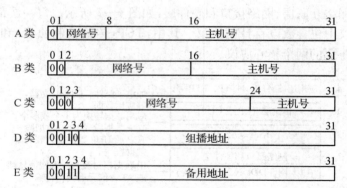

图 4-8　IP 地址的分类

（1）A 类地址用于超大型网络，这种网络具有大量主机，全球只有 126 个网络能获得 A 类地址。A 类地址二进制表示的最高位为"0"，即十进制表示时首字节为 1 至 126（0 和 127 另有其他作用，不能用于分配）。

（2）B 类地址用于中等规模的网络，其二进制表示的最高位为"10"，即十进制表示时首字节为 128 至 191。

（3）C 类地址用于小规模的局域网使用，互相连接的主机数量不能超过 254 台。C 类地址二进制表示的最高位为"110"，即十进制表示时首字节为 192 至 223。

（4）有两类特殊的 IP 地址不能分配给任何主机使用。主机号（二进制表示）全都为"0"的称为网络地址，用于表示整个网络本身；主机号（二进制表示）全都为"1"的称为直接广播地址，指向该网络中的每一台主机。

通过子网掩码，可以计算出一个 IP 地址的网络号。子网掩码必须结合 IP 地址一起使用，也由 32 个二进制位组成。其中，与 IP 地址中网络号对应位置处的二进位是"1"，与主机号对应位置处的二进位是"0"。所以，使用子网掩码与 IP 地址进行逻辑乘可得到该主机所在子网的网络号。一般来说，A 类地址默认的子网掩码是 255.0.0.0；B 类地址默认的子网掩码是 255.255.0.0；C 类地址默认的子网掩码是 255.255.255.0。

但是 IPv4 中的地址已于 2011 年初就全部分配完毕，现在国际上已经开始采用 IP 协议第 6 版（IPv6），其 IP 地址由 128 个二进位组成，几乎可以不受限制地提供 IP 地址，以应对物联网的需求。

2. IP 数据报

TCP/IP 协议规定了一种独立于各种物理网络的数据包格式，称为 IP 数据报。IP 数据报由头部和数据区两部分组成：头部的信息用于确定在网络中传输的路由；而数据区则是要传输的数据。数据区的长度是可变的，最小 1 个字节，最大（包括头部在内）64KB，如图 4－9 所示。

	0　　　　3　4　　　　　7	8　　　　　15	16　　　　　　　　31
头部	版本号　头部长度	服务类型	数据报总长度 16 bit
	标识 16 bit	标志	片偏移 13 bit
	生成时间 8 bit	协议 8 bit	头部检验和 16 bit
	发送 IP 数据报的主机 IP 地址 32 bit		
	接收 IP 数据报的主机 IP 地址 32 bit		
	可选字段（长度可变）		填充
数据区	数据（最少 1 B，包含头部最大 64 KB）		

图 4－9 IP 数据报的格式

3. 路由器

由于互联网上连接着各种不同结构的局域网和广域网，为使这些异构网络正常连通和工作，必须统一使用 TCP/IP 协议和路由器。路由器本质上也是一种分组交换机，其功能是路由选择、数据转发和协议转换。一个路由器通常连接多个网络。连接在哪个网络的端口，就被分配一个属于该网络的 IP 地址，所以同一个路由器会拥有许多不同的 IP 地址。

路由器与交换机的区别在于：路由器转发 IP 数据报，工作在网络互联层；而交换机转发以太网数据帧，工作在网络接口和硬件层。而且路由器能连接异构网络，能对 IP 数据报进行过滤、加密、压缩等处理，还具备流量控制、配置管理、性能管理等功能。

无线路由器是一种将以太网交换机、无线 AP 和路由器功能集成在一起的产品，能支持 DHCP 客户端（动态主机配置协议，用于动态分配 IP 地址）、VPN（虚拟专网）、防火墙、WEP 加密、网络地址转换（network address translation，简称 NAT）等功能，对于无线接入的身份认证和传输信息的安全也有相应的技术保障。

4.3.3 互联网的发展及组成

1. 互联网的发展

互联网（Internet）可以说是美苏冷战的产物，起源于美国国防部高级研究计划署（ARPA，现已改称 DARPA）资助，于 1969 年建立的 ARPANET。1981 年美国国家科学基金会（National Science Foundation，简称 NSF）在 ARPANET 的基础上进行了大规模扩充，形成了后来的 NSFNET。1982 年，美国各大学和各大公司都同意将 TCP/IP 协议指定为 NSFNET 上的标准通信协议，大家也都连入了 NSFNET，这就成了真正意义上的互联网。1990 年 ARPA 退出了对互联网的管理，NSF 也在 1995 年退出了。从这时起，互联网迅速商业化，大批资金涌入使得互联网爆炸式增长，迅速扩大到全球 100 多个国家和地区，并出现了因特网服务提供商 ISP，逐渐形成了基于 ISP 的多层次结构。

用户的计算机若要接入互联网，必须获得 ISP 分配的 IP 地址。对于单位用户，ISP 通常分配一批地址（如一个 B 类或若干个 C 类网络号），单位的网络中心再对网络中的每一台主机指定其子网号和主机号，使每台计算机都有固定的 IP 地址。对于个人用户，ISP 一般不分配固定的 IP 地址，而采用动态分配的方法——上网时有 ISP 的 DHCP 服务器临时分配一个 IP 地址，下线时则收回给其他用户使用。

2. 域名系统

由于 IP 地址难以理解和记忆，更合适的办法是使用具有特定含义的符号来表示互联网上的主机，该符号与这台主机的 IP 地址相对应，也就是这台主机的域名。用户只要通过目标主机的域名就可以进行访问，而无须记忆目标主机的 IP 地址。当然，用户也可以按 IP 地址访问主机。

为避免域名重复，互联网采用多级命名方式，将整个网络的名字空间划分为若干个域，每个域又划分成若干个子域，子域还可以再分成许多子域。所有主机的域名都由一系列域及其子域组成，中间用"."隔开，从左到右级别逐级升高，但最多不超过 5 级。常见的域名格式为：主机名.网络名.机构名.顶级域名。

域名只能使用字母、数字和连字符，并且要以字母或数字开头和结尾，总长度不超过 255 个字符。常见的域名（及其含义）有：.com（商业组织）、.net（网络服务机构）、.org（非营利性组织）、.edu（教育机构）、.gov（政府部门）、.cn（中国）。

一台联网的主机，可以没有域名，也可以有多个域名。当主机从一个物理网络迁移到另一个时，其 IP 地址必须改变，而域名可以不变。一般情况下，只有服务器才使用域名，而且每个域名都是全球唯一的，非经法定机构注册不得使用。

把域名翻译成 IP 地址的软件称为域名系统（domain name system，简称 DNS），可以自动通过域名查找 IP 地址或反向查找。运行域名系统的主机是域名服务器（domain name server，简称 DNS）。一般情况下，每一个网络都要设置一个域名服务器，用来实现入网主机域名与 IP 地址之间的转换，并且需要在本地域名服务器和上级域名服务器之间建立链接。

4.3.4 互联网的接入

接入互联网的方式多种多样，一般都是通过 ISP 提供的互联网接入服务接入的，主要的方法有:电话拨号接入、ADSL 接入、有线电视网接入、光纤接入和无线接入。

1. 电话拨号接入

这是一种利用本地电话网络,用户通过调制解调器拨号连接互联网的方式。这种方法的数据传输带宽只有 56kbps、上网时不能通电话、要按连接时长计费,现在几乎已经无人使用。

2. ADSL 接入

ADSL 即不对称数字用户线,是接入互联网的主要方式之一。因为普通用户上网时接收数据远多于发送数据,所以 ADSL 提供的下行数据流带宽远高于上行流,这也是称之"不对称"的原因。

ADSL 仍然利用普通电话网络,只需安装 ADSL MODEM 即可实现数据的高速传输。通过 ADSL 上网的同时可以打电话,两者互不影响,且上网时不需要另交电话费。ADSL 的数据传输速率是根据线路情况自动调整的,以"尽力而为"的方式进行数据传输。

3. 有线电视网接入

当前,有线电视(CATV)系统已经广泛采用光纤同轴电缆混合网(HFC)传输电视节目,它具有很大的传输容量,抗干扰性强,既能传输高质量多频道的广播电视节目,又能提供高速数据传输和信息增值服务,还可以进行数字电视点播服务。

借助于电缆调制解调器(cable modem),用户可以通过 HFC 接入互联网。电缆调制解调器将同轴电缆上的整个频带划分为三个部分,分别用于数据上传、数据下载和电视节目下载,三者互不影响,上网的同时仍然可以收看电视节目。

电缆调制解调器接入技术的成本低,可永久连接。但是同一小区的网络用户共同分享有限带宽,当上网用户数目较多时,各个用户所得到的有效带宽会急剧下降。

4. 光纤接入

光纤接入就是以光纤为主要传输介质的互联网接入系统,收发两端要使用光调制解调器分别进行信号的电/光转换和光/电转换。我国目前普遍采用"光纤到楼,以太网入户"(FTTx+ETTH)的方法,以千(万)兆位光纤以太网作为城域网的干线,实现 1 000M 以太网到大楼,再通过 100M 以太网入户。

5. 无线接入

随着无线通信技术的发展,用户能够随时随地接入的移动物联网已被广泛使用。常用的无线接入方法有无线局域网(WLAN)接入和 4G 移动电话网接入。

无线局域网在 4.2.3 中已经介绍过。目前,采用 IEEE 802.11 协议的 WLAN 技术日益成熟,校园、商场、酒店、车站、机场等都已部署了 WiFi 接入点。个人用户在家中也能通过无线路由器将计算机、手机等各种智能设备接入互联网。

4G 接入互联网的速度虽然不及 WiFi,但是覆盖范围远远超过 WiFi。不过,目前的流量资费还是偏高。

随身 WiFi,其实就是 4G 无线路由器。它通过移动通信运营商提供的 SIM 卡,组成一个可以移动的 WiFi 收发信号源,将 PC、手机等移动终端连接到互联网上,以满足旅行时的需求。

4.4 互联网提供的服务

互联网为人们提供着各种各样的服务，即时通信、网页浏览、网上购物、网络游戏、网络视频等都已经成了人们日常生活的一部分。

4.4.1 互联网通信

1. 电子邮件(E-mail)

1) 电子邮箱及其地址

电子邮件是互联网上广泛使用的一种通信服务，其工作流程和传统的邮政服务大体相同，但更为方便快捷、安全可靠、成本低廉。

用户向某个电子邮件服务提供商(如 163、qq、Gmail 等)申请开户后，即可在其电子邮件服务器中拥有一个属于自己的电子邮箱。每个电子邮箱都有一个唯一的邮箱地址，其格式为：邮箱名@邮件服务器域名。

2) 电子邮件的组成

一封电子邮件一般由三部分组成：邮件的头部，包括发送方地址、接收方地址(可多个)、抄送地址(可多个)、邮件主题等信息；邮件的正文，即邮件的内容；邮件的附件，可以包含若干个各种类型的文件。由于大多数邮件系统支持 MIME 协议，邮件的内容可以是文本，也可以包含图片、声音、视频、超链接等。

3) 电子邮件的收发过程(图 4-10)

电子邮件系统采用 C/S(客户/服务器)模式工作。首先，用户通过电子邮件客户端软件或浏览器形式编辑邮件。当发送邮件时，客户端将按照 SMTP(简单邮件传输协议)与发信人的邮件服务器建立连接，再与收信人邮件服务器连接。如果收信人邮箱确实存在，邮件会被传送给收信人的邮件服务器，否则邮件将会被退回。收信人可以随时连接检查自己的邮件服务器，以 POP3(邮局协议第 3 版)或 IMAP4(交互式数据消息访问协议第 4 版)接收邮件。

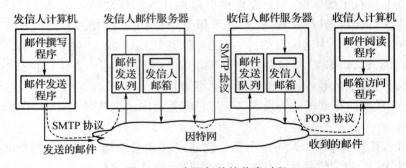

图 4-10 电子邮件的收发过程

2. 即时通信(instant messaging, 简称 IM)

即时通信就是实时通信，是互联网提供的一种允许人们实时快速交换信息的通信服务，采用 P2P 和 C/S 混合的模式。与电子邮件的异步通信方式不同，即时通信属于同步通信（兼有异步通信功能），需要通信双方（或多方）同时在线。

即时通信起源于 1996 年三位以色列开发者制作的 ICQ（谐音 I seek you）。目前，国内外广泛使用的有腾讯 QQ 和微信、微软 Skype、Facebook 等。

3. 文件传输服务（FTP）

把网络上一台计算机中的文件移动或拷贝到另外一台计算机上，称为文件传输（file transport protocol），简称 FTP。FTP 规定，需要传输文件的两台计算机应按照 C/S 模式工作，提出文件传输要求的发起方运行 FTP 客户程序，另一方运行 FTP 服务器程序，双方协同完成文件传输任务。进行 FTP 文件传输时，可以一次传输若干个文件或文件夹。如果权限允许，还可以对服务器中的文件进行各种常规操作，如浏览、改名、新建、删除等。

除了使用客户端外，用户也能通过浏览器访问 FTP 服务器（但是这种方法速度慢且不安全），方法是在浏览器的地址栏中输入如下格式的 URL 地址：

FTP：//［用户名:口令@］FTP 服务器域名［:端口号］

互联网上还有许多匿名 FTP 服务器，用户可以用"anonymous"作为用户名，用电子邮件地址作为口令（或者免口令）进行登录，通常只有查看和下载文件的权限。

4.4.2　WWW 信息服务

WWW（world wide web）也称万维网、3W 网、Web 网等，最初由欧洲核物理研究中心（CERN）提出，目前是互联网上使用最广泛的服务之一。WWW 由遍布在互联网上的 Web 服务器和安装了浏览器软件的客户机组成。

1. 网站和网页

通过 Web 服务器发布的信息资源称为网页（web page），服务器中相关网页组合在一起构成一个网站（website），网站由 Web 服务器管理。人们通过浏览器访问网站，获取所需要的信息或网络服务，每个网站都有自己的域名（在 4.3.3 中已经介绍过）。

网页是一种由超文本标记语言（hyper text markup language，简称 HTML）描述的超文本文件，由文字、图像、音频、视频、脚本程序等组成，其文件扩展名为 html 或 htm。超链接提供了将网页相互链接起来、并从一个网页方便地访问其他网页的手段。超链接的链源（也称为锚或锚点，是超链接的起点）可以是网页中的文字或图片；超链接的链宿（超链接的目标）可以是同一个或另一个网站中的某个网页（用 URL 指出），也可以是本网页内的某段文字或某个图片（用书签指出）。

一般情况下，当鼠标指针指向网页中的链源时，指针会由箭头改变为手指状。单击左键，浏览器将立即转去访问该超链接的链宿。

网页可使用专门的软件如 FrontPage、DreamWeaver 进行制作，也可以使用 Word、Excel、PowerPoint 等软件制作，或者从.doc 或.ppt 文档转换而成。

网站中的起始网页称为主页（homepage），用户通过访问主页就可直接或者间接地访问网站中的其他网页。

2. URL 和 HTTP 协议

URL 俗称"网址"，是互联网上标准资源的地址。互联网上的每个文件都有一个唯一的 URL，用来指出信息资源的位置以及浏览器该如何处理。URL 的表现形式为：

http：//域名或 IP 地址[：端口号]/文件路径/文件名

其中，http 是超文本传输协议（Hyper Text Transport Protocol），表示向 Web 服务器请求将某个网页传输给用户的浏览器，此处也可以变更为其他互联网应用层协议；域名或 IP 地址指向提供服务的服务器；端口号通常是默认的，如 Web 服务器的端口号为 80、FTP 服务器的端口号为 21；文件路径和文件名就是目标文件在服务器硬盘中的文件夹位置和文件名，缺省时则以 index.html 或 default.html 为默认值，指向该网站的首页。

HTTP 协议传输的数据是未加密的，目前主流网站都使用安全的超文本传输协议 HTTPS 来代替 HTTP。HTTPS 提供了身份认证和加密通信，安全性较高。

3. Web 浏览器

WWW 采用 C/S 模式工作。Web 服务器上运行着 Web 服务器程序，负责提供信息资源（网页）；用户计算机上运行着 Web 客户机程序（浏览器），负责网页请求和网页浏览。

Web 浏览器（browser）软件通常由一组客户程序、一组解释器和一个管理它们的控制程序所组成。通过安装插件（plug-in），用户能够扩展浏览器的功能。目前常用的浏览器有微软的 IE 和 Edge、谷歌的 Chrome、Mozilla 的火狐（Firefox）、苹果的 Safari 等，国产的浏览器如 QQ 浏览器、360 浏览器、百度浏览器、搜狗浏览器等一般都以 Chrome 或 Firefox 为内核。

除了 Web 信息服务外，浏览器还可以完成许多其他的互联网服务（不同的服务需变更 URL 中的协议名）：

（1）电子邮件（mailto：），执行 SMTP 协议，向指定邮箱地址发送电子邮件；

（2）文件传输（ftp：），执行 FTP 协议，进行文件传输操作；

（3）新闻服务（news：），执行 NNTP 协议，获取网络新闻服务；

（4）远程登录（telnet：），执行 Telnet 协议，登录到远程计算机上，使用其软硬件资源、控制操作或进行问题诊断。

4. Web 信息检索

Web 信息检索工具有两种：主题目录和搜索引擎。

（1）主题目录一般由门户网站提供，只对分类名和内容简介进行关键词检索，有助于逐步缩小检索范围，质量较高但信息量较小、速度较慢。

（2）搜索引擎具有庞大的全文索引数据库，适用于难以查找的或者主题比较模糊的信息。除了网页和文档检索外，一些搜索引擎还提供图片检索、音乐检索、视频检索、地图检索、学术检索、购物检索等多种功能。搜索引擎是近些年来最热门的应用之一，常用的搜索引擎有谷歌的 Google、微软的 Bing（必应）、俄罗斯的 Yandex、搜狗公司的 Sogou、百度公司的 Baidu 等。

4.4.3　Web 信息处理系统

1. 静态网页与动态网页

静态网页指内容基本不变的网页（除非更新修改并重新发布）。当浏览器请求静态网页时，服务器直接从硬盘中读出 HTML 文档并传给浏览器即可。其优点是简单、响应快，适用于较少更新的展示型网站，不适用于金融、天气、电子商务等场合。

动态网页的内容是在浏览器请求时，服务器根据当时实际的数据临时生成的，不同用户、不同时刻得到的内容可能并不相同。动态网页由 HTML 文档及其内嵌的 ASP、PHP 或

JSP 等脚本语言编写的程序组成,Web 服务器通过执行脚本程序而生成 HTML 网页。大型 Web 应用中的数据都存放在后台的数据库服务器中,因此在生成动态网页的过程中,Web 服务器还需要访问数据库服务器。

2. Web 信息处理系统的组成

静态网页采用 C/S 模式即可,但是动态网页则需要采用客户机(浏览器)/Web 服务器/数据库服务器的三层结构(模式),如图 4 - 11 所示,其英文缩写是 B/S 或 C/S/S。

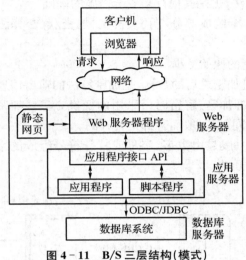

图 4 - 11 B/S 三层结构(模式)

对于需要访问后台数据库服务器的动态网页,处在第 2 层的 Web 服务器要通过数据库标准接口 ODBC 或 JDBC 直接访问第 3 层的(若干个异构的)数据库服务器。

4.5 网络信息安全

随着互联网、移动互联网的发展,人们在享受到越来越便利的服务同时,面临的信息安全问题也越来越严峻。常见的信息安全威胁有传输中断、信息窃听、信息篡改、伪造信息等。传输中断影响信息的可用性,信息窃听危害信息的机密性,信息篡改破坏信息的完整性,伪造信息损害信息的真实性。

为保证网络信息安全,通常会采取如下措施:

(1) 真实性鉴别,对通信双方的身份和所传送信息的真伪能准确地进行鉴别;

(2) 访问控制,控制用户对信息等资源的访问权限,防止未经授权使用资源;

(3) 数据加密,保护数据秘密,未经授权其内容不会显露;

(4) 数据完整性验证,保护数据不被非法修改,使数据在传送前、后保持完全相同;

(5) 数据可用性保障,保护数据在任何情况(包括系统故障)下不会丢失;

(6) 防止否认,防止接收方或发送方抵赖;

(7) 审计管理,监督用户活动、记录用户操作等,以备事后追究时使用。

4.5.1　数据加密和数字签名

1. 数据加密

为了保障网络通信中数据的机密性,必须对传输的数据进行加密。加密的基本思想是发送方改变原始信息中符号的排列方式,或按照某种规律替换部分或全部符号,使得只有合法的接收方通过数据解密才能读懂接收到的信息。数据加密目前仍是计算机系统对信息进行保护的最可靠的一种方法,也是其他许多安全措施的基础。

一个加密系统包括 4 个组成部分:明文、密文、加密/解密算法、加密/解密密钥。如图4-12 所示。

（1）明文,即未经加密的原始数据。

（2）密文,即明文经过加密之后的数据,是加密算法的输出信息。

（3）加密/解密算法,即加密/解密时所采用的变换方法。加密/解密算法有很多种,复杂程度和加密能力各有不同,但一般而言都是公开的。

（4）加密/解密密钥,一般是由数字、字母或特殊符号组成的字符串,用于控制加密/解密的过程。密钥都是不公开的。

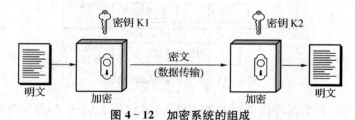

图 4 - 12　加密系统的组成

加密/解密算法可以分为两大类:对称加密算法和非对称加密算法。

对称加密算法的收发双方使用相同的密钥,如 DES、IDEA。这种方法计算量适中,速度快,适用于对大数据量消息加密,但是密钥的分配和管理很困难。

非对称加密算法的收发双方使用不同的密钥,而且两者互相推导不出,如公共密钥加密算法(公钥/私钥加密算法)RSA。这种方法密钥的分配和管理比较方便,但是速度慢,不适用于大数据量的加密。

不管哪种加密算法,其强度都与使用的密钥长度密切相关。密钥越长就越难被破解。需要注意的是,不同的场合要使用不同的加密算法,并不是任何时候密钥(密码)都越长越好。

2. 数字签名

数字签名是在通信过程中附加在消息上,并伴随消息一起发送的、他人无法伪造的一串代码。数字签名是非对称密钥加密技术与数字摘要技术的结合,一套数字签名通常具备两种互补的作用:一种用于签名,证实发送者身份的真实性;另一个用于验证,确保消息传输的完整性。例如,发送电子邮件时,可以通过添加数字签名的方式,确保通信各方身份的真实性,以及文档内容的完整性。

数字签名在电子商务、电子政务等领域中应用已越来越普遍。我国法律规定,数字签名与手写签名或盖章具有同等的效力。

4.5.2 身份认证、数字证书和访问控制

1. 身份认证

身份认证就是证实某人的真实身份与其所声称的身份是否相符,以防止欺诈和假冒。常用的身份认证方法可分为三类:

(1) 只有鉴别对象本人才知道的信息(如口令、私钥、手机验证码等);

(2) 只有鉴别对象本人才具有的信物(也叫令牌,如磁卡、IC 卡、U 盾等);

(3) 只有鉴别对象本人才具有的生理特征(如指纹、声音识别、人脸识别等)。

最简单最常用的身份认证方法是口令,即账号密码。这种方法的安全性不高,很容易泄露,也很容易被猜中、被窃听、被破解。所以在使用口令作为身份认证时,要注意采用尽量长的强密码(同时包含大小写字母、数字、符号),不要与用户的个人特征(如生日、电话号码)相关,并且注意定期修改。

采用信物进行身份认证的缺点是,万一丢失信物将导致他人能轻易假冒。

采用生理特征进行身份认证的做法,如指纹识别和人脸识别,现在在智能手机上非常流行。这种认证在个人设备上使用时不需要联网。

目前许多应用为安全起见,往往采用双因素甚至多因素认证。例如手机支付时,首先需要手机,然后需要解锁密码或指纹(人脸)识别,有的还需要输入短信验证码。

2. 数字证书

在一些安全性要求很高的场合,可以使用数字证书进行身份认证。数字证书是经过权威的证书授权机构——认证中心(certificate authority,简称 CA)审核签发的,其中包含了公钥和数字签名。软件形式的数字证书,在申请批准后需要安装才能使用;而硬件形式的数字证书,其实是在特制的 U 盘中存放了数字证书,使用时需要插入电脑的 USB 接口。数字签名只在特定的时间段内有效。

数字签名能在通信过程中验证通信各方的身份,可以对传输的消息进行加密和解密,确保机密性、完整性和真实性。

3. 访问控制

访问控制是指计算机对系统内的每个信息资源规定各个用户或用户组对它的操作权限,包括是否可读、是否可写、是否可修改等。访问控制是在身份鉴别的基础上进行的。

访问控制的任务包括:对所有信息资源进行集中管理;对信息资源的控制没有二义性(各种规定互不冲突);有审计功能(记录所有访问活动,事后可以核查)。

4.5.3 防火墙与入侵检测

随着互联网和移动互联网应用的不断普及,网络的风险也不断增加。攻击者的工具和手法日趋复杂多样,给无数用户带来了巨大的损失,甚至直接威胁到了国家安全。应对网络攻击和非法入侵,防火墙和入侵检测是非常有效的措施。

1. 防火墙

防火墙是用于将因特网的子网(最小子网是 1 台计算机)与因特网的其余部分相隔离,以维护网络信息安全的一种软件或硬件设备。它位于内外网之间,对进出的所有信息进行扫描,确保进入子网和流出子网的信息的合法性。防火墙还能过滤掉黑客的攻击,关闭不使

用的端口,禁止特定端口流出信息等。防火墙有软硬件多种类型。有独立产品,也有集成在路由器中的,还有的以软件模块形式整合在操作系统中(如 Windows 自带的防火墙)。

防火墙对保护内网中计算机信息安全有一定的作用。但是防火墙不能防止木马/后门程序窃取信息,也不能防范内网中发起的攻击。如果黑客利用某些漏洞或工具窃取了口令,获得了文件访问权限,就能对内网的计算机系统造成严重危害,而防火墙对此无能为力。

2. 入侵检测

入侵检测(intrusion detection)是主动保护系统免受攻击的一种网络安全技术。它通过在网络若干关键点上监听和收集信息并对其进行分析,从中发现问题,及时进行报警、阻断和审计跟踪。

入侵检测是防火墙的有效补充,它可检测来自内部的攻击和越权访问,而防火墙只能防外。入侵检测还可以有效防范利用防火墙开放的服务进行入侵。

4.5.4 计算机病毒防范

1. 计算机病毒

计算机病毒是有人蓄意编制的一种具有自我复制能力的、寄生性的、破坏性的计算机程序。计算机病毒能在计算机中生存,通过自我复制进行传播,在一定条件下被激活,从而给计算机系统造成损害甚至严重破坏系统中的软件、硬件和数据资源。

计算机病毒与生物病毒类似,具有破坏性、隐蔽性、传染性和传播性、潜伏性等特点。而另一种特殊的计算机病毒——木马,能偷偷记录用户的键盘操作,盗窃用户账号(如游戏账号、股票账号、网银账号)、密码和关键数据,甚至使"中马"的电脑被别有用心者所操控,安全和隐私完全失去保证。

2. 防范措施

防范计算机病毒最常用的方法是使用专门的杀毒软件,但是杀毒软件也有缺陷:开发与更新总是滞后于新病毒的出现,因此不能确保百分之百的安全;需要不断更新,才能保证其有效性;运行时占用系统资源等。

比较好的做法是查杀与预防相结合。例如,及时更新操作系统和应用软件;不使用来历不明的软件;不轻易打开来历不明的短信、邮件和附件;安装杀毒软件和防火墙软件并及时更新病毒库;经常和及时地做好系统及关键数据的备份工作。

自 测 题 4

1. 传输电视信号的有线电视系统,所采用的信道复用技术一般是_____多路复用。

  A. 时分   B. 频分   C. 码分   D. 波分

2. 下面关于目前最常用的无线通信信道的说法中,错误的是_____。

  A. 无线电波可用于传输模拟信号,也可以用于传输数字信号

  B. 利用微波可将信息集中向某个方向进行定向信息传输,以防止他人截取信号

  C. 短波通信不局限于一个小的区域

  D. 激光能在长距离内保持聚焦并能穿透物体,因而可以传输很远的距离

3. 采用分组交换技术传输数据时必须把数据拆分成若干包(分组),每个包(分组)由若

干部分组成，_____不是其组成部分。

  A. 需传输的数据   B. 包（分组）的编号

  C. 传输介质类型   D. 送达的目的计算机地址

4. 关于计算机组网的目的，下列描述中不完全正确的是_____。

  A. 进行数据通信   B. 提高计算机系统的可靠性和可用性

  C. 增强计算机系统的安全性   D. 共享网络中的软硬件资源

5. 下列关于共享式以太网的说法，错误的是_____。

  A. 拓扑结构采用总线结构   B. 数据传输的基本单位称为 MAC

  C. 以广播方式进行通信   D. 需使用以太网卡才能接入网络

6. 以太网在传送数据时，将数据分成一个个帧，每个节点每次可传送_____帧。

  A. 1 个   B. 2 个   C. 3 个   D. 视需要而定

7. 下列网络应用中，采用对等模式工作的是_____。

  A. Web 信息服务   B. FTP 文件服务   C. 网上邻居   D. 打印服务

8. 假设 IP 地址为 62.26.1.254，为了计算出该 IP 地址的网络号，需要使用_____与该地址进行逻辑乘操作。

  A. 域名   B. 子网掩码   C. 网关地址   D. DHCP

9. 路由器的主要功能是_____。

  A. 将有线网络与无线网络进行互连

  B. 将多个异构或同构的物理网络进行互连

  C. 放大传输信号，实现远距离数据传输

  D. 用于传输层及以上各层的协议转换

10. 假设 192.168.0.1 是某个 IP 地址的"点分十进制"表示，则该 IP 地址的二进制表示中最高 3 位一定是_____。

  A. 011   B. 100   C. 101   D. 110

11. 用户开机后，在未进行任何操作时，发现本地计算机正在上传数据，不可能的原因是_____。

  A. 上传本机已下载的视频数据

  B. 上传本机已下载的"病毒库"

  C. 本地计算机感染病毒，上传本地计算机的敏感信息

  D. 上传本机主板上 BIOS ROM 中的程序代码

12. 因特网中的每台路由器中都有路由表，下面有关路由表的叙述中，错误的是_____。

  A. 路由表中存放的是路由信息，即"到哪里去该从哪个出口走"的信息

  B. 路由表用来表示目的地 IP 地址与输出端口的关系

  C. 路由表内容是固定不变的，因此可通过硬件实现

  D. 路由表是 IP 包到达目的地所必需的

13. IP 地址 129.66.51.37 的_____部分表示网络号。

  A. 129.66.51   B. 129   C. 129.66   D. 37

14. 在以符号名为代表的因特网主机域名中，代表企业单位的第 2 级域名大多是

_____。
    A. COM   B. NET   C. EDU   D. GOV

15.一台 PC 机不能通过域名访问任何 WEB 服务器,但可以通过网站 IP 地址访问,最有可能的原因是_____。

    A. 浏览器故障   B. 本机硬件故障

    C. DNS 服务器故障   D. 网卡驱动故障

16. 用户可以向 FTP 服务器上传一个新文件,但不能上传覆盖一个已存在的同名文件,最可能的原因是_____。

    A. FTP 服务器软件错误   B. 受 FTP 服务器设置的访问权限限制

    C. FTP 客户机软件错误   D. FTP 服务器空间不足

17. 下列关于 4G 上网的叙述中,错误的是_____。

    A. 4G 上网比 3G 的速度快

    B. 目前我国 4G 上网的速度已达到 1 000M

    C. 4G 上网的覆盖范围较 WLAN 大得多

    D. 4G 上网属于无线接入方式

18. 在 Internet 提供的下列服务中,通常不需用户输入账号和口令的服务是_____。

    A. FTP 文件传输服务   B. 网页浏览服务

    C. Telnet 远程登录服务   D. E - mail 电子邮件服务

19. 若发信人的电子邮件发送成功,接信人的电脑还没有开机,电子邮件将_____。

    A. 保存在接信人邮件服务器中   B. 丢失

    C. 过一会儿再重新发送   D. 退回给发信人

20. 在利用 ADSL 和无线路由器组建无线局域网时,下列关于无线路由器(交换机)设置的叙述中,错误的是_____。

    A. 必须设置无线上网的有效登录密码

    B. 必须设置上网方式为 ADSL 虚拟拨号

    C. 必须设置 ADSL 上网账号和口令

    D. 必须设置无线接入的 PC 机获取 IP 地址的方式

延 展 阅 读

一、越过大洋的第一次通话

    1837 年,电报第一次使以往彼此隔绝的人类能同时获悉世界上发生的事,世界的面貌发生了根本的变化。1851 年 11 月 13 日,英国和欧洲联系在一起了。只用了几年工夫,英格兰和爱尔兰,丹麦和瑞典,科西嘉岛和欧洲大陆,都建立了电报联系,同时人们已在探索要把埃及和印度同欧洲的电报网联系起来。

    但是美洲还始终被排斥在这种世界性的电报网之外。因为无论是大西洋还是太平洋,它们都是如此浩瀚,要在洋面上设立中间站根本是不可能的,而一根电线又怎能跨越这样两个大洋呢? 各种因素尚未为人所知,各项条件也都不具备。

正当学者们迟疑犹豫的时候,一个并非学者出身的人的那种淳朴的勇气却大大推动了这项计划。1854 年,出于纯粹偶然的机会,一个名叫赛勒斯·韦斯特·菲尔德的年轻人站了出来。他既非技师又非专家,对于电更是一窍不通,也从未见过什么电缆。但是,在这位富于冒险精神的美国人的心中却充满热烈的信念,他把目光投向远方:为什么不能通过海底电缆把美国和爱尔兰联系起来呢? 赛勒斯·韦斯特·菲尔德以排除万难的决心着手这项工作,毅然决然为实现这一事业把自己的全部精力和所有财产都贡献出来。

1. 筹备

赛勒斯·韦斯特·菲尔德用难以置信的精力投身到这一事业中去。他和所有的专家建立了联系;恳请与此有关的政府给予开发权;为了筹措必要的资金,他在欧美两洲展开了一场征集活动。35 万英镑的原始启动资金在英国几天之内就被认购完了。英国政府为此提供了它的最大的战舰之一——在塞瓦斯托波尔战役中曾做过旗舰的"阿伽门农"号,美国政府提供了一艘五千吨级的三桅战舰"尼亚加拉"号(这在当时是最大的吨位了)。

不过,技术上究竟如何实施,没有任何先例可循。为了说明这项工程的巨大规模,这样的比方是最形象不过了:绕在电缆里的 36.7 万英里长的单股铜铁丝可以绕地球 13 圈,如果连成一根线,能把地球和月球连接起来。自从《圣经》上记载有通天塔以来,人类没有敢去想还有比它更宏伟的工程。但是仍然有人敢干!

2. 初航

隆隆的机器声响了一年,启航的一切工作终于准备就绪。最优秀的电气专家和技术专家,其中包括塞缪尔·莫尔斯,都集中在船上,以便在整个铺设过程中始终用仪器进行监测电流是否中断。新闻记者和画家们也都到船队上来,为的是要用语言和画笔描写这一次自哥伦布和麦哲伦以来最激动人心的远航。

1857 年 8 月 5 日,在爱尔兰瓦伦西亚的一个小海港,数百条舢板和小船团团围住这一支前去铺设海底电缆的船队,为的是要目睹这一具有世界历史意义的时刻。人类最大胆的梦想之一正试探着要变成现实。

从大陆出发把电缆铺设到大西洋中部的任务交给了两艘船中的"尼亚加拉"号。船越驶越远,电缆不停不歇地从船体的龙骨后面沉入大海。在一间特别舱室里坐着电学专家,在仔细倾听,一直和爱尔兰的陆地交换着信号,虽然海岸早已望不见,但从水底电缆传来的电报信号依然十分清晰。

8 月 11 日晚上,电缆突然从绞盘上滑落下去。要想马上找到那扯断的一头显然是不可能的,要想现在找到掉在深水里的那一头并重新捞上来,更是不可能。可怕的意外事故就这样发生了。一个小小的技术差错毁掉了几年的工作。这些出发时雄赳赳气昂昂的人现在却要作为失败者回到英国去。一切信号突然沉寂的坏消息也早已在英国传开。

3. 再次失败

唯一不动摇的人是赛勒斯·韦斯特·菲尔德。他损失了三百多海里长的电缆,约十万英镑的股本以及整整一年的时间。因为只有到明年夏季才能指望有出航的好天气。但在另一张纸上他又记着一笔小小的收获:第一次试验中获得的许多实践经验,电缆本身被证明是可用的。只是放缆机必须进行改装,这次电缆倒霉地折断,就是放缆机出的毛病。

等待和准备的一年就这样又过去了。1858 年 6 月 10 日,仍旧是这两艘船,带着新的勇气、载着旧的电缆再次启航。这一次的方案是在大西洋中部开始,分别向两岸铺设电缆。最初几天平平常常地过去了。因为要到第七天才在预先计算好的地点开始铺设电缆——正式的工作才算开始。

然而第四天,暴风雨来了。"阿伽门农"号在经受了种种不可名状的考验之后总算熬过了十天的狂风巨浪,尽管晚了许多时间,终于能够在预先约定的洋面上和其他船只相会,并且在那里开始铺设电缆。可是这才发觉,这批绕着数千圈电缆的宝贵而又容易弄伤的货物受到了严重损坏。尽管如此,船上的人还是抱着一线希望试了几次,想把这样的电缆铺下去,但结果却是白白扔掉了大约两百海里的电缆,它们像废物似地消失在大海中。第二次试验又失败了,他们灰溜溜地回来了。

4. 第三次航行

伦敦的股东们已经知道了这不幸的消息,两次航行已消耗掉股本的一半,可是什么结果也没有。董事长主张把那些剩下的电缆即便是赔本也要卖掉,副董事长也附和他的意见,并递交了一份书面辞职书。但是,赛勒斯·韦斯特·菲尔德的决心并没有因此而动摇。他说,只是需要勇气,再一次的勇气!要么现在敢于做最后一次试验,要么永远失去机会。

强大的意志最后总是能拖着犹豫不决的人向前跑,在赛勒斯·韦斯特·菲尔德的促使下,终于再次出航。1858 年 7 月 17 日,船队第三次离开了英国的海港,这次启航完全没有人注意。11 天以后,7 月 28 日——正好是约定的那一天,"阿伽门农"号和"尼亚加拉"号在大西洋中部约定的地点开始了这项伟大的工作。这一次终于成功了,人类已经能够第一次把声音从这个大陆传到那个大陆——从美洲传到欧洲。

5. 一片欢呼

在 8 月的最初几天,旧大陆和新大陆几乎在同一个小时获悉这一事业成功的消息;它所产生的反响是难以形容的。赛勒斯·韦斯特·菲尔德,一个名不见经传的人一夜之间成了国家的英雄,把他同富兰克林和哥伦布相提并论。这的确是史无前例的胜利,因为自从地球上开始有种种思想以来,还从未有过这种情况:一个想法能在同一时间内以自己同样的速度飞越过大洋。此时此刻赛勒斯·韦斯特·菲尔德成了美国最光荣、最受崇拜的人物。

6. 沉重的十字架

可是,8 月 31 日大西洋的电缆停止了工作,大洋彼岸再也没有传来清晰的声音,再也没有传来纯正的电流振荡。

欢呼的浪潮就像反冲回来似地一齐气势汹汹地扑向赛勒斯·韦斯特·菲尔德,说他欺骗了一个城市、一个国家、一个世界。赛勒斯·韦斯特·菲尔德,这个昨天还被当作民族英雄、富兰克林的兄弟和哥伦布的后继者的人,现在却不得不像一个罪犯似地躲避他昔日的朋友和崇拜者,这根没有用的电缆像传说中的一条环绕地球的巨蟒躺在大洋底下见不到的深处。

7. 六年沉寂

这条被人遗忘了的电缆在大洋底下毫无用处地躺了六年。在这六年期间,两大洲之间又恢复了原来冷冷清清的沉寂。但这六年时间里,发电机的功率愈来愈大,制造也愈来愈精致,电的应用愈来愈广泛,电的仪器愈来愈精密。电报网已经遍布各大洲的内陆,并且已越过地中海把非洲和欧洲联系起来。

这时的赛勒斯·韦斯特·菲尔德,又站了起来,他第 30 次远渡大西洋,重新出现在伦敦;用一笔 60 万英镑的新资金获得了旧的经营权。而现在供他使用的终于是那艘梦寐以求的巨轮——著名的"伟大的东方人"号。

1865年7月23日,这艘装载着新电缆的巨型海轮离开泰晤士河。尽管第一次试验又失败了——在铺到目的地的前两天电缆又断裂了,那永远填不饱的大西洋又吞下了60万英镑。但是当时的技术对完成这一事业是确有把握的,因而没有使人丧失信心。1866年7月13日,"伟大的东方人"号第二次出航,终获成功。从那时那刻起,地球仿佛在用一个心脏跳动;生活在地球上的人类能从地球的这一边同时听到、看到、了解到地球的另一边。人类通过自己创造性的力量,战胜了空间和时间。

(本篇改编自茨威格著,舒昌善译,《人类的群星闪耀时》,三联书店,2015年版)

二、万维网之父

20世纪80年代,欧洲粒子物理研究所(CERN)已经汇集了来自世界各地的上万名科学家,研究资料不计其数,大量不同格式、不同语言的信息带来越来越多的问题。1984年,29岁的蒂姆·伯纳斯-李(Sir Timothy John Berners-Lee,昵称Tim Berners-Lee)成为CERN的永久成员,负责开发一个新的信息系统以解决信息爆炸的问题。

1989年,借用了已有的"超文本"概念,蒂姆·伯纳斯-李开发出了一个通用的格式语言HTML和超文本传输协议HTTP,使之能用在现成的互联网上。他还设计了负责响应用户请求的服务器和让用户提取、浏览文件的浏览器。在他的这个系统中,每一个文件(资源)都有一个唯一的地址URL(统一资源定位),从而开启了一个时代。

1989年底,蒂姆·伯纳斯-李将这个发明命名为"world wide web(万维网)",也就是如今我们再熟悉不过的"WWW"。这个发明是相当有分量的,蒂姆完全可以借此成为超级富翁。但是他却没有这样做,而是在1991年发布了万维网的源代码。到1992年HTML这种网络语言开始在全世界流行起来。最终,不断壮大的用户群和能传播到世界各地的知识,使得万维网真正诞生了。当时业内也有其他能够连接数据和文件的信息系统,但万维网之所以广受欢迎,是因为它独具的通用性,只要有电脑,谁都能上万维网,并且谁都能在源代码的基础之上按自己的想法进行改动。

当时蒂姆的信念就是,万维网要和收费、会员、权限等名词划清界限,秉承着"自由开放"的原则,不受制于任何的公司或个人。用户可以形成一个"自由开放的社群",在互联网中尽情挥洒,施展自己的想法。所以那时的互联网是一个真正"去中心化"的世界,任何用户都能在这个虚拟世界中畅所欲言,并且链接到任何其他的网站。

2019年初,创刊120周年的《麻省理工科技评论》在北京召开了EmTech China 2019全球新兴科技峰会。峰会邀请了来自全球的709位顶尖科学家与公司的领军人物。其中就有曾被《时代》杂志评为100名最伟大的科学家之一的"万维网之父"蒂姆·伯纳斯-李。

不过这位"万维网之父"在言谈间却显露出对当今互联网发展状况的不满。他认为如今的互联网背离了创立时的初衷,我们已经开始失去了互联网的精神,而且这是很多人都没有意识到的。

互联网的初衷,也是它最有价值之处,那就是赋予了人们平等地获取信息的权利。万维网的创立初衷也同样如此,帮助人们整理现有的知识,让人们看到他们所未知的世界。所以"万维网之父"拒绝用万维网获得利益,拒绝屏障,拒绝将其"精英化"。而今互联网能和我们的生活息息相关,也正是得益于此。

然而,现实情况表明,互联网行业需要达到垄断才能获得最大利润。随着网民数量的增长,亚马逊、谷歌、Facebook 等互联网巨头开始采集分析用户的上网记录并以此获利。这种"风气"也蔓延开来,互联网中出现了越来越多"成熟"的领域,越来越多的"头部"公司,但这也意味着越来越多的"信息孤岛"和"垄断",并且这种垄断体现在各方面。

所幸的是,许多互联网从业者也意识到了这种"垄断"的弊端,并为改善这种情况做出了许多努力。蒂姆·伯纳斯-李成立了致力于推动互联网"去中心化"的公司 Inrupt,并且带领 MIT 团队研究开源去中心化网络平台 Solid,希望可以让互联网重回"自由平等"的初衷。

(本篇主要参考"最极客":《"万维网之父"说互联网已背离初衷,未来还会继续错下去吗?》,钛媒体,2019 年 1 月 23 日)

三、互联网的本质

1. 互联网就是平台

第一个深刻认识互联网的人是亚马逊的创始人杰夫·贝佐斯(Jeff Bezos,1964—   )。由于互联网获取信息快速、便捷和形象的特点,非常适合将商品放到网上销售,电子商务应运而生。不过,在贝佐斯看来,互联网并不仅仅是一个方便购物、能为客户省掉一些中间费用的新媒体,更重要之处在于,它是一种很容易将一个领域成功经验推广到另一个领域的平台,这样一个平台可以节省大量劳动,大大提高整个社会的效率。因此,亚马逊绝不仅仅是一个网上书店或电商,而是一个平台公司。

亚马逊在打造网上书店的同时,积累起了互联网技术和零售业的经验,并将它们成功地推广开来。在贝佐斯看来,互联网是一个非常好的将工程规范化的平台。亚马逊利用互联网这个平台做的另一件事情是将几乎所有的商品搬到互联网上。有了卖书以及为其他线下连锁店建立网店的经验后,亚马逊最终建立起了世界上最大的"网店"。亚马逊在全球有很多的"仓储中心",每个仓储中心都有好几个足球场大。在贝佐斯看来,互联网不仅仅是一个小商家们可以开网店的平台,更是一个可以重新整合零售业中各个环节资源的平台。

与亚马逊非常相似的公司还有中国阿里巴巴。

2. 互联网就是信息和数据

讲到互联网,无论是现在和将来,都不能不提 Google 公司,它是互联网时代的巨无霸。当然,它不仅是最大的互联网公司,而且被认为是最好的科技公司,它总是给人以惊喜。从搜索引擎,到安卓操作系统;从可以看清楚地球上每一个角落的地图服务,再到无人驾驶汽车。在这一切的背后则是数据和信息。

Google 的创始人和工程师们,把"互联网就是信息和数据"这个朴素的想法上升成了 Google 的使命,即"整合全球信息,使人人皆可访问并从中受益"。为了实现这个目标,Google 在很多城市提供免费的 WiFi 服务,大力发展包括 Android 操作系统在内的智能手机技术,并且努力让光纤连到家庭。

相对来讲,Google 的各种服务在界面上是最干净的,但是广告收入却是最高的,这在很多互联网公司看来是不可思议的事情。而这种不理解恰恰说明了两者之间境界的差异。Google 懂得一个道理,就是在一切看似免费的互联网中,什么东西最值钱,那就是人的关注度。Google 的广告系统和其他互联网公司类似产品在理念上的一个根本不同之处,就是其他在线广告是向用户推送,而 Google 则是由用户在有广告需求时拉取。

牢牢把握住用户是 Google 长期立于不败之地的根本原因。和以往的公司不同，Google 严格地将自己的"用户"和自己的"客户"分别开来。用户就是你、我、他这样的每一个人，对于用户，Google 的服务基本上都是免费的。Google 的客户是那些向它付费的广告商和使用其云计算增值服务的企业，对于企业是收取费用的。当用户的利益和客户的利益发生冲突时，绝大多数早期互联网公司的做法是维护客户利益，其结果就是在网站上放满了广告。而 Google 的原则是先保证用户的利益。Google 认为，只要用户在自己的手里，客户即使有流失也会再回来，而没了用户就什么都没了。这样，尽可能地获取广大的用户，不仅成为 Google，也成为有志向的互联网公司的不二选择。而获取用户最好的办法，就是给他们提供最好的免费服务。因此，从一开始，Google 就为用户提供干干净净的搜索服务，不带有商业功利，后来一直坚持这个原则，比如开放并免费提供安卓操作系统。

将用户和客户分开，其实是今天互联网商业模式的精髓。

3. 互联网就是通信

Facebook 不仅是互联网时代的一个奇迹，也是金融史上的一个奇迹，这家每年仅有 20 亿美元利润的公司，居然有将近 2 000 亿美元的市值。

除了社交网络的功能外，Facebook 还为用户和软件开发者提供了一个很方便的网络平台。在这个平台上，任何人不但可以提供内容，而且可以提供服务。按照 Facebook 前总裁帕克的话讲，他们其实不需要知道用户想在 Facebook 上做什么，只是让用户感到"酷"，至于在这个平台上用户需要什么，就让他们自己去开发好了。这样，Facebook 就不必承担任何产品决策错误的风险，而是一门心思专注于把这个平台做"酷"、做好。

Facebook 从本质上讲是一家互联网上的"通信"公司。在帮助大家交友和提供平台服务的同时，Facebook 实际上在很大程度上取代了电话和电子邮件成了 30 岁以下的年轻人通信的工具。在很多国家，大学生和高年级高中生每时每刻都挂在 Facebook 上，以便通信，就如同今天中国的手机用户都挂在微信上一样。当然，在互联网时代，通信的形式不只是语音和文字，而且包括多媒体和游戏这些应用。应该承认，在通信功能上，Facebook 做得比其他同类产品要好。

4. 总结

亚马逊、Google 和 Facebook 对互联网有着自己独特却非常深刻的理解，正因如此，他们才能在各自的领域里引领风骚。互联网在本质上讲，除了平台、信息和通信这三个核心，是否还有其他的本质未被发现？现在还没有答案。但是如果有这样一个本质，那么把握住这个本质的小公司就是下一个 Google 或者 Facebook。

（本篇改编自吴军：《文明之光》第三册第二十二章第三节，人民邮电出版社，2015 年版）

四、从互联网 2.0 到互联网 3.0

1. 互联网 2.0 时代

互联网 2.0 始于 2000 年前后互联网泡沫破碎之后。在互联网 2.0 时代，网络的基础服务由一些大型的平台级公司，比如 Google 和 Facebook 来提供，而内容服务和各种具体的应用，则由具有专业知识和经验的专业网站提供。

互联网 2.0 的这种服务模式带来了非常大的好处。对于有能力提供优质原创内容的人和公司,他们自己就可以办报纸或者电视台。而对互联网的用户来讲,博客和自媒体新闻的及时性和全面性极大地方便了用户获得新闻或者其他内容。

互联网 2.0 的公司还有很多,概括起来,这些公司都有以下特点:首先,它们是一个平台,可以接受和管理用户提交的内容,并且这些内容是服务的主体。当然,这里面用户的内容不是指在 BBS 灌水,而是实实在在的新闻、信息和基于各种媒体的娱乐内容。其次,这个平台是开放的,方便第三方在这个平台上开发自己的应用程序,并且提供给互联网的用户使用。最后,也是最重要的一条,那就是非竞争性和自足性。互联网 2.0 公司是通过提供交互的网络技术和资源,将互联网用户联系起来,使得这些用户自己提供、拥有和享用各种服务与内容,是一种自足的生态环境。

2. 互联网 3.0 时代

互联网 3.0 最明显的特征就是通过云计算和移动互联网,使得互联网由机器的网络真正变成人的网络。

2006 年到 2008 年,几件事情让互联网迅速向移动化转变。第一件事是在 2006 年 Google 的前 CEO 施密特提出了云计算的概念,并且很快得到了亚马逊和 IBM 的响应。第二件事情是 2007 年夏天,苹果公司推出了它的第一款智能手机 iPhone。第三件事情是在 2007—2008 年,包括中国在内的 40 多个国家都开始了移动网络从 2G 或者 2.5G 向 3G 的升级。很多事情在这短短的两年时间里发生,导致了移动互联网井喷式的发展,很快移动互联网的潮流便席卷全球了。

到 2007 年苹果和 Google 进入智能手机市场时,这些条件都已经具备了,因此这两家公司"轻易地"主导了移动互联网的时代。云计算加上移动互联网,不仅使得人们随时随地访问互联网上的各种信息成了可能,而且信息更加容易分享,并且有助于工作效率的极大提升。获得这一切的便利,用户只需要一个移动终端而已。

在移动互联网时代,互联网乃至 IT 行业的格局发生了变化。2012 年,全球 PC 销量首度下滑,而为移动设备提供芯片的高通公司超过了为 PC 提供处理器的英特尔公司,成为全球市值最大的半导体公司。这两件事情其实意义深远,它标志着以 WinTel 为核心主导 IT 行业长达 20 多年的 PC 时代的结束,而从 PC 时代到移动时代的新旧交替已经完成。

移动互联网不仅改变了 IT 行业的格局,也改变了我们的上网习惯,比如从 PC 移到手机上,从连续几小时泡在网上改成了使用碎片时间上网,等等。不过,更重要的是,移动互联网把互联网从机器的网络变成了人的网络。

在移动互联网时代,几乎所有的移动设备(比如手机)都是和人紧密联系在一起的,因此当互联网连到了这个设备,就等于将这个人连进了互联网,这样移动互联网实际上就将人实实在在地连接了起来。而各种可穿戴式设备将人和互联网更加紧密地联系在了一起。毫不夸张地讲,未来移动互联网必定会取代 PC 互联网,成为互联网时代的主角。而在这个时代,互联网的格局在改变,它的游戏规则也在改变,这对于新进入这个行业的人和公司来讲应该是件好事,因为他们可以和原来的大公司重新站到同一条起跑线上,一切奇迹皆为可能。

(本篇改编自吴军:《文明之光》第三册第二十二章第四节,人民邮电出版社,2015 年版)

五、计算机病毒的起源与发展

早在电子计算机发明以前,冯·诺依曼就在一篇名为《复杂自动装置的理论及组织的进行》的论文中,提出了可自我复制的程序这一概念,而这就是计算机病毒的最早的理论雏形。

1983 年,正在攻读博士学位的弗雷德·科恩(Fred Cohen)写出了拥有可自我复制及感染能力的程序。他发现,这个程序能够在 1 个小时内传遍他的整个电脑系统,快的话只需要 5 分钟。11 月 10 日,他在一个电脑安全研讨会上,公布了自己的研究结果,并且指出:这一类型的程序,可在处于网络中的电脑间传播,这将给许多系统带来广泛和迅速的威胁。他的导师计算机科学家伦纳德·阿德曼(Leonard Adleman)将这一类型的程序命名为计算机病毒。

1986 年初,巴基斯坦的巴锡特和阿贾德编写了"巴基斯坦"病毒,也被称为"C - Brain"病毒。这是一种具有破坏性的病毒,在 DOS 操作系统下运行,会把自己复制到磁盘的引导区里,并且把磁盘上的一些存储空间标记为不可用。"巴基斯坦"病毒在一年之内就流传到了世界各地,并且很快衍生出了很多变种,其中有一些变种造成的损失,比原始病毒造成的损失还大。当时,巴锡特和阿贾德在巴基斯坦当地经营着一家销售 IBM PC 兼容机和软件的小商店,在接受《时代周刊》的采访时曾说,写出这个病毒的初衷,只不过是为了保护自己写出的软件不被盗版而已。

1988 年,美国黑客、计算机科学家罗伯特·T·莫里斯(Robert Tappan Morris)写出了世界上第一个通过网络传播的病毒。当时,莫里斯正在康奈尔大学读研究生,他想统计一下当时连接在网络上的计算机的数目,所以就写了一个程序,并且在 11 月 2 日从麻省理工学院的一台计算机上释放了出去。考虑到网络管理员们可能会删除掉他的程序,从而让他的统计结果不够准确,所以他就让这个程序有一定的概率对自己进行复制,无论它所在的计算机有没有被感染,都是这样。结果这个程序开始无休止地复制自身,并占据了大量的磁盘空间、运算资源以及网络带宽,最终导致了网络瘫痪和计算机死机。据统计,这个程序直接感染了大约 6 000 台计算机,而间接受到影响的,则包括 5 个计算机中心和 12 个地区结点,以及在政府、大学、研究所和企业中的超过 25 万台计算机。为此,美国国防部马上成立了计算机应急行动小组,来削弱这次事件的影响,并且尽量减少损失。据估计,这个程序造成的经济损失大约在 9 600 万美元左右。人们从这时开始,才第一次意识到计算机病毒能够带来怎样的危害了。计算机病毒就此出现了一个全新的分类——"蠕虫"。

1989 年,可执行文件型的病毒出现。这类病毒会把自己复制到可执行文件中,当用户运行这个可执行文件时,病毒就会在内存中复制一份,并且传染那些未被感染的可执行文件。例如"黑色星期五"病毒,每到既是 13 号又是星期五的日子发作,一旦发作就会破坏计算机里的全部数据。

1992 年,出现了"伴随型病毒"。这种病毒会把原来的文件改名,而自己冒充原来的可执行文件。

1994 年,幽灵病毒出现了。每次感染时,都会产生出不同的代码,这让过去依据"病毒特征码"来进行查杀的杀毒软件头疼不已。

随后,病毒制造实验室(virus creation lab,简称 VCL)出现了。它能够生成上千万种病毒,而且每一种的特征码都不同。由此,病毒生产开始规模壮大了,并且出现了一些专门研究病毒制造技术的组织。

不过,在这一阶段,病毒的制造大都是一些计算机爱好者所为,没有什么利益驱动。设计紧凑而精巧的代码,发现别人没有发现的漏洞并加以利用,是这一阶段病毒发展的主题。

随着 Windows 95 的推出,Windows 病毒也出现了。1998 年由台湾人陈盈豪编写了"CIH"病毒,该病毒在每年 4 月 26 日发作,其破坏性行为是改写磁盘引导区数据,并且可能会修改主板上的 BIOS 芯片,甚至造成主板损坏。1999 年 4 月 26 日,CIH V1.2 首次大范围爆发,在全球有超过 6 000 万台电脑被不同程度破坏。2000 年 4 月 26 日,该病毒又一次大范围爆发,估计在全球造成了超过 10 亿美元的损失。

2001 年 7 月 13 日,"红色代码"从网络服务器上传播开来。"红色代码"专门针对运行微软互联网信息服务器软件的网络服务器来进行攻击,并且主动寻找其他易受攻击的主机进行感染。短短不到一周的时间内,这个病毒就感染了近 40 万台服务器。实际上,在 6 月中旬,微软曾经发布了一个叫作"MS01 - 033"的补丁来修补这个漏洞,但是大多数网管都没有安装这个补丁。

2003 年夏天,"冲击波"病毒袭来。这个"蠕虫"最早于 8 月 11 日被检测出来,短短两天之内就达到了攻击顶峰。当被传染的计算机连接上互联网时,就会弹出一个对话框,告诉用户这台计算机将在 1 分钟内关闭。在"冲击波"蠕虫发作前一个月,微软其实就已经推出了相应的补丁"MS03 - 026"和"MS03 - 039",但是却没有得到用户的重视。

一年以后,"震荡波"病毒发作了。这个"蠕虫"是德国一名 17 岁的高中生编写的,为了庆祝成人礼,他在 18 岁生日那天释放了它。"震荡波"从 2004 年 8 月 30 日起开始传播,其破坏能力之大,令法国的一些新闻机构不得不关闭了卫星通信。它还导致德尔塔航空公司取消了数个航班,全球范围内的许多公司不得不关闭了网络。"震荡波"利用了未升级的 Windows 2000 或 Windows XP 系统的一个安全漏洞,一旦传染到计算机上,便会主动扫描其他未受保护的系统并将自身传播过去。

在这一个阶段中,计算机病毒虽然已经极具破坏性了,但病毒制造者似乎还没有和经济利益有任何关系,他们往往只是为了宣扬自己的名声,或者对现实生活不满。

2004 年 1 月 18 日,"Bagle"被发现了。它会收集用户的电子邮件地址,并且把这些邮件地址发送到一个指定位置。反病毒专家推测,也许这个"蠕虫"的作者打算把收集到的邮件地址,卖给那些通过电子邮件来推销的商家。几天之后,这个"蠕虫"的作者放出了源代码,让任何具有一定编程能力的人,都可以制造出自己的"蠕虫"变种。"Bagle"的出现可以算是一个转折点。在此之前,病毒和"蠕虫"的作者似乎并没有什么经济利益而言,因为通过技术危害他人计算机安全及隐私而获利的行为,与"黑客精神"是背道而驰的。但是"Bagle"的出现,标志着"通过恶意软件获利运动"的开始。

目前流行的病毒中,绝大部分都是木马病毒和后门病毒。比较常见的盈利方式是把从被感染的计算机上获得的账号和密码再次出售。除此之外,还有把被控制的计算机的控制权出售这一盈利途径,购买者可以使用这些计算机发起分布式拒绝服务攻击,从而使被攻击的网站或者服务器陷入瘫痪。

现在,我们使用的操作系统和应用软件功能越来越强大,代码也越来越复杂,而越复杂就意味着必然会有越多的破绽。这些破绽永远都不可能被全部修复,也永远会让病毒和木马找到突破口。

六、上网安全须知

互联网给人们的工作与生活带来许多便利,但也引发了不少问题。下面提醒大家注意几点。

1. 互联网有两面性

(1) 控制上网时间。不需要上网就不要上网,网上很容易迷失自己。

(2) 防止不健康信息的影响和毒害。对网上的信息要分析和复核,不要认为网上的信息都是真实正确的。

(3) 避免信息过载。信息不等于知识,知识不等于智慧。过多的信息,尤其是不良信息,比没有信息更糟糕。

2. 网络社交要谨慎

(1) 参与网络社交要适度。对社交网站、社交 App 要趋利避害,不对之产生依赖。

(2) 网上交友小心受骗。与网友聊天不要随便透露个人的隐私信息,不要随便与网友见面,即使见面需采取保护措施。

(3) 发表意见谨言慎行。与人争论不要使用伤害他人的言语,不要轻易质疑对方的动机。

(4) 注意保护个人隐私。社交网站和社交 App 中保留有大量的个人隐私信息,包括日常活动轨迹、兴趣爱好等。但社交网站和社交 App 很容易被黑客攻击、被恶意软件感染,后果非常严重。

3. 谨防网络欺诈

(1) 时刻注意信息安全和病毒防范。一定要安装杀毒软件和防火墙并及时更新;操作系统和应用软件要及时更新升级;不要点击非法网站;不要随意扫描二维码;不要随便下载和安装软件,以防木马入侵。

(2) 微信和 QQ 注意防盗防骗。除非有特殊需要,尽量关闭各类 App 中类似"附近的人""允许陌生人查看""允许好友搜索"等功能。

(3) 不要随便运行黑客工具。

(4) 重要的资料要定期备份。

4. 用好管好口令

(1) 使用高强度的口令。尽量同时包含大小写字母、数字和符号,不要包含字典里的单词,不要包含姓名、生日、电话号码等,尽可能长。

(2) 不同应用使用不同口令。可以用统一的规则设计不同的口令,根据 App 或账户用途加以变化。

(3) 不要设置保存用户名或密码。

(4) 不要把口令保存在电脑或手机里。

(5) 定期更换口令。普通用户每半年或一年更换一次。

5. 安全使用手机

(1) 不要轻易把手机借给他人使用。

(2) 软件用完要退出,而不是返回主屏幕。因为一旦手机到了别人手上,没有退出的软件就有可能被利用。

（3）尽量不要连接免费 WiFi。很多公共场所的免费 WiFi，会给连接的手机偷偷安装恶意软件。

（4）安装经过认证的安全软件。

（5）短信和微信里的超链接不能随便点开，这些有可能是伪基站发送的。

（6）手机里不要保存敏感信息和私密照片、视频。转让和报废旧手机前不仅要把手机恢复出厂设置，还要设法清空手机存储器。

（7）不要随便刷机。

（8）使用原装电池和充电器，养成良好的充电习惯。不要把手机放在枕边充电，不要边充电边使用手机。

第五章

数字媒体及应用

数字媒体是指以二进制数的形式存储在计算机中的信息，它包括文本、图像、声音及视频多种形式等。本章节主要讨论各种数字媒体的数字化过程及常用的各种媒体的文件类型等。

5.1 文本与文本处理

文字处理是涉及面最广的一种计算机应用，几乎与任何领域任何人都有关。文字信息在计算机中称为"文本（text）"，文本是计算机中最常用的一种数字媒体。文本由一系列"字符（character）"组成，每个字符均使用二进制编码表示。

文本在计算机中的处理过程包括文本准备、文本编辑、文本处理、文本存储与传输、文本展现等。

5.1.1 字符的编码

组成文本的基本元素是字符。字符在计算机中的表示与数值一样也是使用二进制表示，每个字符对应的二进制表示就是该字符的编码。

一组特定字符的集合称为字符集，例如西文字符集、中文字符集、韩文字符集等。字符集中的每一个字符以及多对应的编码构成了该字符集的码表。

1. 西文字符集

目前计算机中使用最广泛的西文字符集是 ASCII（American standard code for information interchange）字符集。

（1）包含 96 个可打印字符和 32 个控制字符。

（2）每个字符采用 7 个二进位进行编码。

（3）计算机中使用 1 个字节存储 1 个 ASCII 字符，每个字节多余出来的一位（最高位）在计算机内部通常保持为"0"。

（4）ASCII 表中字符的编码有一定的规律：数字编码＜大写字母编码＜小写字母编码。

西文字符编码格式如图 5-1 所示。

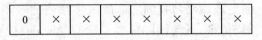

0	×	×	×	×	×	×	×

图 5-1　ASCII 编码格式

2. 中文字符集

中文文本的基本组成单位是汉字,汉字数量大,字形复杂,因而汉字在计算机中内部的表示、处理等都比西文复杂。从 1980 年到 2005 年,我国先后颁布了三个汉字编码标准。

1) GB2312 汉字编码

为了适应计算机处理汉字信息的需要,1980 年我国颁布了第一个国家标准——《信息交换用汉字编码字符集·基本集》(GB2312)。

GB2312 字符集由三个部分构成:第一部分是字母、数字和各种符号,共计 682 个;第二部分为一级汉字,共 3 755 个,按汉语拼音排列;第三部分为二级常用汉字,共 3 008 个,按偏旁部首排列。

GB2312 的所有字符在计算机内部都采用 2 个字节(16 个二进位)来表示,每个字节的最高位均规定为 1,以区别于西文字符的 ASCII 编码。这种高位均为 1 的双字节汉字编码就称为 GB2312 汉字的"机内码"(简称"内码"),编码格式如图 5-2 所示。

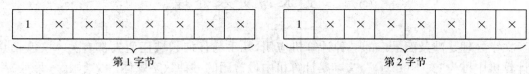

图 5-2　GB2312 汉字在计算机中的表示

2) GBK 汉字内码扩充规范

由于 GB2312 包含的是一些常用汉字,在人名、地名的处理上尤其是古籍整理上已经不够使用,迫切需要有包含繁体字在内的更多汉字的标准字符集。1995 年我国发布了《汉字内码扩展规范》。

GBK 汉字内码扩充规范一共有 21 003 个汉字和 883 个图形符号。里面收录了一些繁体字和生僻汉字。

GBK 汉字也使用双字节表示,并且与 GB2312 保持向下兼容,即所有与 GB2312 相同的字符,其编码也保持相同;新增加的符号和汉字则另外编码,其编码格式如图 5-3 所示。

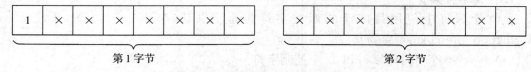

图 5-3　GBK 汉字在计算机中的表示

3) GB18030 汉字编码

ASCII 码与 GB2312、GBK 都是面向一个国家使用的,为了使全球数以千计的不同语言文字实现统一编码,国际标准化组织(OSI)制定了一个将全世界现代书面文字使用的所有字符和符号(包括我国制定的 GBK 的所有汉字)集中进行统一编码。称为 UCS 标准,对应的工业标准称为 Unicode。但是该编码与我国之前的汉字编码完全不兼容,在这种背景下,我国发布的 GB18030 汉字编码标准,既与国际标准 UCS(Unicode)接轨,又能保护已有的大量中文信息资源。

GB18030 编码方案如下:

（1）单字节编码（128 个）表示 ASCII 字符。

（2）双字节编码（23 940 个）表示汉字，与 GBK（以及 GB2312）保持向下兼容，GBK 不再使用。

（3）四字节编码（约 158 万个）用于表示 UCS/Unicode 中的其他字符。

GB18030 目前已在我国信息处理产品中强制贯彻执行。补充说明一点：台湾和香港地区用的编码方案与大陆地区不一样，它们用的都是繁体字，台湾使用的编码是 big5（"大五码"）。

总结几种汉字编码的区别如表 5-1 所示。

表 5-1　几种汉字编码比较

标准名称	GB2312	GBK	GB18030	UCS-（Unicode）
字符集	6 763 个汉字（简体字）	21 003 个汉字（包括 GB2312 汉字在内）	近 3 万汉字（包括 GBK 汉字和 CJKV 及其扩充中的汉字）	包含近 11 万字符，其中的汉字与 GB18030 相同
编码方法	双字节存储和表示，每个字节的最高位均为"1"	双字节存储和表示，第 1 个字节的最高位必为"1"	部分双字节、部分 4 字节表示，双字节表示方案与 GBK 相同	（1）UTF-8 采用单字节可变长编码　（2）UTF-16 采用双字节可变长编码
兼容性	编码保持向下兼容			编码不兼容

5.1.2　文本准备

使用计算机制作一个文本，首先要向计算机输入该文本所包含的字符信息，然后进行编辑、排版和其他处理。输入字符的方法有两类：人工输入和自动识别输入，如图 5-4 所示。

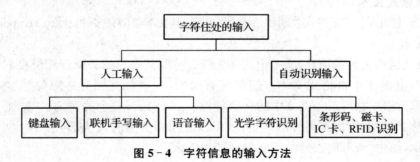

图 5-4　字符信息的输入方法

1. 人工输入

主要通过键盘、手写笔、语音等方式输入字符。

1）键盘输入

（1）数字编码：使用数字表示汉字，如电报码、区位码等，不方便记忆。

（2）字音编码：如搜狗拼音、QQ 拼音、微软拼音、智能 ABC 等，这种输入法简单易学，但重码率高。

（3）字形编码：如五笔字型和表形码等，这种输入法需要记忆学习，重码率低。

（4）形音编码

2）手写笔输入。

在输入不认识的生僻字时提供了方便,其优点有:自然,流畅小型化,适合移动计算;但识别速度和正确性还需提高。

3）语音输入

其优点是自然、方便,适合移动计算但是对说话人、说话方式、说话内容的适应能力要大大增强以及识别速度和正确性还需大大提高。

2. 自动识别输入

通过识别技术将纸质文本自动转换成文字的编码。

1）印刷体识别输入:识别率已达到98％,其识别过程如图5-5所示。

图5-5 印刷体自动识别输入过程

2）条形码和二维码识别输入:首先要预先进行标识,再进行扫描识别输入。

5.1.3 文本分类

文本是计算机处理中最主要的数字媒体,根据是否具有排版格式,文本分为简单文本和丰富格式文本;根据文本内容组织方式的不同,文本分为线性文本和超文本两大类。

1. 简单文本（纯文本）

由一连串用于表达正文内容的字符（包括汉字）的编码所组成,几乎不包含任何其他的格式信息和结构信息。其文本后缀是".txt",Windows 附件中的记事本程序创建和处理的文本就是简单文本。

2. 丰富格式文本

在纯文本中加入了许多格式控制和结构说明信息,其文本类型有多种:.docx、.rtf、.pdf、.html 等。

3. 超文本

采用网状结构来处理信息,文本中的各个部分按照其内容的关系互相链接起来,从而形成"超文本",也属于丰富格式文本。超链是有向的,起点位置称为链源（超文本标记语言HTML 中称为锚),它可以是网页中的一个标题、一句句子、一个关键词、一幅画、一个图标等,目的地称为链宿,可以是另外的网页,也可以是同网页中的其他部分。网页中超文本如图5-6所示,图中"★"即为链源,箭头指向即为链宿。

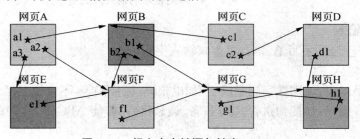

图5-6 超文本中链源与链宿

5.1.4 文本编辑、排版与处理

1. 文本编辑与排版

1）文本编辑

（1）目的：确保文本内容正确无误。

（2）操作：对字、词、句和段落进行添加、删除、修改等操作。

2）文本排版

（1）目的：使文本清晰、美观、便于阅读。

（2）操作内容：对文本中的字符、段落乃至整篇文章的格式进行设计和调整，分成3个层次：对字符格式进行设置；对段落格式进行设置；对文档页面进行格式设置。

2. 文本处理

使用计算机对文本中所包含文字信息的形、音、义等进行分析和处理（如字数统计、机器翻译、文语转换、文本检索等）。

3. 常用文本处理软件

满足"所见即所得"的微软的 Office 和金山 WPS，Adobe Acrobat Reader 是用于阅读 PDF 文档的阅读器软件。

5.1.5 文本展现

数字电子文本主要有两种展现方式：打印输出和屏幕输出。而文本在计算机中存储方式是二进制编码形式，因此文本的展现过程比较复杂。那么文本展现的过程分为三个步骤：

（1）对文本的格式描述进行解释。

（2）生成文字和图表的映像（主要有点阵描述和轮廓描述两种字库）。

（3）传送到显示器或打印机输出。

5.2 图像与图形

计算机中的"图"按其生成方法一般分为两种：一种是从现实世界中通过扫描仪、数码相机等设备获取的，它们称为取样图像，也称为点阵图像或者位图图像，以下简称图像（image）；另一类是使用计算机绘制而成的，它们称为矢量图形，以下简称图形（graphics）。

5.2.1 数字图像的获取

图像获取过程的核心是模拟信号的数字化，处理步骤大体分为四步，如图5-7所示。

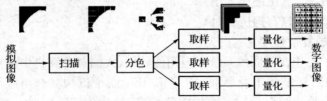

图5-7 图像的数字化过程

（1）扫描：将画面划分为 M × N 个网格，每个网格称为 一个取样点。

（2）分色：将彩色图像取样点的颜色分解成 R、G、B 三个基色，如果不是彩色图像（黑白图像或者灰度图像），则不必分色。

（3）取样：测量每个取样点的每个分量（基色）的亮度值。

（4）量化：对取样点每个分量的亮度值进行 A/D 转换，即把模拟量使用数字量来表示。

5.2.2 图像的表示与压缩编码

1. 图像的表示方法与主要参数

（1）图像大小。即为图像分辨率，一般用水平分辨率×垂直分辨率表示。

（2）位平面数目。即像素的颜色分量的数目。黑白或灰度图像只有一个位平面，彩色图像有 3 个或者更多的位平面。

（3）像素深度。像素的所有颜色分量的二进位数目之和，决定不同颜色的最大数目。例如单色图像，若像素深度是 8 位，则不同灰度的总数为 $2^8 = 256$。又如 R、G、B 三基色组成的彩色图像，若 3 个颜色分量的像素深度分别为 3、3、4，则该图像的像素深度为 $3+3+4 = 10$，则颜色数目有 $2^{10} = 1024$。

（4）颜色空间类型。指彩色图像所使用的颜色描述方法，也叫颜色模型，常用的颜色模型有：显示器 RGB（红、绿、蓝），彩色打印机 CMYK（青、品红、黄、黑），图像编辑软件 HSB（色彩、饱和度、亮度），彩色电视信号 YUV（亮度、色度）。

2. 数字图像的数据量计算公式（以字节为单位）

数据量＝水平分辨率×垂直分辨率×像素深度/8

例如：一幅没有经过数据压缩的能表示 65 536 种颜色的彩色图像，图像大小为 1 024×1 024，该图像的数据量是 1 024×1 024×16/8＝2MB（65 536＝2^{16}）。

3. 图像数据压缩

1）图像数据压缩的必要性

（1）节省存储数字图像所需要的存储器容量。

（2）提高图像的传输速度，减少通信费用。

2）图像数据压缩的可能性

（1）数字图像中有大量的数据冗余。

（2）人眼视觉有局限性，允许图像有一些失真。

3）图像数据压缩的两种类型

（1）无损压缩：用压缩后的数据还原出来的图像没有任何误差。

（2）有损压缩：用压缩后的数据还原出来的图像有一定的误差。

4）压缩编码方法的评价

（1）压缩倍数的高低（压缩比大小）。

（2）重建图像的质量（有损压缩时）。

（3）压缩算法的复杂程度。

补充说明：为了便于在不同的系统交换图像数据，人们对计算机中使用的图像压缩编码方法制定了一些国际标准和工业标准。ISO 和 IEC 两个机构联合组成了一个 JPEG 专家组，负责制定了一个静止图形数据压缩的国际标准，称为 JPEG 标准。在后面介绍的声音、视频也有一些国际标准。

4. 数字图像的常用文件格式

表5-2中给出了目前因特网和PC机常用的几种图像文件格式。

表5-2 常用图像文件格式

名称	压缩编码方法	性质	典型应用	开发公司(组织)
BMP	RLE(行程长度编码)	无损	Windows应用程序	Microsoft
GIF	LZW	无损	因特网	CompuServe
JPEG	DCT(离散余弦变换)，Huffman编码	大多数为有损	因特网,数码相机等	ISO/IEC
PNG	LZ77派生的压缩算法	无损	因特网等	W3C

BMP是微软公司在Windows操作系统下使用的一种标准图像格式,每个文件存放一幅图像,通常不进行数据压缩,BMP文件是一种通用的图像文件格式,几乎所有图像处理软件都能支持。

(1) GIF是目前因特网上广泛使用的一种图像文件格式,它的颜色数目不超过256色,文件数据量小,适合用作插图、剪贴画等色彩数要求不高的场合,适合网络传输,GIF格式能够支持透明背景、累进显示,最重要的是,它可以将多张图像保存在同一个文件中,显示时按照规定的时间间隔逐一进行显示,产生动画效果。

(2) TIF或者TIFF图像文件格式大量使用与扫描仪和桌面出版,能支持多种压缩方法和多种不同类型的图像。

(3) JPEG是常见图像格式,手机、数码相机常用图像格式,扩展名是.jpg。

(4) PNG是20世纪90年代中期由W3C开发的一种图像文件格式,既保留了GIF文件的特性,又增加了许多GIF文件格式所没有的功能。PNG图像文件格式主要在互联网上使用。

5.2.3 数字图像的处理与应用

1. 数字图像处理的目的与内容

使用计算机对照相机、摄像机、传真机、扫描仪、医用CT机等设备获取的图像进行去噪、增强、复原、分割、提取特征、压缩、存储、检索等操作处理,称为数字图像处理。一般来讲,对数字图像处理的目的主要有以下几个方面:

(1) 提高图像的视感质量。如调整图像的亮度和彩色,对图像进行几何变换,包括特技或者效果处理等。

(2) 图像的复原与重建。

(3) 图像分析。

(4) 图像数据的变换、编码和数据压缩,使能更有效地进行图像的存储与传输。

(5) 图像的存储、管理、检索以及图像内容与知识产权的保护等。

2. 数字图像处理的软件

1）常用图像处理软件功能

包含图像显示控制、区域选择、编辑操作、滤镜操作、绘图功能、文字编辑功能、图层操作等。

2）常用的图像处理软件

（1）Word 和 PowerPoint 具有基本的图像编辑功能。

（2）Windows 附件中的"画图"软件。

（3）微软 Office 工具中的 picture manager。

（4）ACD System 公司的 ACDSee32。

（5）Adobe PhotoShop。

（6）美图秀秀等简便软件。

3. 数字图像处理的应用

数字图像处理在通信、电视、出版、广告、工业生产、医疗诊断、电子商务等领域得到广泛的应用，例如：

（1）图像通信，包括图像传输、电视电话、电视会议等；

（2）遥感；

（3）医疗诊断；

（4）工业生产中的应用，如产品质量检测，生产过程自动控制等；

（5）机器人视觉；

（6）军事、公安、档案管理等其他方面的应用。

5.2.4　计算机图形

1. 景物的计算机表示

图形是利用计算机绘制的图，通过计算机和软件对景物的结构、形状与外貌进行描述（称为"建模"），然后根据该描述和选定的观察位置及光线状况，生成该景物的图形（称为"绘制"），如图 5-8 所示。

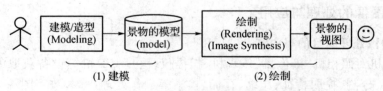

（1）建模　　　　　　（2）绘制

图 5-8　景物的建模与图像的合成

2. 计算机图形的应用

使用计算机绘制图形的主要优点是：计算机不但能生成实际存在的具体景物的图像，还能生成假想或抽象景物的图像，因此计算机合成的图像受到了广泛的应用：

（1）计算机辅助设计和辅助制造（CAD/CAM）。

（2）利用计算机生成各种地形图、交通图、天气图、海洋图、石油开采图等。

（3）作战指挥和军事训练。

（4）计算机动画和计算机艺术。

（5）其他：电子出版、数据处理、工业监控、辅助教学、软件工程等。

3. 矢量绘图软件

为了与通常的取样图像区别，计算机绘制的图像也称为矢量图形，用于绘制矢量图形的软件称为矢量绘图软件，常用的有：

1）专业绘图软件

（1）AutoCAD、PROTEL 和 CAXA 电子图板（机械、建筑等）；

（2）MAPInfo、ARCInfo、SuperMap GIS（地图、地理信息系统）。

2）办公与事务处理、平面设计、电子出版等使用的绘图软件

（1）Corel 公司的 CorelDraw；

（2）Adobe 公司的 Illustrator；

（3）Macromedia 公司的 FreeHand；

（4）微软公司的 Microsoft Visio 等。

3）MS Office 中内嵌的绘图软件

Word 和 PowerPoint 中的绘图功能（简单的二维图形）。

总结，计算机中的"图"按其生成方法可以分为两大类，两者在外观上很难区分，但它们有许多不同的属性，一般需要使用不同的软件进行处理，图像与图形的对比如表 5-3 所示。

表 5-3 图像与图形的比较

	图 像	图 形
生成途径	通过图像获取设备获得景物的图像	使用矢量绘图软件以交互方式制作而成
表示方法	将景物的映像（投影）离散化，然后使用像素表示	使用计算机描述景物的结构、形状与外貌
表现能力	能准确地表示出实际存在的任何景物与形体的外貌，但丢失了部分三维信息	规则的形体（实际的或假想的）能准确表示，自然景物只能近似表示
相应的编辑处理软件	典型的图像处理软件，如 Photoshop	典型的矢量绘图软件，如 AutoCAD
文件的扩展名	.bmp、.gif、.tif、.jpg、.jp2 等	.dwg、.dxf、.wmf 等
数据量	大	小

5.3 数字声音及应用

5.3.1 波形声音的获取与播放

1. 基本概念

（1）声音由振动产生，通过空气进行传播。

（2）声音是一种波，它由许多不同频率的谐波组成，如图 5-9 所示，谐波的频率范围称为声音的"带宽"。

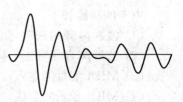

图 5-9 声音的谐波表示

（3）计算机处理的声音有两种类型：一是专指人的说话声音，带宽为 300～3 400Hz，称为语音或者话音；二是指人耳可听到的声音统称"可听声（audio）"或者称为全频带声音（如音乐声、风雨声、汽车声等），其带宽可达到 20Hz～20kHz。

2. 声音信号的数字化过程

如图 5 - 10 所示。

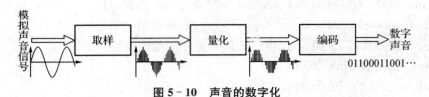

图 5 - 10　声音的数字化

（1）取样：取样的目的是把时间上连续的信号转换成时间上离散的信号，取样频率不应低于声音信号最高频率的两倍，语音一般为 8kHz，全频带声音一般为 40kHz 以上。

（2）量化：量化是把每个样本从模拟量转换成为数字量（8 位或 16 位整数表示），量化精度越高，声音的保真度越好。

（3）编码：将所有样本的二进制代码组织在一起，并进行数据压缩。

3. 波形声音的获取设备

（1）声音的联机获取设备：麦克风（将声波转换成电信号）和声卡（取样、量化和编码）。

（2）声音的脱机获取设备：数码录音笔。

4. 声音的重建与播放

（1）把声音从数字形式转换成模拟信号形式，也是由声卡完成。

（2）声音的重建分为三个步骤：解码→数模转换→插值处理。

（3）声音播放：将模拟声音信号经处理和放大后送到音箱（扬声器）。

5. 声卡的组成及功能

声卡组成如图 5 - 11 所示。

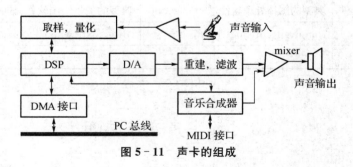

图 5 - 11　声卡的组成

声卡的功能如下：

（1）波形声音的获取与编码；

（2）波形声音的重建与播放；

（3）MIDI 消息的输入；

（4）MIDI 音乐的合成。

5.3.2 波形声音的表示与压缩编码

1. 数字波形声音是使用二进位表示的一种串行比特流,其数据按时间顺序进行组织,文件扩展名为".wav"

2. 数字波形声音的主要参数

(1)取样频率:语音的取样频率低,一般为 8～16kHz,全频带声音(如音乐)取样频率高,一般为 44.1～48kHz;

(2)量化位数:通常为 8 位、12 位或 16 位;

(3)声道数目:单声道为 1,双声道为 2;

(4)码率(比特率),每秒钟的数据量。

3. 声音的数据量

未压缩时数字波形声音的码率计算公式:

$$码率 = 取样频率 \times 量化位数 \times 声道数(单位:bit/s)$$

压缩编码之后数字波形声音的码率为:

$$压缩后的码率 = 未压缩时的码率/压缩比$$

声音的数据量如表 5-4 所示。

表 5-4 两种常用数字声音的主要参数

声音类型	声音信号带宽 (Hz)	取样频率 (kHz)	量化位数 (bits)	声道数	未压缩时的码率 (kb/s)
数字语音	300～3 400	8	8	1	64
CD 立体声	20～20 000	44.1	16	2	1 411.2

4. 压缩编码表示及应用

由于波形声音的数据量很大,从表 5-4 中可以算出,1 小时说话声音的数据量接近 30MB,CD 立体声高保真的数字音乐 1 小时的数据量大约 635MB,为了降低成本和提高网络上的传输效率,必须对数字声音进行压缩,根据不同的应用需求,波形声音采用的编码方法有多种,文件格式也各不相同,表 5-5 是目前常用数字波形声音的文件类型、编码类型以及它们的主要应用。

其中,WAV 是未经压缩的波形声音,音质与 CD 相当,当对存储空间需求太大,不便于交流与传播。FLAC、APE 和 M4A 采用无损压缩方法,数据量比 WAV 文件大约可减少一半,而音质仍保持相同。MP3 是因特网上最流行的数字音乐格式,它的比率大幅度降低了声音的数据量,加快了网络传输速度。WMA 是微软公司开发的声音文件格式,采用有损压缩方法,压缩比高于 MP3,质量大体相当,但它在文件中增加了数字版权保护的措施,防止未经授权进行下载和拷贝。

表 5-5　常用波形声音的文件类型、编码方法及其主要应用

音频格式	文件扩展名	编码类型	效　果	主要应用	开发者
WAV	.wav	未压缩	声音达到 CD 品质	支持多种采样频率和量化位数,获得广泛支持	微软公司
FLAC	.flac	无损压缩	压缩比为 2:1 左右	高品质数字音乐	Xiph.Org 基金会
APE	.ape	无损压缩	压缩比为 2:1 左右	高品质数字音乐	Matthew T.Ashland
M4A	.m4a	无损压缩	压缩比为 2:1 左右	Quick Time, iTunes, iPod, Real Player	苹果公司
MP3	.mp3	有损压缩	MPEG-1 audio 层 3 压缩比为 8:1～12:1	因特网,MP3 音乐	ISO
WMA	.wma	有损压缩	压缩比高于 MP3 使用数字版权保护	因特网,音乐	微软公司
AC3	.ac3	有损压缩	压缩比可调,支持 5.1、7.1 声道	DVD,数字电视,家庭影院等	美国 Dolby 公司
AAC	.aac	有损压缩	压缩比可调,支持 5.1、7.1 声道	DVD,数字电视,家庭影院等	ISO MPEG-2/MPEG-4

　　为了在因特网环境下开发数字音(视)频的实时应用,例如通过因特网进行在线音(视)频广播、音(视)频点播等,服务器必须做到以高于音(视)频播放的速度从因特网上向用户连续地传输数据,达到用户可以边下载边收听(看)的效果。这一方面要压缩数字音(视)频的数据量,另一方面还要合理组织音(视)频数据让它们像流水一样源源不断地进行传输(流式传输),实现上述要求的媒体分发技术就称为"流媒体"。简单地说,流媒体技术就是允许在网络上让用户一边下载一边收看(听)音视频媒体的一种技术。目前流行的流媒体技术有 Real Networks 公司的 RealMedia、微软公司的 Windows Media Services(WMA、WMV 和 ASF)和苹果公司的 QuickTime 等。

5.3.3　计算机合成声音

　　计算机合成声音就是计算机模仿人说话或演奏音乐。计算机合成声音有两类:
　　(1) 计算机合成话音(语音):计算机模仿人把一段文字朗读出来,即把文字转换为说话声音(简称为 TTS)。应用有:有声查询、文稿校对、语言学习、语音秘书、自动报警、残疾人服务等。
　　(2) 计算机合成音乐(MIDI):计算机模拟各种乐器发声并按照乐谱演奏音乐。应用有:计算机作曲、配器等。乐谱在计算机中使用一种叫作 MIDI 的音乐描述语言来表示。使用 MIDI 描述的音乐称为 MIDI 音乐。一首乐曲对应一个 MIDI 文件,其文件扩展名为.mid 或.midi。

5.4 数字视频及应用

5.4.1 数字视频基础

1. 视频(video)

视频是指以固定速率(24、25、30 帧/秒)顺序显示的一组图像,又叫运动图像或活动图像(motion picture)。常见视频有:电视,电影,动画等。

视频的特点:

(1) 内容随时间而变化;

(2) 伴随有与画面动作同步的声音(伴音);

(3) 人类接收的信息 70% 来自视觉,其中活动图像是信息量最丰富、直观、生动、具体的一种承载信息的媒体。

(4) 视频信息的处理是多媒体技术的核心。

2. 数字视频的主要参数

(1) 帧频、帧速率(frame rate)——每秒钟显示多少帧图像(单位:fps);

(2) 帧大小——每帧图像的分辨率,即图像宽度×图像高度(单位:像素);

(3) 颜色深度、像素深度——图像中每个像素的二进位数目(单位:bit)。

例:持续时间为 1 小时的一段数字视频,假设帧大小是 640×480,像素深度为 24 位,帧速率为 25fps,则:

每帧的像素数目＝640×480＝307 200 像素

每帧的二进位数目＝307 200×24＝7 372 800＝7.37Mb

视频流的比特率(bit rate,BR)＝7.37×25＝184.25Mb/s

视频流的大小(video size,VS)＝184Mbits/sec×3600sec

＝662 400Mbits＝82 800Mbytes＝82.8Gbytes

3. 数字视频信号的获取

视频信号的数字化过程:与图像、声音的数字化过程相仿,但更复杂一些。

4. 数字视频的获取设备

(1) 视频采集卡(简称视频卡):能将输入的模拟视频信号(及其伴音信号)进行数字化后然后存储在硬盘中。

(2) 数字摄像头,在线获取数字视频的设备。借助光学摄像头和 CMOS(或 CCD)器件采集图像,然后将图像转化成数字信号,输入到计算机中,不再需要使用专门的视频采集卡。数字摄像头的接口大多采用 USB 接口。分辨率为 352×288～640×480,高清摄像头分辨率更高,速度一般在 30fps(每秒 30 帧)左右,镜头的视角可达到 45～60 度。

(3) 脱机获取设备:数码摄像机。提供 480 线以上的分辨率,清晰度高,自动对焦,自动曝光,使用 MPEG－2 进行压缩编码,然后记录在存储卡或硬盘上,具有录音功能,数据量很大,采用 USB 接口或 IEEE 1394 接口,成像器件采用 CMOS 或 CCD。

5.4.2 数字视频的压缩编码

数字视频的数据量大得惊人,可压缩几十倍甚至几百倍。国际化标准化组织制定的有关数字视频压缩编码的标准如表 5-6 所示。

表 5-6 视频压缩编码的国际标准及其应用

名　　称	图像格式	压缩后的码率	主要应用
MPEG-1	360×288	大约 1.2Mb/s~1.5Mb/s	适用于 VCD、数码相机、数字摄像机等
H.261	360×288 或 180×144	P×64 kb/s(p=1,2 时,只支持 180×144 格式,P≥6 时,可支持 360×288 格式)	应用于视频通信,如可视电话、会议电视等
MPEG-2 (MP@ML)	720×576	5 Mb/s~15 Mb/s	用途最广,如 DVD、卫星电视直播、数字有线电视等
MPEG-2 高清格式	1 440×1 152 1 920×1 152	80 Mb/s~100 Mb/s	高清晰度电视(HDTV)领域
MPEG-4 ASP	分辨率较低的视频格式	与 MPEG-1,MPEG-相当,但最低可达到 64 kb/s	在低分辨率低码率领域应用,如监控、IPTV、手机、MP4 播放器等
MPEG-4 AVC	多种不同的视频格式	采用多种新技术,编码效率比 MPEG-4ASP 显著减少	已在多个领域应用,如 HDTV、蓝光盘、IPTV、XBOX、iPod、iPhone 等

5.4.3 计算机合成视频——计算机动画

计算机动画——使用计算机生成一系列内容连续的画面供实时演播的一种技术,它是一种计算机合成的数字视频,而不是用摄像机拍摄的"自然视频"。20 世纪 90 年代开始,计算机动画技术应用于电影特技,如电影《侏罗纪公园》系列、《玩具总动员》《泰坦尼克》《阿凡达》等,取得轰动效应。

动画制作软件:美国 SGI 公司 Alias 和 Wavefront 公司的 MAYA,美国 Autodesk 公司 Discreet 公司的 3ds MAX,Animator Studio,等等。

互联网动画:GIF 和 Flash。

5.4.4 数字视频的应用

(1) VCD(video CD):按 MPEG-1 标准将 60 分钟的音频/视频节目记录在一张 CD 光盘上,VCD 光盘容量为 650MB,能存放越 1 小时分辨率为 352×240 的视频图像。

(2) DVD(DVD-video):按 MPEG-2 标准将音频/视频节目记录在 DVD 光盘上,单面单层 DVD 容量为 4.7GB,能存放约 2 小时分辨率为 720×576 的视频,可播放 5.1 声道的环绕立体声,提供 32 中文字或卡拉 OK 字幕。

(3) 可视电话与视频会议:可视电话是通话双方能互相看见的一种电话系统,视频会议是多人同时参与的一种音/视频通信系统,如 iPad/iPhone 的 FaceTime 以及腾讯的 QQ、微信等。

（4）数字电视的接收设备大体有三种形式:

① 专用播放设备,如 DVD 播放机、MP4 播放器等。

② 传统模拟电视机外加一个数字机顶盒。

③ 连接因特网的 PC 机、平板电脑或手机等终端设备。

（5）点播电视（VOD）:指用户可以自己选择观看需要的电视节目,改变了电视台播什么用户只能看什么的电视收看模式。

自　测　题　5

1. 从取样图像的获取过程可以知道,一幅取样图像由 M 行×N 列个取样点组成,每个取样点是组成取样图像的基本单位,称为_____。

2. 一幅宽高比为 16∶10 的数字图像,假设它的水平分辨率是 1 280,能表示 65 536 种不同颜色,没有经过数据压缩时,其文件大小大约为_____kB(1k=1 000)。

3. 目前计算机中广泛使用的西文字符编码是美国标准信息交换码,其英文缩写为_____。

4. GIF 图像文件格式能够支持透明背景和动画,文件比较小,因此在网页中广泛使用。

5. 使用计算机生成假想景物的图像,其主要的 2 个步骤是建模和绘制。

6. 若西文使用标准 ASCII 码,汉字采用 GB2312 编码,则十六进制代码为 C4 CF 50 75 B3 F6 的一小段简单文本中,含有 3 个汉字。

7. 人们说话时所产生的语音信号必须数字化以后才能由计算机存储和处理。假设语音信号数字化时取样频率为 8kHz,量化精度为 8 位,数据压缩比为 4,那么 1 分钟数字语音的数据量是_____。

　　A. 960kB　　　　　　B. 480kB　　　　　　C. 120kB　　　　　　D. 60kB

8. 下列关于计算机图形的应用中,错误的是_____。

　　A. 可以用来设计电路图

　　B. 可以用来绘制机械零部件图

　　C. 计算机只能绘制实际存在的具体景物的图形,不能绘制假想的虚拟景物的图形

　　D. 可以制作计算机动画

9. 如果显示器 R、G、B 三个基色分别使用 6 位、6 位、4 位二进制位来表示,则该显示器可显示颜色的总数是_____种。

　　A. 16　　　　　　　　B. 256　　　　　　　　C. 65 536　　　　　　D. 16 384

10. 下列应用软件中主要用于数字图像处理的是_____。

　　A. Outlook Express　　　　　　　　　　　　B. PowerPoint

　　C. Excel　　　　　　　　　　　　　　　　　D. PhotoShop

延 展 阅 读

一、计算机动画制作

用于制作计算机动画的软件有多种，它们的过程大体是类似的。下面以三维动画的制作为例，简要地介绍计算机动画的制作过程。

首先是按照动画的脚本对景物进行造型。动画软件一般都提供多种造型工具，如 patch 工具可生成直纹面，skin 工具可由多个不同的截平面构造物体，revolve 工具可由母线旋转成一个旋转体，boundary 工具可由 3 条或 4 条边界构造曲面，round 工具可直接生成三个面相交处不同半径的圆角。此外，动画软件还提供了许多基本的几何体，如球、柱、锥、台、立方体等，这些几何体所有的几何参数都可设置和调整，还可通过布尔运算互相进行组合，从而得到不同的形体。

接下来是确定景物的颜色、材质（纹理），包括确定物体的中间色、高光色、自发光色、透明色和反射区颜色等。在确定物体的材质时，动画软件提供了数以千计的纹理，这些纹理可直接作为贴图使用。

进一步的操作是设置灯光和布置摄像机的位置，这一步与颜色、材质的调整是交替进行的，以便取得需要的效果。动画软件一般提供多种光源，如环境光、直射平行光、点光、白炽灯光、线光源和面光源等，每种光源又有多种参数可调，能生成许多特殊效果，如光通过雾气的效果、光的棱镜效果等。

上面的操作是按脚本要求对场景中的关键帧进行的。动画制作中最重要的一个步骤是描述和设置动画的运动要求，包括场景中物体运动的时间、路径、速度、形变等，完成运动设计后，动画软件将根据这些要求自动生成一系列的中间帧画面。

接着进行图像绘制。动画软件能自动计算光线在物体间的反射、折射、透射及物体的阴影和浓淡，使画面更加生动逼真。绘制的动画图像如果是电影用的，每 1 秒需 24 帧画面，则计算机必须绘制 $24 \times n$ 帧图像（n 是持续播放多少秒钟）。如果是电视用的，则每秒需 25 帧画面。

从上面的叙述中可以看出，计算机动画涉及景物的造型技术、运动控制和描述技术、图像绘制技术、视频生成技术等。其中尤以运动控制与描述技术最复杂，它采用的方法有多种，如运动学方法、物理推导法、随机方法、刺激—响应方法、行为规则方法、自动运动控制方法等，通常应根据具体应用的要求进行选择。

计算机动画在娱乐广告、电视、教育等领域有着广泛的应用。在国际上，计算机动画的设计与制作已经形成了一个年产值达数千亿美元的产业——动画漫画游戏产业，简称动漫产业。从事动漫制作的企业，其岗位有上色、中间画、原画、分镜、造型、编剧、导演等不同分工，按照顺序越往后越高级。例如，造型岗位需要良好的美术基础和丰富的制作经验，编剧和导演则需要文学艺术方面的功底。

二、人工智能简介

1. 什么是人工智能

人工智能(artificial intelligence,AI)指使用计算机模拟人的智能行为,目的是构造出具有特定智能的人工系统以完成以往需要人的智力才能胜任的工作,甚至在某些方面能超越人自身的能力,比人做得更好。

人工智能的研究已经有 60 多年的历史了。20 世纪 50 年代到 70 年代初,人工智能研究处于"推理期"。那时人们以为只要赋予计算机逻辑推理能力,计算机就具有智能。这一阶段的代表性工作主要有 A. Newell 和 H. Simon 研发的"逻辑理论家"程序,该程序在 1952 年证明了著名数学家罗素和怀特海的名著《数学原理》中的 38 条定理,继而在 1953 年证明了全部 52 条定理,其中定理 2.85 的证明甚至比作者更加巧妙。两位学者为此获得了 1975 年的图灵奖。

进入 21 世纪后,互联网的发展和计算机的广泛应用,人们积累的数据多了,拥有的计算能力强大了,基于多层神经网络的"深度学习"方法取得了比较丰富的成果,人工智能再次掀起热潮。特别是最近几年,人工智能正处于高速发展阶段。

人工智能技术迄今所取得的进展和成功,都是缘于弱人工智能而不是强人工智能的研究。例如在图像识别、语音识别方面,机器已经达到甚至超过了普通人的水平;在机器翻译方面,便携式翻译机已成为现实;在棋类游戏方面,机器已经打败了最顶尖的人类棋手,等等。这都是一些特定类型的智能行为,而不是完全智能行为,没有也不必考虑人的心智、意识、情感之类的东西。

目前在计算机界研究强人工智能的学者不多,主要是太困难,因为人们还不知道如何用数学模型表现并刻画人的智能,如认知能力、意识与情感等。国内外有人在进行"类脑芯片"的研究,试图模仿人脑神经元结构和人脑感知认知方式来设计一种完全与传统冯·诺依曼结构不同的计算机芯片,目前还处于探索阶段。总之,完整地实现人工智能是长期的、极具挑战性的,人工智能的顶峰可能永远无法到达。但不管怎样,人工智能技术将会不断发展,计算机将会变得越来越智能。

2. 机器学习过程

实现人工智能的途径之一是模拟。模拟就是将人的智能行为的输入与输出记录下来,用计算机进行模仿,在相同输入的情况下使计算机给出与人相似的反应。机器学习就是模拟人类智能的一种有力工具,它是近几年人工智能领域中最热门的一项技术。从网上购物到自动驾驶汽车,从刷脸付费到微软小冰聊天机器人,都有机器学习的功劳在内。机器学习与人的学习过程颇为相似。人们在生活中积累了许多经验,通过对这些经验的归纳总结,形成规律(知识),当遇到新情况新问题时,就使用这些规律知识进行分析,做出预测,机器学习则是计算机利用已有的经验数据,得出某种模型(规律),并利用此模型判断预测未知数据的一种方法。例如,把各种各样的狗的图片输入计算机,计算机通过机器学习算法可得出狗的模型(特征),这个过程称为训练;当不明对象的图片输入计算机时,计算机即可使用该模型进行判断预测,判定图片中的对象是不是狗。机器学习的算法有多种,如回归算法、支持向量机算法、聚类算法、降维算法、人工神经网络(ANN,简称神经网络)技术等。

3. 人工智能行动计划

人工智能的发展不是一帆风顺的,它经过了几次起落。最近几年,大数据的形成、AI理论与算法的革新、计算力的提升及网络设施的演进使人工智能的发展进入了新阶段,未来的5年、10年将是人工智能大放光彩的时代,人工智能将成为变革社会的重要推动力。我国党和政府高度重视人工智能的发展。2017年首次将人工智能写进了《政府工作报告》,同年7月国务院发布《新一代人工智能发展规划》,确立了"三步走"的战略目标:到2020年人工智能总体技术和应用与世界先进水平同步;到2025年人工智能基础理论实现重大突破、技术与应用部分达到世界领先水平;到2030年人工智能理论、技术与应用总体达到世界领先水平,成为世界主要人工智能创新中心。2017年12月,工业和信息化部印发了《促进新一代人工智能产业发展三年行动计划(2018—2020年)》,指出了发展人工智能的具体行动目标和努力方向。按行动计划要求,到2020年,我国人工智能8类重点产品应取得规模化发展,它们是:

(1)智能网联汽车。建立可靠、安全、实时性强的智能网联汽车智能化平台,形成平台相关标准,支撑高度自动驾驶(HA级)。

(2)智能服务机器人。实现智能家庭服务机器人、智能公共服务机器人的批量生产及应用,实现医疗康复、助老助残、消防救灾等机器人样机生产及应用示范。

(3)智能无人机。智能消费级无人机三轴机械增稳云台精度达到0.005度,实现360度全向感知避障,实现自动智能强制避让航空管制区域。

(4)医疗影像辅助诊断系统。支持脑、肺、眼、骨、心脑血管、乳腺等典型疾病领域的医学影像辅助诊断技术研发,加快其产品化及临床辅助应用。到2020年,国内先进的医疗影像辅助诊断系统对以上典型疾病的检出率超过95%,假阴性率低于1%,假阳性率低于5%。

(5)视频图像身份识别系统。发展人证合一、视频监控、图像搜索、视频摘要等典型应用,拓展在安防、金融等重点领域的应用。到2020年,复杂动态场景下人脸识别有效检出率超过97%,正确识别率超过90%。

(6)智能语音交互系统。支持口语化语音识别、个性化语音识别智能对话、音视频融合、语音合成等技术的创新应用。到2020年,实现多场景下中文语音识别平均准确率达到96%,5米远场识别率超过92%,用户对话意图识别准确率超过90%。

(7)智能翻译系统。推动高精准智能翻译系统应用,提升多语言互译、同声传译等应用场景的准确度和实用性。到2020年,中译英、英译中场景下产品的翻译准确率超过85%,少数民族语言与汉语的智能互译准确率显著提升。

(8)智能家居产品。丰富智能家居产品类别,智能电视市场渗透率达90%以上,安防产品智能化水平显著提升。

第六章

计算机信息系统与数据库

6.1 计算机信息系统

6.1.1 概述

计算机信息系统(computer – based information system ,简称信息系统)是一类以提供信息服务为主要目的的数据密集型、人机交互的计算机应用系统。具有以下四个特点:

(1) 涉及的数据量大,有时甚至是海量。

(2) 绝大部分数据是持久的,需要长期保留在计算机中(外存储器中)。

(3) 这些持久的数据为多个应用程序和多个用户所共享。

(4) 除具有数据采集、存储、传输和管理等基本功能外,还可向用户提供信息检索,统计报表、事务处理、分析、控制、预测、决策、报警、提示等信息服务。

信息系统基础设施是指支持系统运行的硬件、系统软件和网络。在计算机硬件、系统软件和网络等基础设施支撑下运行的计算机信息系统,其结构如图 6 – 1 所示,通常可以划分为三个层次:

(1) 资源管理层:各类数据信息,资源管理系统,主要有数据库管理系统,数据库等。

(2) 业务逻辑层:由实现各种业务功能、流程、规则、策略等应用业务的一组程序代码构成。

(3) 应用表现层:通过人机交换方式,将业务逻辑和资源紧密结合,并以直观形象的形式向用户展现。

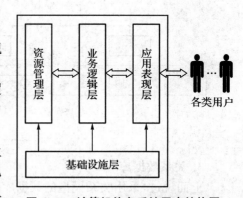

图 6 – 1 计算机信息系统层次结构图

当前,计算机信息系统已经广泛应用于各个行业和领域的信息化建设。种类繁多。从功能上分,常见的有电子数据处理、管理信息系统、决策支持系统;从应用领域来分,有办公自动化系统、军事指挥信息系统、医疗信息系统、订票系统、电子商务、电子政务等。

6.1.2 信息系统与数据库

通常,图 6 – 1 中的资源管理层是由数据库和数据库管理系统所组成的。

1. 数据库

数据库(DB)是长期存储在计算机内、有组织、可共享的数据集合。它是存放大量数据的"仓库"。它是大型信息系统的核心和基础。数据库中的数据必须按一定的方式(称为"数据模型")进行组织、描述和存储,具有较小的冗余度、较高的数据独立性和易扩展性,并可为各种用户所共享。

2. 数据模型

数据模型是数据库中的数据有序地、有组织地进行存储的结构,一般情况下,主要有三种数据模型,如图6-2所示。图6-2(a)以二维表格形式来组织数据的方法称为关系模型,图6-2(b)以树的层次形式来组织数据,图6-2(c)图网状的形式组织数据,建立在上述三种不同数据模型基础上的数据库,分别称为关系数据库、层次数据库和网状数据库。

SNO	SNAME	DEPART	SEX	BDATE	HEIGHT
A041	周光明	自动控制	男	1993.8.10	1.7
C005	张 雷	计算机	男	1994.6.30	1.75
C008	王 宇	计算机	女	1993.8.20	1.62
M038	李霞霞	应用数学	女	1995.10.20	1.65
R098	钱 欣	管理工程	男	1193.5.16	1.8

(a) 关系模型

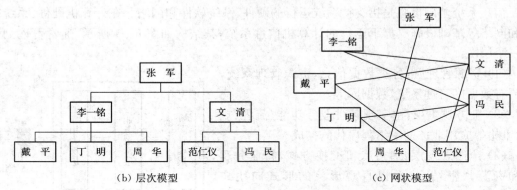

(b) 层次模型　　　　　　　　　　(c) 网状模型

图6-2　三种数据模型举例

3. 关系数据库

上面说过,采用关系模型的数据库就是关系数据(relational database),采用二维表结构来表示各类实体及其间的联系,二维表由行和列组成。一个关系数据由许多张二维表组成。例如,大学教务信息管理系统的数据库中,就存放着与教务管理相关的大量数据,其中用于反映关于学生选课和成绩管理的有三张二维表(图6-3),分别是学生登记表(数据项有学号、姓名、系别、性别、出生日期、身高),学生选课成绩表(数据有学号、课程号、成绩)和课程开设表(数据项有课程号、课程名、学时、开课学期)。

SNO	SNAME	DEPART	SEX	BDATE	HEIGHT
A041	周光明	自动控制	男	1990.8.10	1.7
C005	张 雷	计算机	男	1991.6.30	1.75
C008	王 宁	计算机	女	1990.8.20	1.62
M038	李霞霞	应用数学	女	1992.10.20	1.65
R098	钱 欣	管理工程	男	1990.5.16	1.8

学生登记表(S)

SNO	CNO	GRADE
A041	CC112	92
A041	ME234	92.5
A041	MS211	90
C005	CC112	84.5
C005	CS202	82
M038	ME234	85
R098	CS202	75
R098	MS211	70.5

学生选课成绩表(SC)

CNO	CNAME	LHOUR	SEMESTER
CC112	软件工程	60	春
CS202	数据库	45	秋
EE103	控制工程	60	春
ME234	数学分析	40	秋
MS211	人工智能	60	秋

课程开设表(C)

图 6-3 教务管理数据库中的三张表

仔细分析一下上面的学生登记表,表中的每一行是一个记录;表中的每一列是一个属性。对应6个属性(学号、姓名、系别、性别、出生日期、身高)。属性有一定的取值范围,称为域,如上表中性别的域是(男、女),系别的值域是个学校所有系名的集合。上表中每个学生的学号都不相同,它可以唯一确定学生。特别需要指出的是,这三张表不是相互孤立的。学生登记表中的SNO(学号),对应学生选课成绩表中的学号;学生选课成绩表中的CNO(课程号),对应课程开设表中的课程号,从而可见这三张表之间有着密切的关联。数据库管理系统可以对二维表进行各种处理和操作,例如并、交、差、选择、投影、连接等。有关内容在下一节再作介绍。

4. 数据库管理系统

资源管理层中与数据库紧密相关的另一个部分是数据库管理系统(data base management system,DBMS),它是一种操纵和管理数据库的大型系统软件,其任务是统一管理和控制整个数据库的建立、运行和维护,使用户能方便地定义数据和操纵数据,并保证数据的安全性、完整性、多用户对数据的并发使用及发生故障后的数据库恢复。用户可以通过 DBMS 访问数据库中的数据,数据库管理员也通过 DBMS 进行数据库的维护工作。DBMS 提供多种功能,可使多个应用程序和用户用不同的方法在相同或不同时刻去建立、修改和查询数据库。通常,数据库管理系统具有以下几个方面的功能:

(1)定义数据库的结构,组织与存取数据库中的数据。

(2)提供交互式的查询。

(3)管理数据库事务运行。

(4)为维护数据库提供工具,等等。

现在流行使用的数据库管理系统有多种。具有代表性的有：美国甲骨文公司的 ORACLE，IBM 公司的 DB2，微软公司的 Microsoft SQL Server、Access 和 VFP，以及自由软件 MySQL 和 POSTGRES 等。

6.1.3 信息系统中的数据库访问

所谓"数据库访问"，就是用户（最终用户和程序开发人员）根据使用要求对存储在数据库中的数据进行操作，上面说过，数据库的所有操作都是通过数据库管理系统 DBMS 进行的。为了方便用户进行数据库访问，DBMS 一般都配置有结构化数据库查询语言（structured query language，SQL），供用户使用。SQL 是一种比较接近英语的语言，它具有定义、操纵和控制数据库中数据的能力。详见 6.2 的介绍。

目前计算机信息系统中数据库访问通常采用客户/服务器（C/S）模式或浏览器/服务器（B/S）模式，或者是将两种技术相结合的混合模式。

1. C/S 模式数据库访问

如图 6-4 所示，在这种 C/S 模式中，客户机直接面向用户，应用表现层和业务逻辑层（应用程序）均位于客户机中。用户使用数据库系统时，客户机在屏幕上显示查询表单，接收用户的查询任务，然后执行相应的应用程序。数据库服务器把查询得到的结果返回给客户机。客户机应用程序再按所要求的表格格式展现结果。

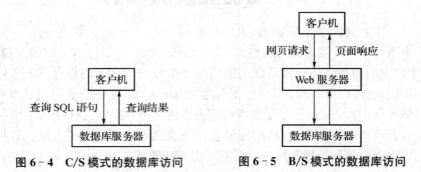

图 6-4　C/S 模式的数据库访问　　　图 6-5　B/S 模式的数据库访问

2. B/S 模式的数据库访问

如图 6-5 所示。不难看出，这种"B/S 三层模式"实质上是中间增加了 Web 服务器的 CS 模式。其第一层是客户层，客户机上配置有浏览器，它起着应用表现层的作用。中间层是业务逻辑层，其中的 Web 服务器专门为浏览器做"收发工作"和本地静态数据（包括网页、文件系统）的查询，而动态数据则由应用服务器运行动态网页所包括的应用程序而生成，再由 Web 服务器返回给浏览器。B/S 模式的第三层是数据库服务器层，它专门接收使用 SQL 语言描述的查询请求，访问数据库并将查询结果（结果二维表）返回给中间层。ODBC/JDBC 是中间层与数据库服务器层的标准接口（也称为应用程序接口 APD），通过这个接口，不仅可以向数据库服务器提出访问要求，而且还可以互相对话，它可以连接一个数据库服务器，也可以连接多个不同的数据库服务器。

6.2 关系数据库

6.2.1 关系数据模型的二维表结构

1. 关系数据模型的二维表结构

以二维表格形式组织数据的方法称为关系模型,建立在关系模型基础上的数据库称为关系数据库。关系数据库采用二维表结构来表示各类实体及其间的联系,二维表由行和列组成。一个关系数据库由许多张二维表组成。表中的每一行是一个记录;表中的每一列是一个属性。属性有一定的取值范围,称为域,如性别的域是(男、女)。表与表之间不是孤立存在的。例如:学生登记表中的学号对应学生选课成绩表中的学号,学生选课成绩表中的课程号对应课程开设表中的课程号。这种用关系数据模型对一个具体单位中客观对象结构描述,称为关系数据模式:

$$R(A_1, A_2, \cdots, A_i, \cdots, A_n)$$

R 为关系模式名,即二维表名。$A_i(1 \leqslant i \leqslant n)$ 是属性名。

主键:用它来唯一区分二维表中不同的元组。在关系模式中用下划线标注出的属性就是该模式的主键,如 S(SNO,SNAME,DEPART,SEX,BDATE,HEIGHT)。

2. 关系数据模型的完整性

关系模式用 $R(A_1, A_2, \cdots A_i, \cdots, A_n)$ 表示,仅仅说明关系结构的语法,但并不是每个符合语法的元组都能成为 R 的元组,数据的语义不但会限制属性的值,而且还会制约属性间的关系。数据库系统用这种制约来保证数据的正确性,并称其为关系数据模型的完整性。

6.2.2 二维表的基本操作

1. 选择操作

选择操作是一元操作。它应用于一个关系并产生另一个新关系。新关系中的元组(行)是原关系中元组的子集。选择操作根据要求从原先关系中选择部分元组。结果关系中的属性(列)与原关系相同(保持不变)。如图 6-6 所示。

SNO	SNAME	DEPART	SEX	BDATE	HEIGHT
A041	周光明	自动控制	男	1990.8.10	1.7
C005	张 雷	计算机	男	1991.6.30	1.75
C008	王 宁	计算机	女	1990.8.20	1.62
M038	李霞霞	应用数学	女	1992.10.20	1.65
R098	钱 欣	管理工程	男	1990.5.16	1.8

选择

SNO	SNAME	DEPART	SEX	BDATE	HEIGHT
A041	周光明	自动控制	男	1990.8.10	1.7
C005	张 雷	计算机	男	1991.6.30	1.75
R098	钱 欣	管理工程	男	1990.5.16	1.8

图 6-6 选择操作

2. 投影操作

作为一元操作的投影操作,它作用于一个关系并产生另一个新关系。新关系中的属性(列)是原关系中属性的子集。在一般情况下,其元组(行)的数量与原关系保持不变。如图 6-7 所示。

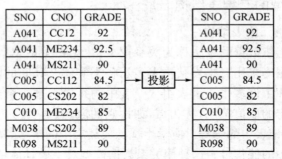

图 6-7 投影操作

3. 连接操作

是一个二元操作。它基于共有属性把两个关系组合起来。连接操作比较复杂并有较多的变化。如图 6-8 所示。

SNO	SNAME	DEPART	SEX	BDATE	HEIGHT
A041	周光明	自动控制	男	1990.8.10	1.7
C005	张 雷	计算机	男	1991.6.30	1.75
C008	王 宁	计算机	女	1990.8.20	1.62
M038	李霞霞	应用数学	女	1992.10.20	1.65
R098	钱 欣	管理工程	男	1990.5.16	1.8

连接

SNO	CNO	GRADE
A041	CC112	92
A041	ME234	92.5
A041	MS211	90
C005	CC112	84.4
C005	CS202	82
M038	ME234	85
R098	CS202	75
R098	MS211	70.5

SNO	SNAME	DEPART	SEX	BDATE	HEIGHT	CNO	GRADE
A041	周光明	自动控制	男	1990.8.10	1.7	CC112	92
A041	周光明	自动控制	男	1990.8.10	1.7	ME234	92.5
A041	周光明	自动控制	男	1990.8.10	1.7	MS211	90
C005	张 雷	计算机	男	1991.6.30	1.75	CC112	84.4
C005	张 雷	计算机	男	1991.6.30	1.75	CS202	82
M038	李霞霞	应用数学	女	1992.10.20	1.65	ME234	85
R098	钱 欣	管理工程	男	1990.5.16	1.8	CS202	75
R098	钱 欣	管理工程	男	1990.5.16	1.8	MS211	70.5

图 6-8 连接操作

6.2.3 关系数据库语言 SQL

关系数据库管理系统一般都配置相应的语言,用户用以对数据库中的二维表进行各式各样的操作,这种语言称为数据库语言。数据库语言有多种,应用最广泛的首推 SQL。它使用方便,简单易学,一些主流 DBMS 产品都实现了 SQL 语言。SQL 语言包括了所有对数据库的操作,其中数据库库查询是数据库的核心操作。

1. SQL 的数据查询

SELECT 语句的基本形式为：

SELECT　A_1，A_2，$\cdots A_n$　（指出查询结果表的列名，相当于投影操作）

FROM　R_1，R_2，$\cdots R_m$　（指出基本表或视图，相当于连接操作）

［WHERE F］　　　（可省略，F 为条件表达式，相当于选择操作的条件）

2. SQL 的视图

视图是 DBMS 所提供的一种由用户模式观察数据库中数据的重要机制，视图可由基本表或其他视图导出。它与基本表不同，视图只是一个虚表，在数据库中不作为一个实际表存储数据。SQL 语言用 CREATE VIEW 语句建立视图，其一般格式为：

CREATEVIEW＜视图名＞

自　测　题　6

1. 关系数据库模式 R（A_1，A_2，$\cdots A_i \cdots$，A_n）中的 R 表示_____，A_i 表示_____。

2. 在关系数据库 SQL 数据查询 SELECT 语句中，FROM 子句对应于_____操作，WHERE 子句对应于_____操作。

3. 数据库是按一定数据模式组织并长期存放在内存中的一组可共享数据的集合。

4. 从用户角度看，关系数据模型中的数据结构就是二维表。

5. 关系数据模型和关系模式在概念上是一致的，没有区别。

6. 信息系统中 B/S 模式的三层结构是指_____。

A. 应用层，传输层，网络互联层

B. 应用程序层，支持系统层，数据库层

C. 浏览器层，Web 服务器层，数据库服务器层

D. 客户机层，HTTP 网络层，网页层

7. 目前在数据库系统中普遍采用的数据模型是_____。

A. 关系模型　　　　　　　　　　B. 层次模型

C. 网络模型　　　　　　　　　　D. OO 模型

8. 在关系模式中，对应关系的主键必须是_____。

A. 第一个属性或属性组　　　　　B. 不能为空值的一组属性

C. 能唯一确定元组的一组属性　　D. 具有整数值的属性组

9. 二维表 R 中有 18 个元组，按一定条件对其进行"选择"操作，得到的结果为二维表 S。S 中的元组个数为_____。

A. 18　　　　　　　　　　　　　B. 小于等于 18

C. 任意　　　　　　　　　　　　D. 大于等于 18

10. SQL 语言提供了 SELECT 语句进行数据库查询，其查询结果总是一个_____。

A. 属性　　　　　B. 关系　　　　　C. 记录　　　　　D. 元组

<h1 style="text-align:center">延 展 阅 读</h1>

一、云计算

1. "云计算"说法的由来

一般而言,企业建立 IT 系统需要拥有一套设备(硬/软件)和专门的维护人员,当其需求变化时还要不断对设备进行升级。而这些设备仅仅是一种为完成任务、提高效率的工具而已。对个人来说,在电脑上安装的一些收费软件,如果不经常使用,那也是非常不划算的。那么,为了节省购买资金,对于所需计算机资源有没有更合理的配置和使用方式呢? 能不能采用"租用"硬/软件的方式获得服务呢? 正如人们每天都要用电,但不是每家自备发电机,它是由电厂发电通过电网提供的;人们每天都要用水,也不是每家自备水井,它是由自来水厂通过管道提供的。电和水的使用模式极大地降低了用户的使用成本,也方便了人们的生活。

著名的美国计算机科学家约翰·麦卡锡(John McCarthy)在半个世纪前就曾思考过这个问题。1961 年的一次演讲中,他提出了要像使用电和水资源那样使用计算资源的想法。随着互联网等技术的发展,2006 年 Google 首先提出"云计算"的应用模式,即由一些大的专业网络公司搭建它的"云"(计算机存储、运算中心),用户借助浏览器通过互联网来使用"云"所提供的资源和服务。随后其他一些 IT 巨头如亚马逊(Amazon)、IBM 等都纷纷宣布了自己的"云计划"。一时有关"云"的术语(诸如公共云、私有云、云安全、云存储、内部云、外部云,等等)"风起云涌",那么到底什么是云计算呢?

2. 什么是云计算

关于云计算(cloud computing)的表示和定义有许多说法,这里从"资源"和"服务"的角度来说明它的含义。其实"云"是对网络的一种比喻。因为过去在教科书和论文中往往用云来表示电信网,后来沿用作互联网和底层基础设施的示意。而在云计算中,它表示"计算"的实现场所。作为一种泛指,用它来涵盖互联网后端复杂的计算结构和所能提供的相关计算机资源。具体地说,"云"就是相应的计算机群(每一群包括数量众多的计算机),以及由它组成能够提供硬件、平台、软件等资源的计算机网络。通过统筹调用,对使用者提供所需的服务。目前,互联网上著名的"云"主要有亚马逊云、微软云、阿里云、BM 云、谷歌云和雅虎云等。

3. 云计算的服务

云计算是整合计算资源,并以"即方式"(像电和水一样,实施度量付费)来提供服务的。从服务的内容看,它分别提供 IaaS、PaaS 和 SaaS 三类服务(图 6 - 9)。

(1) 基础设施即服务(infrastructure as a service,IaaS)。是指将硬件资源(服

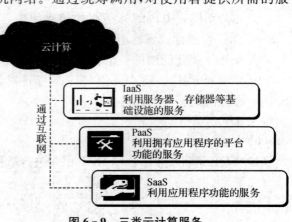

图 6 - 9　三类云计算服务

务器、存储、网络和计算能力等)打包成服务,通过互联网提供给用户使用,并且根据用户对资源的实际使用量或占用量进行计费。相对于用户自行构建企业计算中心(或网站)而言,这种服务使得用户不需要配置价格昂贵的计算机设备,还可以"量身定做",按照需求随时增减资源的使用量,效果等同于自己更换服务器,而且没有硬/软件维护的开销,大大地节约了计算的运行成本。必须指出,IaaS 中提供给用户的服务器,不是真正意义上的物理服务器,而是虚拟服务器(或称虚拟机)。目前,IaaS 的代表性产品有 Amazon EC2、IBM Blue Cloud、Cisco UCS 等。

(2) 平台即服务(platform as a service,PaaS)。是把计算环境、开发环境等平台作为一种服务提供的应用模式。云计算服务提供商可以将数据库、中间件及开发工具等平台级产品通过 Web 以服务的方式提供给用户。通过 PaaS 服务,软件开发人员可以在不购买和安装开发平台及工具软件的情况下开发新的应用程序。微软的云计算操作系统 Windows Azure 是 Paas 服务的典型代表,它能够向程序员提供相关工具,用以开发移动应用软件、社交应用软件、网站和游戏等方面的软件。例如,可以使用 Windows Azure 构建一个在微软数据中心运行并存储其数据的 Web 应用程序,也可以使用 Windows Azure 创建一个虚拟机用于开发和测试应用程序,等等。

(3) 软件即服务(software as a service,SaaS)。是目前得到广泛应用的一种云计算。指将应用软件统一部署在提供商的服务器上,通过互联网为用户提供应用软件服务。这种方式可以使用户端真正做到"零安装、零维护"。例如,iCloud 是苹果公司所提供的云服务,它可以帮助用户存储音乐、照片、应用程序、联系人和日历等数据(每个用户有 5GB 的免费存储空间),并自动将它们无线推送到用户的其他 iOS 设备上。如用户在 iPhone 手机上建立或者修改的备忘录,或者所拍摄的照片,把它们存储在"云"端后,该用户的 iPad 平板电脑和 Mac 笔记本中的备忘录及照片集均会通过网络自动进行更新,这就为用户提供了很多方便。

不难看出,以上三类"即方式"的云计算服务,将使用户的使用观念从"购买产品"转变到"购买服务",用户直接面对的不再是复杂的硬件和软件,而是最终服务。

二、大数据简介

1. 大数据的含义和特征

大数据并不是一个新词,相关专家早在 20 世纪 90 年代就经常提到"big data"了。当前,人们之所以更加重视大数据,要归结于近年来互联网、云计算、移动互联网和物联网的迅猛发展。无所不在的移动设备、RFID、无线传感器每分每秒都在产生数据,数以亿计的互联网用户相互间的交互也在不断地生成新的数据。要处理这样规模大、增长快且实时性、有效性具有更高要求的"大数据",传统的常规技术和手段已经无法应付了。必须注意,这里说的大数据不仅仅指数据量之大。它还指:

(1) 更大的容量(volume)。如随着物联网的广泛应用,信息感知无处不在,其计量单位至少是 PB(1 000 个 TB)、EB(100 万个 TB)或 ZB(1 亿个 TB)。

(2) 数据的多样性(variety)。相对于以往便于存储的关系类结构化数据而言,包括网络日志、音频、视频、图片、地理位置等的非结构化数据越来越多。这些多样性的数据对其存储、管理和分析能力提出了新的要求。

(3) 数据的处理速度(velocity)。主要是指有效处理大数据需要在数据变化过程中及时进行分析处理,而不是在它静止后进行分析。因而传统的技术架构和方法,已经很难高效处理如此海量的数据了。

2. 云计算与大数据的关系

云计算和大数据都是信息技术发展中出现的新理念和计算形态,两者有不少相似之处,它们是为数据存储和管理服务的,都需要占用大量的存储和计算资源,而大数据的海量数据的存储、管理和并行处理技术也都是云计算的关键技术。

然而,从应用需求的角度看,云计算和大数据是有区别的。前者体现在资源的服务模式方面,主要指资源动态分配和按需付费的商业模式,就像计算机和操作系统,它将大量的硬件资源虚拟化之后再进行分配使用。后者相当于海量数据的"数据库",面向业务问题解决并关注数据架构,其需求主要集中在分析和决策应用方面。

不难发现云计算与大数据技术的发展密切相关,它们均需要构建一种新的计算架构,使用并行处理技术,用以解决海量"非结构"数据的存储、管理和分析。于是,具有可扩展能力的分布式存储成为其数据的主流架构方式。在具体应用方面,两者实际上是工具和应用的关系。即云计算为大数据提供了有力的工具,而大数据也为云计算大规模与分布式的计算能力提供了应用空间。可以说,大数据技术是云计算技术的延伸。

综上所述,云计算与大数据相结合,两者相得益彰,都能发挥其最大优势。这样,云计算能为大数据分析提供强大的基础设施和计算资源(包括计算能力、存储能力、交互能力等),以其动态和可伸缩的计算能力使得大数据分析挖掘成为可能;而来自大数据的决策性的业务需求则为云计算服务找到了更好的实际应用。

第二部分　实训指导

项目一

基本操作

项目描述

　　随着计算机和智能设备的普及,电子文件越来越多,管理文件、文件夹是十分常见的操作。本项目将介绍在 Windows 操作系统中对文件和文件夹进行新建、移动、复制、重命名及删除等操作。

1.1　Windows 系统的文件管理

任务内容

　　在存放文件的同时,还需要对相关的文件进行新建、移动、复制、重命名、删除、搜索和设置文件属性等操作。具体要求如下。

　　(1)在 D 盘根目录下新建"学习资料"文件夹和"新学期新计划.txt""班级名单.xlsx"两个文件,再在新建的"学习资料"文件夹中创建"文档"和"表格"两个子文件夹。

　　(2)将前面新建的"新学期新计划.txt"文件移动到"文档"子文件夹中,根据自己实际情况录入自己学习计划,100 字以内。

　　(3)将前面新建的"班级名单.xlsx"文件复制到"表格"子文件夹中,修改文件名为"具体班级名单.xlsx"。

　　(4)删除 D 盘根目录下的"班级名单.xlsx"文件,然后通过回收站查看并还原。

　　(5)将"新学期新计划.txt"文件的属性修改为只读。

任务知识

1.1.1　认识文件和文件夹

　　管理文件的过程中,会涉及以下几个相关概念。

1. 硬盘分区与盘符

硬盘分区实质上是对硬盘的种格式化,是指将硬盘划分为几个独立的区域,这样可以更加方便地存储和管理数据。格式化可以将硬盘分区划分成可以用来存储数据的单位,一般在安装系统时才会对硬盘进行分区。盘符是 Windows 系统对于磁盘存储设备的标识符,一般使用 26 个英文字符加上一个冒号":"来标识,如"本地盘(C:)",其中"C"就是该盘的盘符。

2. 文件

文件是指保存在计算机中的各种信息和数据,计算机中文件的类型有很多,如文档表格、图片、音乐和应用程序等。在默认情况下,文件在计算机中以图标形式显示,由文件图标、文件名称和文件扩展名三部分组成。

3. 文件夹

文件夹用于保存和管理计算机中的文件,其本身没有任何内容,但可放置多个文件和子文件夹,让用户能够快速地找到需要的文件。文件夹一般由文件夹图标和文件夹名称两部分组成。

4. 文件路径

用户在对文件进行操作时,除了要知道文件名外,还需要知道文件所在的盘符和文件夹,即文件在计算机中的位置,称为文件路径。文件路径包括相对路径和绝对路径两种。其中,相对路径以"."(表示当前文件夹)、".."(表示上级文件夹)或文件夹名称(表示当前文件夹中的子文件名)开头;绝对路径是指文件或目录在硬盘上存放的绝对位置,如"D:\图片\标志.jpg"表示"标志.jpg"文件是在 D 盘的"图片"文件夹中。在 Windows 10 操作系统中单击地址栏的空白处,可查看已打开的文件夹的文件路径。

5. 资源管理器

资源管理器是指"此电脑"窗口左侧的导航窗格,它将计算机资源分为收藏夹、库、家庭组、计算机和网络等类别,可以方便用户更好、更快地组织、管理及应用资源。打开资源管理器的方法为双击桌面上的"此电脑"图标或单击任务栏上的"文件资源管理器"按钮。在打开的对话框中单击导航窗格中各类别图标左侧的 图标,依次按层级展开文件夹,选择需要的文件夹后,右侧窗口中将显示相应的文件夹中的内容。

1.1.2 文件和文件夹的基本操作

文件和文件夹的基本操作包括新建、移动、复制、删除和查找等,下面结合前面的任务目标进行讲解。

1. 新建文件夹或文件

根据任务要求,新建文件夹及文件。新建文件是根据计算机中已安装的程序类别,新建一个相应类型的空白文件,新建后可以双击打开并编辑文件内容。如果需要将一些文件分类整理在一个文件夹中以便日后管理,此时就需要新建文件夹。

(1)双击桌面上的"此电脑"图标 ,打开计算机窗口,双击 D 盘图标,打开窗口,标题栏下方显示工具菜单,如图 1-1-1 所示。

图 1-1-1　工具菜单

（2）选择"主页"-"新建"组中单击"新建项目"旁的小三角按钮，出现下拉菜单，如图 1-1-2 所示。根据任务要求，新建一级目录"学习资料"，二级目录"文档""表格"；在根目录下新建"新学期新计划.txt""班级名单.xlsx"。另外，也可在窗口空白处单击鼠标右键，在弹出的快捷菜单中选择需新建文件夹或文件，如图 1-1-3 所示。

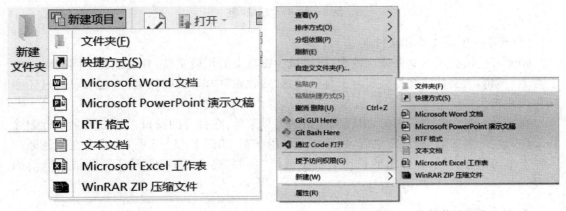

图 1-1-2　"新建项目"按钮

图 1-1-3　快捷菜单新建

（3）系统将根据要求在选择目录中出现文件夹或文件，且文件名呈可编辑状态，录入名字，此处需注意显示文件类型的后缀名不能随意更改，然后单击空白处或按 Enter 键，新建的文件夹或文件即按要求生成。

2. 复制、移动、重命名、删除文件和文件夹

1）复制、移动、重命名文件和文件夹

根据任务要求 2 和 3，对文件进行各种复制、移动等操作。其中移动文件是将文件或文件夹移动到另外一个文件夹中以便管理，复制文件相当于为文件做一个备份，即原文件夹下的文件或文件夹仍然存在，重命名文件即为文件更换一个新的名称。

在 D 盘根目录下，左键单击选定"新学期新计划.txt"文件，工具菜单中"主页"-"组织"组中移动、复制、删除、重命名各个按钮呈可用状态，如图 1-1-4 所示。根据要求，进行相关操作。或选定文件夹或文件通过右键单击出现的快捷菜单进行相关操作。

提示

① 选择全部文件夹或文件，通过快捷键 Ctrl＋A 或在空白处拖动选取所有内容；选择多个连续文件夹或文件，可按住 Shift 键；选择多个不连续文件夹或文件，可按住 Ctrl 键。

② 将选择的文件或文件夹拖动到同一磁盘分区下的其他文件夹中或拖动到左侧导航

窗格中的某个文件夹选项上，可以移动文件或文件夹，在拖动过程中按住 Ctrl 键不放，则可实现复制文件或文件夹的操作。

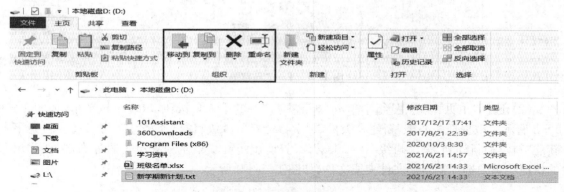

图 1-1-4 "组织"组

2）删除并还原文件和文件夹

删除一些没有用的文件或文件夹，可以减少磁盘上的垃圾文件，释放磁盘空间同时也便于管理。删除的文件或文件夹实际上是移动到"回收站"中，若误删除文件，还可以通过还原操作找回来。

在桌面双击"回收站"图标，出现回收站的工具菜单，在打开的窗口中将查看到最近删除的文件和文件夹等对象，选定之后，还原项呈可用状态，如图 1-1-5 所示，或者在要还原的文件上单击鼠标右键，在弹出的快捷菜单中选择"还原"命令，即可将其还原到被删除前的位置。

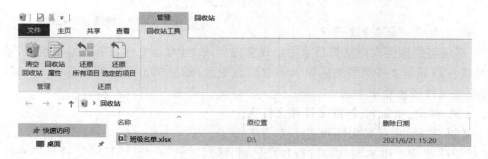

图 1-1-5 回收站

选择文件后，按 Shift+Delete 组合键将不通过回收站，直接将文件从计算机中删除。此外，放入回收站中的文件仍然会占用磁盘空间，在"回收站"窗口中单击工具栏中的"清空回收站"按钮才能彻底删除。

3. 搜索文件或文件夹

如果用户不知道文件或文件夹在磁盘中的位置，可以使用 Windows 的搜索功能来查找。搜索时如果不记得文件的名称，可以使用模糊搜索功能，其方法是：用通配符"＊"来代替任意数量的任意字符，使用"？"来代表某一位置上的任意字母或数字。

1.1.3 设置文件和文件夹属性

文件属性主要包括隐藏属性、只读属性和归档属性三种。用户在查看磁盘文件的名称时系统一般不会会显示具有隐藏属性的文件名,具有隐藏属性的文件不能被删除、复制和更名,以起到保护作用;对于具有只读属性的文件,可以查看和复制,不会影响它的正常使用,但不能修改和删除文件,以避免意外删除和修改;文件被创建之后,系统会自动将其设置成归档属性,即可以随时进行查看、编辑和保存。

根据任务要求将"新学期新计划.txt"文件的属性修改为只读。

（1）左键选定"新学期新计划.txt"文件,在工具中"主页"-"打开"组中单击"属性",或右键单击"新学期新计划.txt"文件,在弹出的快捷菜单中选择"属性"命令,打开文件对应的"属性"对话框,如图1-1-6所示。

（2）在"常规"选项卡下的"属性"栏中单击选中"只读"复选框。

（3）单击 应用(A) 按钮,再单击 确定 ,完成文件属性的设置。

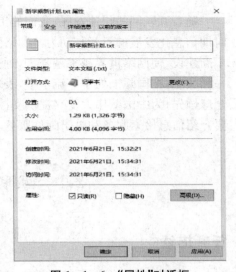

图1-1-6 "属性"对话框

1.1.4 快速访问列表

Windows 操作系统随着不断演变,目前版本已提供了一种新的便于用户快速访问常用文件夹的方式,即快速访问列表,用户可将频繁使用的文件夹固定到"快速访问"列表中,以便于快速找到并使用,主要可通过以下4种方法来实现。

（1）通过"固定到快速访问"按钮实现。打开需要添加到快速访问列表的文件夹,在"主页"-"剪贴板"组中单击"固定到快速访问"按钮即可。

（2）通过快捷命令实现。打开要固定到快速访问的列表文件夹,在导航窗格上的"快速访问"栏上单击鼠标右键,在弹出的快捷菜单中选择"将当前文件夹固定到快速访问"命令。

（3）通过文件夹快捷命令实现。在要固定到快速访问列表的文件夹上单击鼠标右键,在弹出的快捷菜单中选择"固定到快速访问"命令。

（4）通过导航窗格实现。在导航窗格中找到要固定到快速访问列表的文件夹,在其上单击鼠标右键,在弹出的快捷菜单中选择"固定到快速访问"命令。

项目二

互联网的应用

项目描述

随着互联网的快速发展,我们的工作、学习和生活方式也随之改变。"网络强国"成为新时期信息化发展的目标与动力。网络强国具有两层含义,一是网络强国成为国家战略,通过不断建设,使网络世界越来越强大,通过网络促进其他领域越来越强大;二是网络强国作为一种状态,在国际上处于一流水平,表现为技术强大、产业强大、安全强大、治理强大,保障在全球领先,为中国梦伟大复兴提供支撑。对于互联网的服务应该得到普及与应用,本项目主要介绍信息检索服务和电子邮件服务。

2.1 互联网的信息检索服务

任务描述

互联网就像一个信息的海洋,一旦上网,面对浩如烟海的信息资源,往往有一种无从下手的感觉。所以,我们需要学会如何去搜索、浏览信息,并把这些信息下载保存下来,以便于日常的工作和学习。

任务目标

(1) 学会使用 IE 浏览器浏览网络信息;
(2) 了解常用的搜索引擎;
(3) 学会使用这些搜索引擎搜索、下载并保存自己想要的资料。

任务知识

2.1.1 了解浏览器

浏览与信息检索

打开 Internet Explorer(简称 IE)浏览器后进入默认主页选项卡,或在地址栏里面输入所需网址。随着微软操作系统的不断升级,浏览器也在升级,目前自带浏览器为 Microsoft Edge,在地址栏输入"www.baidu.com",出现如图 2-1-1 所示界面,在该窗口罗列了一些最常用的功能，分别为"查看历史""收藏夹"和"设置及其他"等按钮。

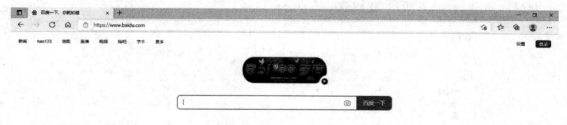

图 2-1-1　百度首页

选择设置 ⚙ 按钮，打开后如图 2-1-2 所示，根据自己需求设置各选项。

图 2-1-2　设置各选项

2.1.2　下载和保存网页

　　网页，通常是 HTML 格式（文件扩展名为".html"".htm"".asp"".aspx"".php"".jsp"等）。网页由文字、图形、背景等组成，有的可能还包括动画和声音。

　　由于浏览器的不同，保存网页的操作方式也不尽相同，其中通过在"网页"上右键单击出现快捷菜单的方式能避免寻找各种浏览器的"设置"按钮所带来的不便，当出现快捷菜单，"网页另存为"即出现，如图 2-1-3 所示，在"网页另存为"对话框中，我们可以

图 2-1-3　网页另存为

选择保存网页的位置、文件名及保存类型，如图 2－1－4 所示。在保存类型中，有四个选项可以选择，如图 2－1－5 所示，我们根据需要进行选择。

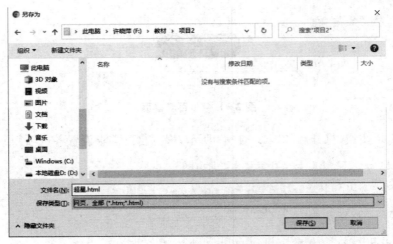

图 2－1－4　路径、名字、类型设置

图 2－1－5　文件类型

（1）网页，全部(.htm,.html)：选择此项，会保存当前网页中所有内容，包括文字、图片、Flash 等等。在你选择的保存位置下会生成一个网页文件和一个与网页文件同名的文件夹，这个文件夹中保存的是当前网页的图片、Flash 等等；

（2）网页（单一文件）(.mhtml)：选择此项，会把网页中所有内容存为一个以 mhtml 为后缀的文件，其中包括了网页中的文字、图片、Flash 等等所有东西，不会生成一个文件夹；

（3）网页，仅 HTML：选择此项，会生成一个 html 网页文件，其中只有当前网页的文字部分，没有图片、Flash 等其他东西。

2.1.3　下载和保存图片

如果需要保存网页中的图片，可将鼠标移至要保存的图片上，单击右键，选择"图片另存为"功能，将图片保存到指定的磁盘上，如图 2－1－6 所示。

2.1.4　网页中部分文档的保存

如果要保存网页中的部分文字内容，可以直接使用复制粘贴的方法来完成，首先选中需要保存的文字，然后复

图 2－1－6　图片另存为

制到文本文件或者是记事本中都可以，如果粘贴到 Word 文档，可以用"选择性粘贴"来保存

文字内容,如果直接粘贴的话,网页中的表格等格式也会保留下来。

2.2 互联网的电子邮件服务

任务描述

在互联网中,电子邮件始终是使用最为广泛也最受重视的一项功能。由于电子邮件的出现,人与人的交流更加方便,更加普遍了。电子邮件还可以准确记录事项进程、讨论内容等,所以我们应该了解电子邮件,如何注册邮箱,如何新建、收发电子邮件等。

任务目标

(1) 学会使用电子邮箱收发邮件;
(2) 会使用 Outlook 处理邮件。

任务知识

1.2.1 使用 QQ 电子邮件

1. 登录电子邮箱

打开浏览器,在地址栏输入"www.qq.com",进入腾讯网主页,如图 2-2-1 所示,单击右侧邮箱图标☑,进入邮箱登录页面,可通过微信或 QQ 扫码或 QQ 账号登录邮箱,如图 2-2-2 所示。进入电子邮箱后,主要进行写信、收信、通信录管理三方面的操作,如图 2-2-3 所示。

图 2-2-1 腾讯网主页

图 2-2-2 登录界面　　　　　　　　　　　　图 2-2-3 可进行操作

2. 写信

单击写信，出现如图 2-2-4 所示，邮件类型有普通邮件、群邮件、贺卡、明信片四种类型，邮件发送方式有发送、定时发送、存草稿三种方式，必须要填写的是"收件人地址"，也可同时给多个人发邮件，邮件地址间采用";"（英文方式的分号）隔开，"主题"不是必须填写项。邮件内容包括两种方式：正文、附件。正文可包含纯文本、图片等；附件的内容是文件，可通过添加附件，把本地或网盘中的文件进行上传，上传后显示如图 2-2-5 所示。

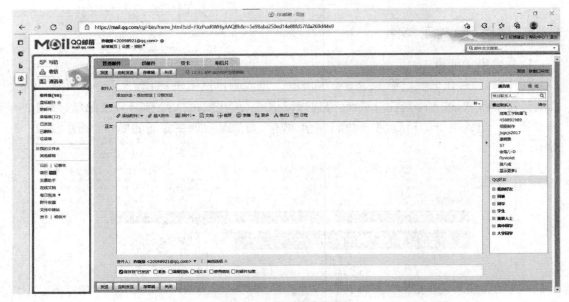

图 2-2-4 "写信"界面

2-2-5 附件上传后显示

3. 收信

如果要阅读收到的邮件,单击"收信"按钮,即可看到新邮件、邮件总数等,如图 2-2-6 所示,若想看哪个邮件,在邮件名称上单击即可,如图 2-2-7 所示,进入具体内容界面,可查看文本内容,附件内容可进行下载保存。

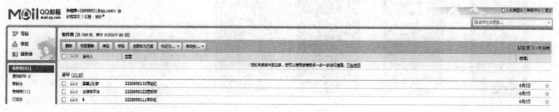

图 2-2-6 收件箱

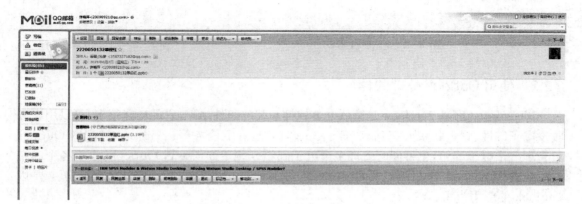

图 2-2-7 具体邮件内容显示

4. 通信录

目前,很多 App 都采用实名认证,或者通过手机号码认证,微信、QQ 也不例外,所以对通信录的管理在很多时候也能起到很大作用,可以进行文件夹分类管理,可以添加、删除联系人,还可以备份等,这些操作和手机通信录的操作相似,添加联系人,如图 2-2-8 所示。也可以通过手机同步联系人,如图 2-2-9 所示,另外,也可以通过"工具",进行通信录的导入导出,如图 2-2-10 所示。

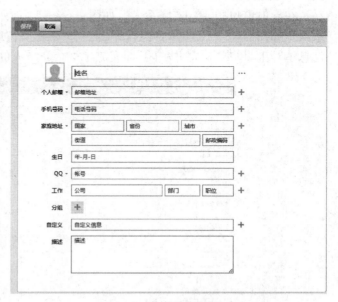

图 2-2-8 添加联系人

图 2-2-9　手机同步　　　　　　　　　　图 2-2-10　"工具"按钮

2.2.2　使用 Outlook 处理邮件

Microsoft Office Outlook 是微软办公软件套装的组件之一，它的功能很多，可以用它来收发电子邮件、管理联系人信息、记日记、安排日程、分配任务等。另外，通过配置 Outlook 可管理一个电子邮箱，也可同时管理多个电子邮箱。关于如何配置 Outlook，由于各个邮箱的配置方式不同，在这儿不进行相关描述，可通过网络查询自行配置，这个任务主要以 Outlook 的应用为主。

1. 新建联系人

在导航窗口中，单击"联系人"，如图 2-2-11 所示。在弹出的对话框中，单击"新建联系人"，如图 2-2-12 所示，此时，弹出一个"联系人"对话框，如图 2-2-13 所示。把相应的信息填写上，单击"保存并关闭"即完成了一个联系人的添加。

图 2-2-11　导航窗口-联系人

134

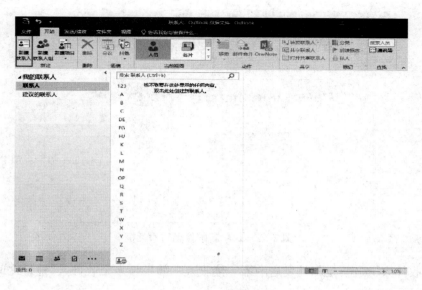

图 2-2-12　新建联系人

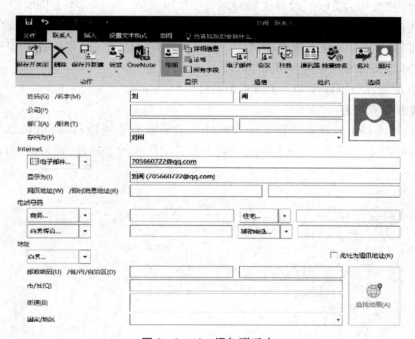

图 2-2-13　添加联系人

2. 新建邮件

单击导航窗口的"新建电子邮件"按钮,出现"未命名—邮件"对话框,如图 2-2-14 所示,输入"收件人"邮箱地址、"主题"、在信件内容中输入需要发送的文字内容,如果有附件需要添加,可以单击"附加文件"按钮。完成相关内容输入之后,单击"发送"按钮,即完成了一封邮件的发送。

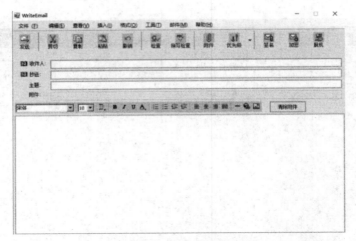

图2-2-14 新邮件填写对话框

（1）"收件人"按钮：是邮件发送的第一接收人。如果是多个收件人，地址之间要用分号隔开。

（2）"抄送"按钮：发送给"收件人"邮件的同时，再向另一个或多个人同时发送该邮件。

（3）"主题"：输入邮件内容的主题，若省略，系统会自行填写。

（4）"邮件内容区"：输入邮件的内容。除了文本的编辑外，还可以插入表格、信纸、图片、形状、艺术字等来丰富邮件的正文内容。

（5）"附加文件"：可以添加一个或多个附件。

3. 接收并查看邮件

在启动 Outlook 时，系统会自动接收邮件。如果需要重新接收邮件，可单击"发送/接收"按钮，如图2-2-15所示，就会在收件箱中看到刚接收的新邮件，双击该邮件，便可查看邮件内容。

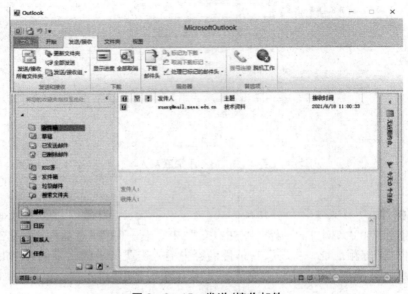

图2-2-15 发送/接收邮件

如果邮件当中有附件,可以单击附件,如图 2-2-16 所示,弹出"另存为"对话框,设置保存路径、保存文件名、保存类型,单击保存即可保存附件。

图 2-2-16　附件保存　　　　　　　图 2-2-17　"答复"界面

4. 答复、转发邮件

浏览邮件后,单击"开始"选项卡中的"答复"按钮回复发件人。打开邮件窗口,"收件人"和"主题"文本框中将根据该接收的邮件信息自动添加内容。用户只需要编辑邮件内容或附件,单击"发送"即可,如图 2-2-17 所示。

浏览邮件后,单击"开始"选项卡中的"转发"按钮,转发该邮件。"主题"和"邮件内容"文本框将根据接收的邮件信息自动添加。用户只需在"收件人"文本框中输入收件人地址,单击"发送"即可。

5. 删除邮件

邮箱需要定期清理,若长时间不清理,会占用计算机资源。对于这些操作按钮见图 2-2-11 的导航窗口即可。

删除邮件:进入收件箱后,选中所有不需要的邮件,单击"删除"按钮。注意:此时邮件都被移动到"已删除邮件"中,若要永久删除邮件,必须再次彻底删除。

清理邮件:可以清理对话,清理文件夹和子文件夹中的冗余邮件。

项目三

Word 2016 文档排版

项目描述

Microsoft Office Word 是微软公司推出的办公自动化 Microsoft Office 系列软件中的一个独立产品，是 Microsoft 公司开发的办公组件之一，利用它可以轻松、高效地编辑和处理文档。本项目中，我们将学习文档的编辑、排版、图文混排以及表格的使用。

3.1　公文排版

任务描述

本次任务通过对一篇文章"大中小学劳动教育指导纲要（试行）"的格式编排，让大家学习并掌握 Word 2016 对文章排版的相关内容。

任务目标

（1）了解 Word 2016 的界面组成；

（2）创建 Word 文档及保存；

（3）掌握文本编辑功能和字体、段落格式的设置；

（4）掌握套用样式的方法；

（5）掌握项目符号的设置和格式刷的使用；

（6）掌握水印的设置；

（7）掌握页眉、页脚、页码的设置；

（8）掌握目录和分隔符的使用方法。

任务知识

3.1.1　Word 2016 的界面

Word 2016 的界面如图 3-1-1 所示。

1. 菜单栏

菜单栏包括"文件""开始""插入""设计""布局""引用""邮件""审阅""视图"等菜单项，

每个菜单项是按照操作的类型进行分类的。例如"开始"菜单中包含了常用的字体、段落、样式等工具栏。

图 3-1-1 Word 界面

2. 工具栏

每个菜单项下都有相应的工具栏,如图 3-1-2 所示,其中包括该菜单下常用功能的工具按钮。在选项卡的右下角有图标 ,单击此图标可以打开对应的对话框。

图 3-1-2 菜单栏和工具栏

3. 编辑区

在 Word 界面的中间是编辑区域。在此区域可以进行文字、图片的输入、删除、修改等操作。在编辑区有一个闪烁的光标称为"插入点",表示文字输入的位置,可以通过键盘快速移动,Home 键使光标移至行首;End 键使光标移至行尾;Ctrl+Home 组合键使光标移至文档首部;Ctrl+End 组合键使光标移至文档尾部。

4. 状态栏

状态栏左侧如图 3-1-3 所示,标明了当前处于文档的第几页/共几页,当前文档的字数。特别注意"插入"按钮,此按钮单击以后

页面:1/1 | 字数:0 | 中文(中国) | 插入

图 3-1-3 状态栏左侧

会变成"改写"状态,此时文档输入的内容将会覆盖原有内容;再次单击此按钮后会变回"插入"状态。

5. 视图按钮

在状态栏的右侧或"视图"菜单的左侧,Word 2016 提供了用不同视图窗口对文档内容进行显示。其中包括页面视图、阅读版式视图、Web 版式视图、大纲视图、草稿视图,并显示

图 3-1-4 视图图标

视图比例,如图 3-1-4 所示。

(1)"页面视图"可以显示 Word 2016 文档的打印结果外观,主要包括页眉、页脚、图形对象、分栏设置、页面边距等元素,是最接近打印结果的视图,也是编辑文档时最常使用的视图。

(2)"阅读版式视图"以图书的分栏样式显示 Word 2016 文档,"文件"按钮、功能区等窗口元素被隐藏起来。在阅读版式视图中,用户还可以单击"工具"按钮选择各种阅读工具。

(3)"Web 版式视图"以网页的形式显示 Word 2016 文档,Web 版式视图适用于发送电子邮件和创建网页。

(4)"大纲视图"主要用于设置 Word 2016 文档的设置和显示标题的大纲级别,并可以方便地折叠和展开各种层级的文档。大纲视图广泛用于 Word 2016 长文档的快速浏览和设置中。

(5)"草稿视图"取消了页面边距、分栏、页眉页脚和图片等元素,仅显示标题和正文,是最节省计算机系统硬件资源的视图方式。在这个视图下,可以看到和编辑分隔符。

3.1.2 文档的创建、存储

1. 创建一个 Word 文档

当启动 Word 2016 时,就已经打开了一个文档,也可以重新建一个文档。

执行菜单"文件"—"新建"命令,窗口出现如图 3-1-5 所示的界面,在任务窗格中选择"空白文档",单击右侧创建按钮即可新建出一个空白 Word 文档。

2. 保存文档

文档创建编辑后还要对它进行保存,这是对文档内容的一种保护。方法如下:

方法一:常用工具中的"保存"按钮█,直接单击即可。方法二:单击"文件"菜单,选择"另存为"。打开"另存为"对话框,如图 3-1-6 所示。在"另存为"对话框中,有三个要素要注意:保存位置、文件名、保存类型。输入三要素之后点击"保存"即可。

注意:"保存"按钮将覆盖已有文件,而"另存为"选项则可以将文件保存到其他位置,并以其他文件名来保存。

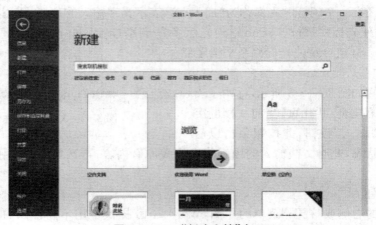

图 3-1-5 "新建文档"窗口

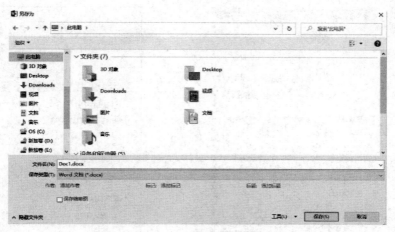

图 3－1－6　"另存为"对话框

3.1.3　文档的编辑、字体格式和段落格式

1. 文档的录入

使用键盘输入文字,即可将文字录入到光标所在的位置。

2. 选取文档中的文本

要对文本内容进行任何操作,都必须先选中文本内容。一般情况使用鼠标拖动可以选取所需的文本内容,但也可以使用特殊方法:

➢ 按住 Ctrl 键可选取几处不连续的内容。

➢ 鼠标放在文档左边的选择区,单击可选择一行,双击选择一段,三击选择全文。

➢ 鼠标放在文档中间,单击可以定位光标,双击选择一个词,三击选择一段。

➢ 菜单栏上的"编辑"—"全选"命令,或按 Ctrl＋A 组合键也可选取全文。

3. 字体的设置

Word 格式设置包括设置文本的字体、字形、大小、粗斜体、上下标、字体颜色和字符间距等。使用"开始"菜单下的"字体"工具栏,可以方便地设置字体、字号、加粗、倾斜、下划线、文字颜色、字符边框、字符底纹、上标、下标,以及增大字体、缩小字体、突出显示等。

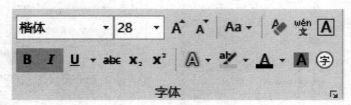

图 3－1－7　"字体"工具栏

单击 图标,可以打开"字体"对话框,在"字体"对话框中有"字体"和"高级"两个对话框,如图 3－1－8 和 3－1－9 所示。

图 3-1-8 "字体"对话框

图 3-1-9 "字体"—"文字效果"对话框

在"字体"对话框中可以设置如字体菜单中"字体""字形""字号""字体颜色""下划线""上标""下标""阴影""阳文""阴文"等，注意如果字体要求设置中文和英文为不同字体时，必须使用"字体"对话框。"字体"对话框的下方有"文字效果"按钮，如图 3-1-9 所示。在此处可以设置文本的渐变填充效果。在"高级"对话框中，可以设置字符间距。

图 3-1-10 "字体"—"高级"对话框

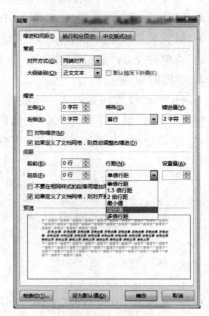

图 3-1-11 "段落"对话框

4. 段落的设置

在 Word 中，段落是排版的最基本单位。自然段一般以回车符结束，连续文本为一个段落，有几个回车符就有几个段落。

段落格式的设置主要包括段落的对齐方式、缩进方式、段落间距、行距等项目的设定，如图 3-1-11 所示。段落的对齐方式指的是文本段落在左、右边界表之间水平方向的对齐方式。Word 中有两端对齐、右对齐、居中对齐、分散对齐和左对齐。可使用两种方法设置对齐方式：段落菜单上的对齐按钮和段落对话框。"段落"对话框主要可设置左右缩进、首行缩进、悬挂缩进、段落间距、行距等。

3.1.4 套用样式

选中文本之后，在样式选项卡中可以直接套用所需的样式，如图 3-1-12 所示。通过"更改样式"按钮可以修改选定样式的字体、颜色、段落间距等内容。套用样式之后，文本不仅被更改为"样式"中的格式，也同时具有了相应的大纲级别。

图 3-1-12 "样式"选项卡

3.1.5 项目符号和格式刷

1. 项目符号和编号的设置

项目符号和编号可以使文档的层次结构更清晰、更有条理。选中文本后，可以在"段落"工具栏中直接设置，如图 3-1-13 所示。也可以右击鼠标，在快捷菜单中进行设置。

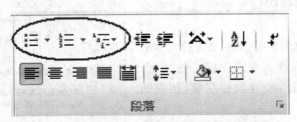

图 3-1-13 "段落"工具栏中的项目符号和编号

单击右侧下拉菜单可以选择所需的样式，如图 3-1-14 所示。还可以在"定义新编号格式"中设置个性化的项目符号或编号格式，如图 3-1-15 所示。

图 3－1－14　项目符号和编号的设置

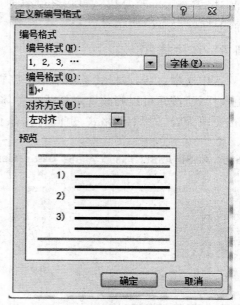

图 3－1－15　定义新编号格式

2. 格式刷的使用

在开始菜单左侧，有一个"格式刷"按钮，如图 3－1－16 所示。格式刷能够将光标所在位置的所有格式复制到所选文字上面，以减少排版的重复操作。

把光标放在已设置好格式的文字上，单击"格式刷"按钮，然后选择需要同样格式的文字，鼠标左键拉取范围选择，松开鼠标左键，相应的格式就会设置好。

还可以把光标放在已设置好格式的文字上，双击格式刷按钮，然后就可以将这格式套用到文档中的多个位置，直到再次单击格式刷按钮后结束。

3.1.6　水印

水印在"设计"菜单里进行设置，可以使用

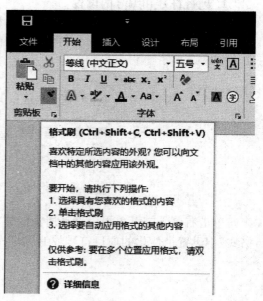

图 3－1－16　格式刷

自带的水印，也可以通过"其他水印"或者"自定义水印"来设置需要的水印。如图 3-1-17 所示。

如需自定义水印，打开对话框进行相应的设置即可。

3.1.7　页眉、页脚和页码

页眉和页脚用于显示文档的附加信息，例如时间、日期、页码、单位名称、徽标等。通常，页眉位于页面的顶部，页脚位于页面的底部。页眉和页脚通过在"页面"视图方式显示。

为文档添加页眉和页脚，都在"插入"菜单中，如图 3-1-18 所示。

页眉页脚都是选中样式就可以直接输入所需要的内容，格式的设置和字体设置相同。但是有一些特殊情况，比如当要设置奇偶页页眉页脚不同或是首页不同时，需要在"页眉和页脚工具"下"设计"菜单中的"选项"工具栏进行勾选，如图 3-1-19 所示。

图 3-1-17　"设计"—"水印"

图 3-1-18　"插入"—"页眉""页脚""页码"

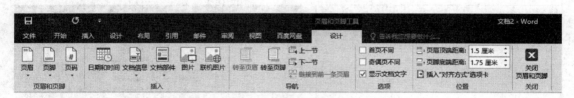

图 3-1-19　"页眉和页脚工具"—"设计"

页码通常都是阿拉伯数字，一般只需设置页码的位置是在页眉还是页脚或是页边距，以及页码的样式，如图 3-1-20 所示。

如果页码需要设置特殊格式，如页码的编号格式，或是页码的起始页码等，则需要打开设置页码格式对话框，如图 3-1-21 所示，根据提示输入所需内容。

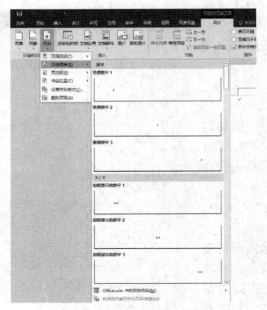

图 3-1-20　页码的样式

图 3-1-21　页码格式

3.1.8　目录和分隔符

1. 自动生成目录

在"引用"菜单的左侧有"目录"工具栏。单击其中的"目录"按钮后,可以选择"自定义目录"命令,打开"目录"对话框,如图 3-1-22 所示。在对话框中可以选择生成目录的文档大纲级别。

此外,在"目录"工具栏中,还有"更新目录"按钮。当文档正文被修改编辑之后,可以点击这个按钮来更新目录。

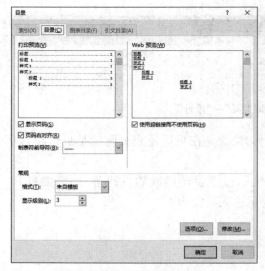

图 3-1-22　"目录"对话框

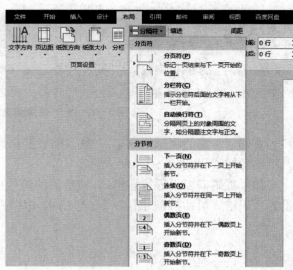

图 3-1-23　分隔符

2. 分隔符

在"布局"菜单下的页面设置工具栏里,有"分隔符"按钮。单击此按钮可以选择插入分页符或者分节符,如图 3-1-23 所示。

分页符是用于标记上一页已经结束并开启新一页的符号。分节符是用来将若干段文档划分成一个节的符号,常用的有连续分节符和下一页分节符。

任务内容

(1) 打开文件 Word1.docx,在正文上方添加标题"大中小学劳动教育指导纲要(试行)",黑体、二号、居中、字符间距加宽 1 磅,段后间距 1 行;

(2) 正文中加粗的五段文字设置为"标题 1"样式,四号字,段前段后间距 0.5 行、1.6 倍行距;

(3) 将上述五段小标题设置编号"一、……二、……三、……四、……五、……"。利用格式刷将正文其余各段设置为首行缩进 2 字符;

(4) 给文档添加文字水印"劳动教育",黑体、46 号;

(5) 设置文档首页页眉"指导纲要",其余页页眉"劳动教育",并在所有页的页脚插入页码"括号 1";

(6) 在正文第一段之前插入"自动目录 1",在正文第一段前插入"下一页"分节符并更新目录。

任务步骤

(1) 双击打开文件 Word1.docx,将光标定位在文档的开始位置,输入标题文字"大中小学劳动教育指导纲要(试行)",然后回车。选中这个标题后,在"字体"工具栏中分别设置字体和字号;在"段落"工具栏中设置段落居中;在"字体"对话框中选择"高级",设置字符间距加宽 1 磅;在"段落"对话框中设置段后间距 1 行。

(2) 先用鼠标选定一个小标题,再按住 Ctrl 键选中另外四个小标题,在"开始"菜单下的样式列表中选择"标题 1"。注意按住 Ctrl 键的同时如果滚动鼠标滚轮的话,将会把文档页面的缩放比例进行放大或缩小。在"段落"对话框中设置段前段后间距 0.5 行;在行距的下拉列表中选择"多倍行距",在设置值中填写 1.6。

(3) 选中上述五段小标题,在其上面右击鼠标,弹出的快捷菜单中点击"编号",在编号库中选择相应的编号。选中正文第一段,在"段落"对话框中的特殊格式里,设置首行缩进 2 字符。选中这一段后,双击格式刷按钮,再去选择正文其余各段,最后再单击格式刷按钮。

(4) 在"设计"菜单中点击"水印"按钮,然后选择"自定义水印"命令,在"水印"对话框中选择"文字水印",输入文字"劳动教育",设置黑体、46 号。

(5) 在"插入"菜单下点击"页眉"按钮,选择"编辑页眉"命令,在"设计"菜单下勾选首页不同,然后分别在文档首页的页眉处输入"指导纲要",在其余任意一页的页眉处输入"劳动教育"。光标定位在首页的页脚位置,在"插入"菜单下点击"页码"按钮,选择"页面底端",然后在内置的页码样式库中找到并点击"括号 1";在其余任意一页的页脚位置重复上一个操作。

（6）将光标定位在正文第一段之前，单击"引用"菜单下的"目录"按钮，在内置目录类型中选择"自动目录 1"。将光标定位在正文第一段前，在"布局"菜单下单击"分隔符"按钮，插入"下一页"分节符，然后再单击"引用"菜单下的"更新目录"按钮，选择更新整个目录并确定。

任务样张

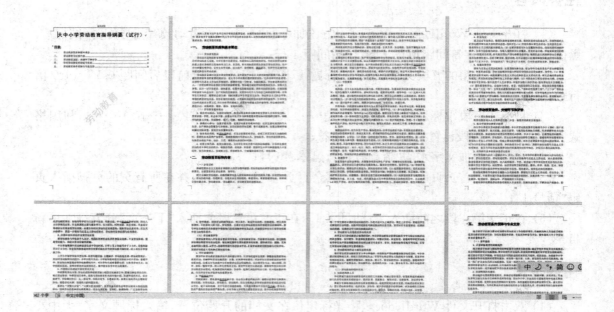

3.2　图文混排

任务描述

　　本次任务通过对一篇文章"5G 迎来拓展年"的排版，让大家学习并掌握 Word 2016 对图文混排的相关内容。

任务目标

　　（1）掌握文档的页面设置和页面颜色；

　　（2）掌握首字下沉的设置；

　　（3）掌握边框和底纹的设置；

　　（4）掌握查找和替换的方法；

　　（5）掌握添加脚注和尾注的方法；

　　（6）掌握分栏的方法；

　　（7）掌握图片和艺术字的插入及其设置；

（8）掌握形状和文本框的插入及其设置；

（9）掌握 Word 表格的插入及其设置。

任务知识

3.2.1 文档的页面设置和页面颜色

Word 文档创建完成后一般要对文档进行页面设置，页面设置包括设置纸张大小、页边距、文档网格、页面边框、页面颜色等。

页面设置可以直接在"布局"菜单下的"页面设置"工具栏中进行设置，点击相应的按钮会有下拉菜单打开，此时再点击所需要选项即可，如图 3-2-1 所示。

也可以打开"页面设置"对话框进行设置，对话框中有"页边距""纸张""版式""文档网格"四个选项卡，如图 3-2-2 所示。

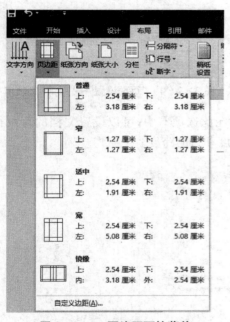

图 3-2-1 页边距下拉菜单

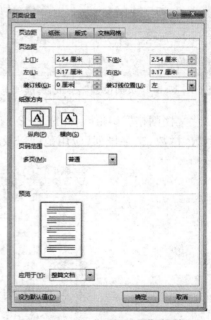

图 3-2-2 "页面设置"对话框

（1）"页边距"选项卡：页边距指的是文档中的文字与纸张边线之间的距离。在有缩进的段落中，该段落与纸张边线的距离是缩进长度加上边界宽度（页边距）。在"页边距"选项卡中可以设置上下左右页面边距以及纸张方向和页码的范围等。

（2）"纸张"选项卡：选择"页面设置"对话框中的"纸张"选项卡，如图 3-2-3 所示。单击"纸张大小"下方的下拉列表框右边的下拉按钮，在弹出的列表框中选择所需的纸张大小。如果需要自定义"宽度"和"高度"，可在"宽度"和"高度"数据框中输入或选择所需的数值。"纸张来源"可以设置打印时纸张的进纸方式。

（3）"版式"选项卡：如图 2-2-4 所示。在此选项卡中可以设置页眉、页脚的版面格式，还可以设置页眉和页脚的奇偶页不同以及首页不同等。

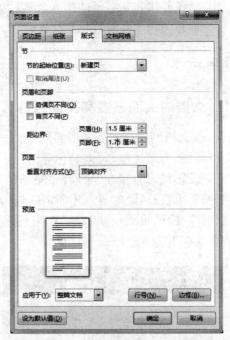

图 3 - 2 - 3 "页面设置"—"纸张"选项卡　　　　**图 3 - 2 - 4 "页面设置"—"版式"选项卡**

（4）"文档网格"选项卡：如图 3 - 2 - 5 所示，在此选项卡中，可以设置文档的每页行数、每行字数、栏数、文字排列、应用范围以及字符跨度和行的跨度。

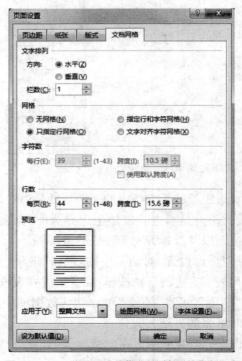

图 3 - 2 - 5 "页面设置"—"文档网格"选项卡

页面颜色在"设计"菜单中进行设置,可以直接点击选择所需颜色,也可以打开"其他颜色"对话框设置更丰富的颜色,如果需要设置填充效果,则可以打开"填充效果"对话框进行相应的设置。如图 3-2-6 所示。

图 3-2-6　页面颜色下拉菜单

3.2.2　首字下沉

首字下沉是指段落中第一个字字体变大,其他部分保持不变的样式,可设置下沉位置、下沉行数、距正文距离及字体等,在"插入"菜单中,单击"文本"工具栏中的"首字下沉"按钮设置,一般需要设置下沉的位置及行数,所以要选择"首字下沉选项",在"首字下沉"对话框中设置,如图 3-2-7 所示。

首字下沉的位置可以是"下沉"或者"悬挂",当选择"悬挂"时,首字突出在段落的外面,其余文字显示缩进形式。

图 3-2-7　"首字下沉"对话框

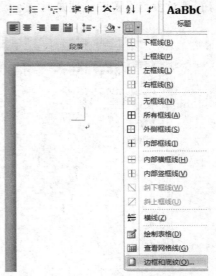

图 3-2-8　"边框和底纹"命令

3.2.3　边框和底纹

边框和底纹都是在"开始"菜单中"段落"工具栏右侧的"边框"按钮里设置,如图 3-2-8 所示。

1. 边框

在"边框"选项卡中，可以设置边框的样式为方框、阴影、三维或自定义；样式中可以设置线条为实线、虚线等线型；另外还可以设置边框的颜色和边框的宽度，如图3-2-9所示。需要注意的是，在右侧有"应用于"选项，需要选择边框是对段落设置还是对文本进行设置。

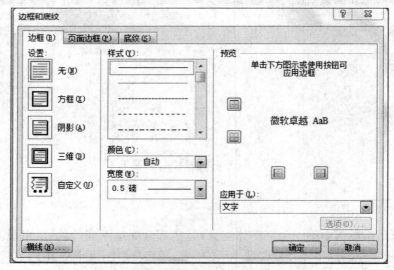

图3-2-9 "边框和底纹"—"边框"选项卡

2. 底纹

在"底纹"选项卡中，可以设置"填充色"和"图案"的样式，同样要注意的是右侧"应用于"选项中，看是对段落设置底纹还是对文字设置底纹，如图3-2-10所示。

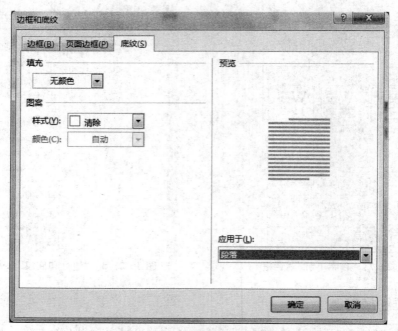

图3-2-10 "边框和底纹"—"底纹"选项卡

3. 页面边框

在"边框和底纹"对话框中单击"页面边框"选项卡,如图 3－2－11 所示可以设置边框的样式为方框、阴影、三维或自定义;样式中可以设置线条为实线、虚线等线型;另外还可以设置边框的颜色和边框的宽度,但是需要注意的是,页面边框是对整篇文档设置的边框。

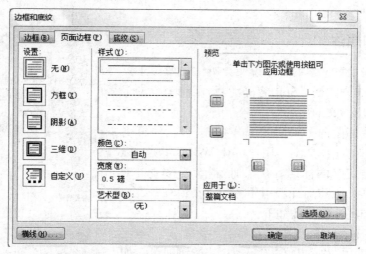

图 3－2－11　"边框和底纹"—"页面边框"选项卡

3.2.4　查找和替换

如果要在文中查找一词或统一替换某一部分内容时,可以利用查找和替换功能。

单击在"开始"菜单最右侧"编辑"按钮,可以打开"替换"对话框,在"查找内容"文本框中输入需要替换的文字,在"替换为"文本框中输入将要替换成的文字。如图 3－2－12 所示。

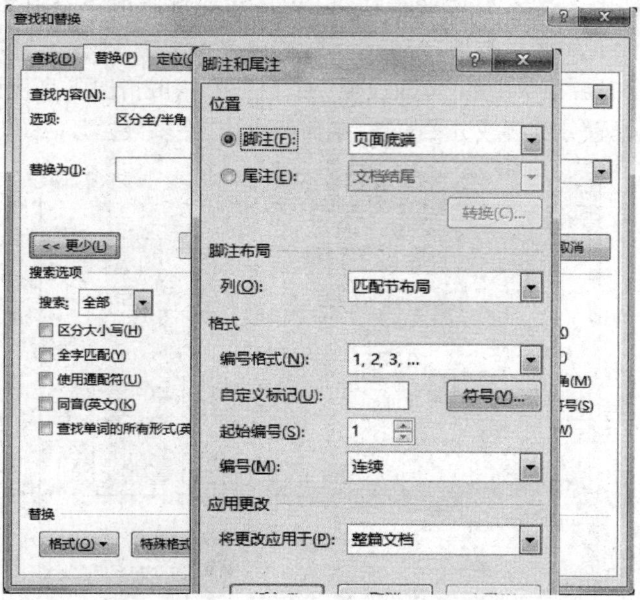

图 3－2－12　"替换和查找"对话框

在对话框中单击"高级"按钮,将光标置于"替换为"文本框中,选择"格式"—"字体",在"替换字体"对话框中可以设置替换的字体格式。如果只替换文字的格式,文字内容不变,"替换为"文本框内容也可不填。

单击"替换"按钮,可以逐个查找文本再进行替换。单击"全部替换"按钮,可以替换整篇文档中的相应内容。

3.2.5 脚注和尾注

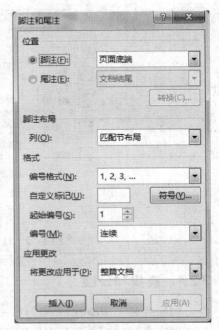

脚注和尾注是对文本的补充说明。脚注一般位于页面的底部,可以作为文档某处内容的注释;尾注一般位于文档的末尾,列出引文的出处等。

脚注和尾注都由两个关联的部分组成,包括注释引用标记和其对应的注释文本。用户可让 Word 自动为标记编号或创建自定义的标记。在添加、删除或移动自动编号的注释时,Word 将对注释引用标记重新编号。

插入脚注和尾注的步骤如下:

(1)将光标移到要插入脚注和尾注的位置。

(2)单击"引用"菜单中的"插入脚注"按钮即可。如果要设置脚注或尾注的格式,就需要打开脚注和尾注对话框,如图 3-2-13 所示。

(3)设置完成后单击"确定"按钮,就可以在文档的指定位置输入脚注或尾注文本。

图 3-2-13 "脚注和尾注"对话框

3.2.6 分栏

分栏是指将文档中的文本分成两栏或多栏,是文档排版的一个基本方法。默认情况,Microsoft Word 提供五种分栏类型,即一栏、两栏、三栏、偏左、偏右。

分栏的设置在"布局"菜单中的"页面设置"工具栏中,一般情况下直接设置两栏或偏左、偏右即可,但如果需要设置分割线或分栏宽度,则需要点击"更多分栏",如图 3-2-14 所示。

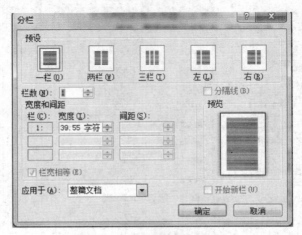

图 3-2-14 "分栏"对话框

注意：文章最后一段分栏时，选中段落时不要选中回车符，或者在最后一段加回车符，再进行分栏操作，否则无法达到预期的分栏效果。

3.2.7 插入图片和插入艺术字

1. 插入图片及其设置

将光标定位到要插入图片的位置，在"插入"菜单中选择"图片"按钮，即可打开"插入图片"对话框，如图 3-2-15 所示。

图 3-2-15 "插入图片"对话框

在左侧窗格中找到需要插入文档的图片所在的位置，找到此图片后，按"插入"按钮即可将图片插入到光标所在的位置。

注意：插入图片时鼠标不要选中某段文本，如果选中文本的话，图片会把文本替换掉。

选中文档中的图片，在菜单栏中就会出现"图片工具"—"格式"菜单，在其中可以轻松设置图片的一些格式，如删除背景、图片颜色的调整、艺术效果、图片的边框、效果、位置，以及图片的对齐方式、裁剪、大小等，如图 3-2-16 所示。

图 3-2-16 "图片工具"—"格式"菜单

在"大小"工具栏右下角，可以打开"布局"对话框。在"布局"对话框中，有"大小""文字环绕""位置"三个选项卡，如图 3-2-17 所示。

在"布局"对话框的"大小"选项卡中，可以精确调整图片具体的高度、宽度、旋转、缩放等。

在"布局"对话框的"位置"选项卡中，可以精确地设置图片的水平和垂直位置。如图 3 - 2 - 18 所示。

图 3 - 2 - 17 "布局"对话框

图 3 - 2 - 18 "位置"选项卡

图片的环绕方式是指图片在文本中的位置，一般设置为四周型或是上下型，当然也有其他的环绕方式，比如嵌入式、紧密式等，都可以通过"环绕文字"选项卡来设置。当然还可以设置文字相对于图片的位置，比如居中或是只在左侧右侧等，还可以设置距正文的位置，如图 3 - 2 - 19 所示。

图 3 - 2 - 19 "环绕方式"选项卡

2. 插入艺术字及其设置

艺术字是一种特殊的文字效果，可以起到优化版面的作用，它以图形对象的形式放置在页面上，并可以进行移动、调整大小、旋转等操作。

在"插入"菜单中单击"艺术字"按钮，即可插入艺术字，如图 3-2-20 所示。

图 3-2-20　插入艺术字

打开"艺术字库"，如图 3-2-21 所示，选择一种艺术字式样后即可编辑艺术字文本。

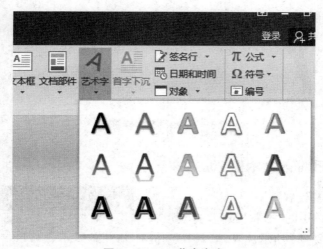

图 3-2-21　艺术字库

选中艺术字，在"绘图工具"下的"格式"菜单中，可以设置包括艺术字样式、阴影效果、三维效果、排列和大小等，如图 3-2-22 所示。

图 3-2-22　"艺术字"工具—"格式"

在"艺术字样式"工具栏中可以重设艺术字样式、设置艺术字的边框和填充色，其中的"文本效果"最下方的"转换"并可以设置艺术字形状，可以设置成波形、腰鼓形、左牛角形、前进后远等，如图 3-2-23 所示。

此外，"阴影效果"中可以设置艺术字的阴影效果，"三维效果"中可以设置艺术字的三维效果。与图片格式的设置相同，在"大小"选项右下角可以打开"布局"对话框，在"布局"对话框中，有"位置""文字环绕""大小"三个对话框。

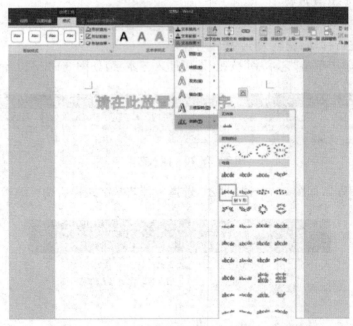

图 3-2-23　艺术字形状

3.2.8　插入形状和插入文本框

1. 插入形状及其设置

单击"插入"菜单中的"形状"按钮，打开形状选择菜单，如图 3-2-24 所示。Word 2016 中提供了各种形状供我们选择，如线条、基本形状、箭头汇总、流程图、标注及星与旗帜等，选择合适的形状，鼠标将变为黑色十字，在需要插入的位置拖动鼠标，即可插入所需图形。

鼠标选中形状后，在工具栏中会出现"绘图工具"下的"格式"菜单，各工具按钮的操作方法同图片和艺术字的工具类似，这里不再详细介绍。

有时可以将多个自选图形组合在一起，以便一起复制和移动。操作时按住 Shift 键单击各个对象，同时选中多个自选图形，在选中图形上单击鼠标右键，选择快捷菜单中的"组合"—"组合"命令，选中的自选图形变为一个整体，此后的编辑是针对组合的整体。要取消组合可以在图形快捷菜单中选择"组合"—"取消组合"命令即可。

在形状里还可以插入或编辑文字。右击图

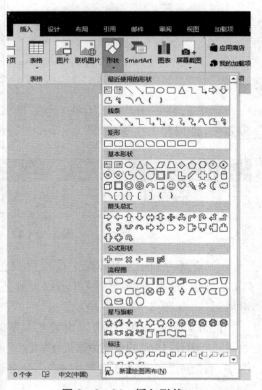

图 3-2-24　插入形状

形边框，在弹出的快捷菜单中选择"添加文字"命令，此时光标会定位在自选图形内部，可以输入文字，设置文字格式。

2. 插入文本框及其设置

文本框是用来输入文字的一个矩形方框，它可以插入在页面的任何位置。文本框一般分为横排文本框和竖排文本框，在 Word 2016 中提供了很多文本框的样式，如简单文本框、奥斯汀提要栏、边线型提要栏、传统型提要栏、瓷砖型引述、朴素型引述……我们可以根据自己的需要选择合适的文本框样式，如图 3-2-25 所示。

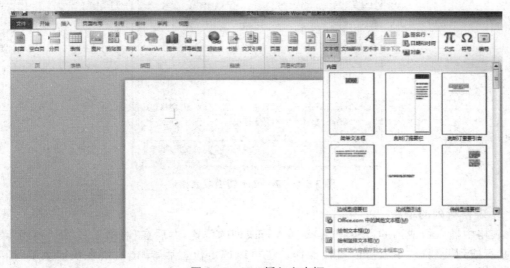

图 3-2-25　插入文本框

插入文本框后的设置方法，与形状类似，这里不再详细介绍。

3.2.9　Word 制表

1. 表格的插入及转换

在"插入"菜单中点击"表格"按钮，即出现下拉菜单，如图 3-2-26 所示，其中可以直接拖动表格的行数和列数，即可得到所需行列的表格。

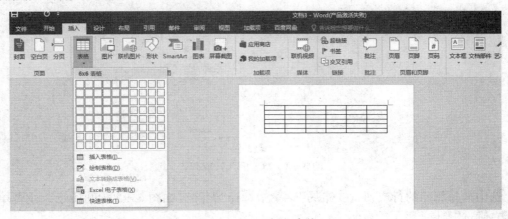

图 3-2-26　插入表格

此时,也可以通过"插入表格"命令,打开插入表格对话框,在里面输入所需行列数。

如果文档中有一些排列整齐的文字,是可以直接转换为表格的。方法是选中文字后,在"插入"菜单的"表格"按钮下选择"文本转换成表格",打开相应的对话框如图3-2-27所示。

图3-2-27　文本转换成表格

2. 表格行列的增减

表格中插入行或列的方法:选定要插入行或列的位置,然后在"表格工具"下"布局"菜单中的"行或列"工具栏中就可以直接操作。也可以选定位置后,单击右键在快捷菜单"插入"中插入行或者列,如图3-2-28所示。

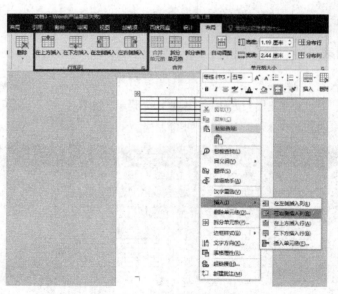

图3-2-28　插入行或列

选中准备删除的行或列,在"布局"菜单中选择"删除",如图3-2-29所示。或者单击鼠标右键选"删除行"。

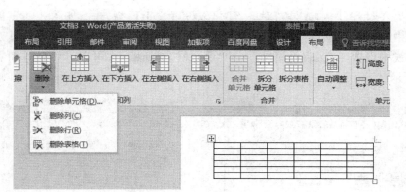

图 3-2-29　"删除"菜单

3. 单元格的合并与拆分

光标定位在表格中时，在"表格工具"下的"布局"菜单里，有"合并单元格"按钮和"拆分单元格"按钮，如图 3-2-30 所示。

注意：如果选中区域不止一个单元格内有数据，那么单元格合并后数据也将合并，并且分行显示在这个合并单元格内。

将插入点置于需拆分的单元格中，单击右键，选择快捷菜单中的"拆分单元格"命令，键入要拆分成的行数和列数，单击"确定"按钮即可将其拆分成等大的若干单元格。

图 3-2-30　合并、拆分单元格

4. 调整行高、列宽

调整行高列宽时，可以在"表格工具"下的"布局"菜单中调整。或者选中行或列，单击右键，打开"表格属性"对话框，在"行"或"列"对话框中设置，如图 3-2-31 所示。

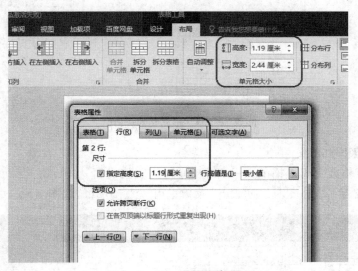

图 3-2-31　设置行高列宽

5. 对齐方式的设置

表格的对齐方式是指表格位于文档中的位置，在"表格属性"中"表格"对话框进行设置，可设置表格为左对齐、居中或是右对齐，还可以设置文字环绕方式，如图 3-2-32 所示。

单元格中的数据在默认情况下，一般都处于"左对齐"方式。如果要更改其对齐方式，可以在段落格式中设置。在"表格属性"中的"单元格"对话框里，可以设置垂直对齐方式，如图 3-2-33 所示。

图 3-2-32 "表格属性"—"表格"

图 3-2-33 "表格属性"—"单元格"

如果要同时设置文本的水平对齐方式和垂直对齐方式，也可以在"布局"菜单的"对齐方式"工具栏中设置，如图 3-2-34 所示。

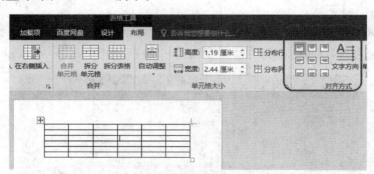

图 3-2-34 单元格对齐方式

6. 表格的边框和底纹

为了美化表格或突出表格的某一部分，可以为表格设置边框和底纹。Word 2016 中自带一些表格样式，在"表格工具"中"设计"菜单里可以直接选择，如图 3-2-35 所示。

图 3-2-35 表格样式

如果想自定义设置边框或底纹,在"表格样式"右侧可以自定义设置底纹或边框,也可以在"边框"工具栏的右下角打开"边框和底纹"对话框进行设置,这里的设置和段落文本的边框底纹设置基本相同,不再详细介绍。

7. 表格公式

Word 提供了对表格数据进行求和、求平均值等常用的统计计算功能,利用这些计算功能可以对表格中的数据进行计算。

在"表格工具"下,"布局"菜单右侧的"数据"工具栏中点击"公式"按钮,打开"公式"对话框,如图 3-2-36 所示。

此时系统根据当前光标所在位置及周围单元格的数据内容,在"公式"编辑框中自动添加了公式"=SUM(ABOVE)",自动对单元格左侧数据进行求和。如果要求平均值,则可以将"SUM"改为

图 3-2-36 "公式"对话框

"AVERAGE"。如果要对上方数据进行计算,则可以将"ABOVE"更改为"LEFT"。

表格中单元格的名称默认情况下行定义为 1、2、3……,列定义为 A、B、C……,如 A1 表示第一列第一行的单元格,公式中也可以引用单元格地址。

如公式"=SUM(A1,B2)"表示单元格 A1 与单元格 B2 内的两个数值相加;公式"=AVERAGE(A1:B2)"表示单元格 A1 至 B2 区域的 A1、A2、B1 和 B2 单元格内的数值求平均。

当表格内数据发生改变后,右键单击公式,然后单击"更新域",可以手动更新特定公式的计算结果。

8. 表格中的排序

在表格中,如果需要对表格中的数据进行排序,可以将鼠标放在需要排序的列中,在"布局"菜单中选"排序"按钮,打开"排序"对话框,如图 3-2-37 所示。

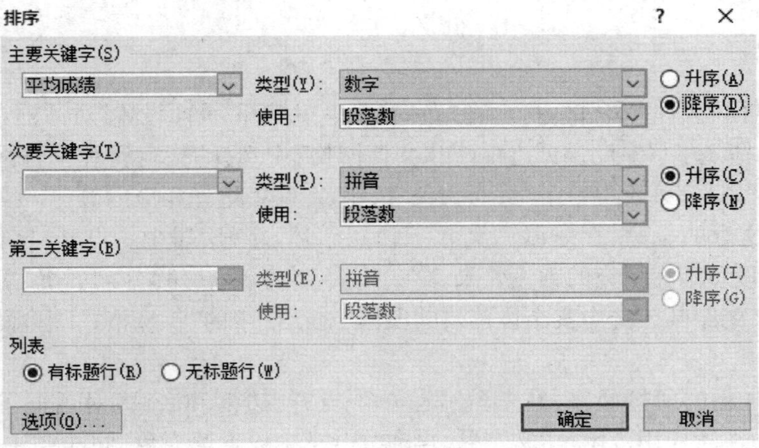

图 3-2-37 "排序"对话框

在"排序"对话框中,我们需要设置"主要关键字"即本次排序是按照什么数据进行的。如有需要还能设置次要关键字、第三关键字。

关键字设置好之后还需要设置排序的类型,也就是本次排序是按照什么样的规则进行的,比如按拼音顺序或是数字大小等。

排序还要设置升序或是降序,按要求进行设定。

任务内容

(1)打开文件 Word2.docx,设置文档页面为 A4 纸,上下页边距 2.4 厘米,左右页边距 3.2 厘米,设置文档网格每页 44 行,每行 40 字。设置页面颜色为主题颜色蓝色、个性 1、淡色 60%。

(2)设置文章标题的字体为华文彩云、一号字、居中,设置文字效果渐变填充为预设颜色"底部聚光灯—个性色 6"。设置正文第一段首字下沉 2 行,距离正文 0.2 厘米,其余各段首行缩进 2 字符。

(3)为正文中加粗的两行文字添加 1.5 磅蓝色阴影边框,添加底纹填充为主题颜色水绿色、个性色 5、淡色 60%。

(4)将正文中所有的"拓展"设置为标准色深红、加着重号。

(5)为正文第一段中的"5G"添加尾注"第五代移动通信"。

(6)将正文第二段分为偏左两栏,栏间加分割线。

(7)参考样张,在文档第一页右下角插入图片 5G.png,设置高 7 厘米、宽 4 厘米,文字环绕四周型,水平右对齐,设置图片样式为柔化边缘矩形。

(8)参考样张,在文档第二页左上角插入形状云形标注,文字环绕紧密型,形状填充标准色蓝色,形状轮廓为 1.5 磅短划线。添加文字"移动通信的新发展",小三号。

(9)将正文倒数第 7 段"近年移动通信基站数量统计(单位:万个)"居中,将正文最后 6 段转换为表格。在表格第一行下方插入一行,分别填入"2015""466""177"。设置表格外边框为双线,第一列宽度为 3 厘米,第二第三列宽度为 4 厘米,表格水平居中。

任务步骤

(1)双击打开文件 Word2.docx,在"布局"菜单中点开"页面设置"对话框,在"纸张"中选择"A4 纸",在"页边距"中设置页边距,在"文档网格"中选择"指定行和字符网格"并设置行数和字数。在"布局"菜单中单击"页面颜色"按钮,在其中选择相应的颜色。

(2)选中文章的标题,在"开始"菜单下设置字体、字号、居中。点开"字体"对话框,在"文字效果"中设置渐变填充的预设效果。在"插入"菜单中点开"首字下沉"对话框,设置下沉行数、和正文的距离。选中其余段落,在"段落"对话框中的"特殊格式"下,设置首行缩进 2 字符。

(3)选中加粗的两行文字,在"开始"菜单下点开"边框和底纹"对话框,设置边框的样式、粗细、颜色,注意应用范围是"文字"。再在"底纹"中设置填充色,同样要注意应用范围是"文字"。

(4)在"开始"菜单的右侧点开"替换"对话框。在"查找内容"和"替换为"中都输入"拓展"，再点击"更多"，在"格式"中打开"查找字体"对话框，并在其中设置深红色和着重号。确定后再点击"全部替换"，将正文中的"拓展"都替换完毕。如果标题中的"拓展"也被替换了，则设法将这两个字改回原来的格式。

（5）将光标定位在正文第一段中的"5G"后面，然后在"引用"菜单下点击"插入尾注"，自动跳转到文档末尾后再输入注释文字。

（6）选中正文第二段，在"布局"菜单中点开"分栏"对话框进行设置。

（7）在文档第一页右下角插入图片，在"格式"菜单中点开"大小"对话框，取消"锁定纵横比"后再输入高度宽度，然后设置相应的文字环绕和位置。在"格式"菜单下的"图片样式"选项卡中找到并点击"柔化边缘矩形"。

（8）在文档第二页左上角插入形状，在"格式"菜单中点开"大小"对话框设置文字环绕，在"格式"菜单下分别设置形状填充和形状轮廓。在形状中添加文字并设置格式。

（9）将正文倒数第 7 段"近年移动通信基站数量统计（单位：万个）"居中，选中正文的最后 6 段，在"插入"菜单下点击"表格"下的"文本转换成表格"。光标定位在表格第一行中，在"表格工具"下的"布局"菜单里点击"在下方插入"然后分别输入内容。在"表格工具"下的"设计"菜单里，设置表格的外边框。右击表格，在快捷菜单中打开"表格属性"对话框，在其中分别设置各列宽度和表格的水平居中对齐。

任务样张

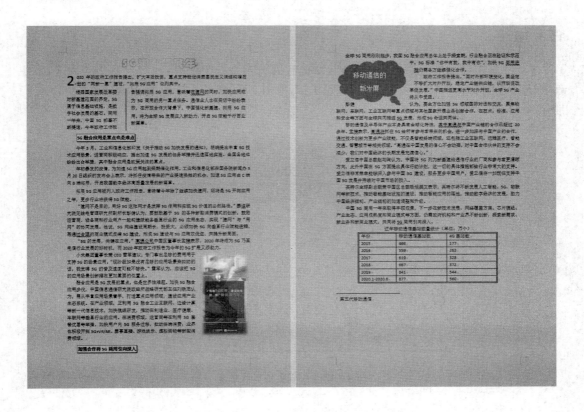

项目四

Excel 2016 电子表格

项目描述

　　电子表格软件 Excel 是微软公司推出的办公自动化 Microsoft Office 套装软件成员之一。Excel 拥有强大的数据计算、处理以及分析功能,并能将繁杂的数据转换为各种类型图表,直观形象地传达信息。本单元涵盖了 Excel 的基本功能:工作表的创建、编辑、美化,函数、公式的应用,图表制作,数据排序、筛选、分类汇总、数据透视表等操作。通过本项目的学习,能帮助我们非常轻松地学会使用 Excel。

4.1　常用数据输入以及单元格格式设置

任务描述

　　Excel 其主要功能是进行数据处理,掌握数据录入是首要任务,随着新学期的到来,班主任要求班长用 Excel 制作一张旅管(高职扩招)2001 班同学基本信息表,效果图如图 4-1-1所示。

	A	B	C	D	E
1	旅管（高职扩招）2001班学生基本情况表				
2	学号	姓名	性别	出生日期	手机号码
3	122005k101	陈子涵	女	2001年12月4日	15964597861
4	122005k102	柯羽	女	2000年5月6日	13324567898
5	122005k103	王佳惠	女	1985年5月6日	18630214565
6	122005k104	刘畅	女	2001年8月9日	13864523132
7	122005k105	陆桂如	男	2001年6月3日	15861736912
8	122005k106	李星尾	男	1996年4月2日	15774521789
9	122005k107	朱梦静	女	2001年3月7日	15963235872
10	122005k108	周健鹏	男	2001年8月10日	13763215978
11					

图 4-1-1　学生基本信息表

任务目标

（1）掌握 Excel 中不同数据类型输入方式；

（2）掌握 Excel 单元格格式设置；

（3）掌握 Excel 利用填充柄进行数据填充；

（4）掌握 Excel 数据验证方式输入数据；

（5）掌握 Excel 单元格、行和列的基本操作；

（6）掌握 Excel 工作表的插入、删除、重命名、复制与移动。

任务内容

（1）新建一空白工作簿，并将该工作簿重命名为"学生基本信息表.xlsx"；

（2）将工作表 Sheet1 重命名为"学生基本信息"，在当前工作表 A1 单元格中输入"旅管（高职扩招）2001 班学生基本情况表"，将 A1:E1 单元格合并居中，并设置字体为黑体、14 磅；

（3）按照图 4-1-1 在 A2:E2 依次输入学号、姓名、性别、出生日期、手机号码，设置所有内容居中；

（4）在 A3 单元格输入"122005k101"，利用填充柄输入其他学号；

（5）利用数据验证方式在 C3:C10 输入性别；

（6）按照图 4-1-1 所示内容输入其他对应单元格区域内的数据；

（7）设置第一行行高为 25 磅，其余各行行高设置为 18 磅；

（8）将 A2:E10 单元格设置外框线为绿色色最粗单线，内框线为绿色最细单线；

（9）设置 A2:E2 单元格填充颜色设置为"标准色—橙色"。

任务知识

4.1.1 Excel 2016 的启动

只要在计算机系统中安装了 Excel 2016 后，可以通过以下方法启动 Excel 2016：

（1）单击"开始"按钮→"Excel 2016"，可以启动 Excel 2016。

（2）双击桌面上的 Microsoft Office Excel 2016 快捷方式图标。

（3）直接双击文件后缀名为.xlsx 的文件，系统也将自动打开 Excel 程序。

4.1.2 Excel 2016 窗口基本构成

启动 Excel 2016 后，即可打开 Excel 应用程序窗口，如图 4-1-2 所示，Excel 应用程序窗口由位于窗口上部呈带状区域的功能区和下部的工作表窗口组成，功能区包含工作簿标题、快速工具栏和一组选项卡，选项卡中集成了相应的操作命令，根据命令功能的不同，每个选项卡内又分为了不同的命令组；工作表窗口包括名称栏、数据编辑区、状态栏等。

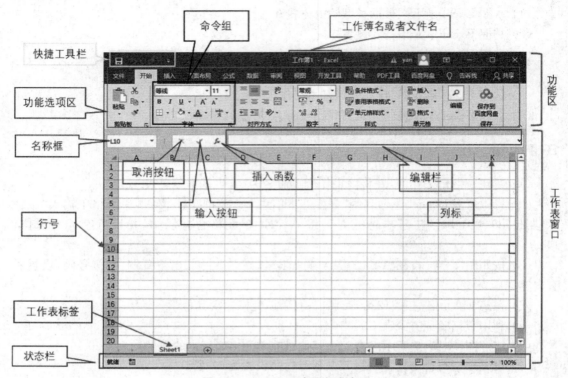

图 4-1-2　Excel 应用程序窗口

1. 标题栏

标题栏在窗口的最上面,显示正在被编辑的工作簿名称,其最左边为控制图标和 Excel 程序常用工具,最右边为窗口最小化控制按钮、窗口最大化(还原)控制按钮和关闭按钮。

2. 功能选项区

功能选项区列出了 Excel 的一级功能名称,包括"文件"菜单和"开始""插入""页面布局""公式""数据""审阅"和"视图"七个基本功能选项,各个功能选项卡是均包含有若干命令组,根据操作对象的不同,还会增加相应的选项卡,用它们可以进行绝大多数 Excel 操作。

(1)"文件"菜单

"文件"菜单主要用于执行和文件有关的新建、打开、保存、关闭、打印和帮助等操作。如图 4-1-3 所示。

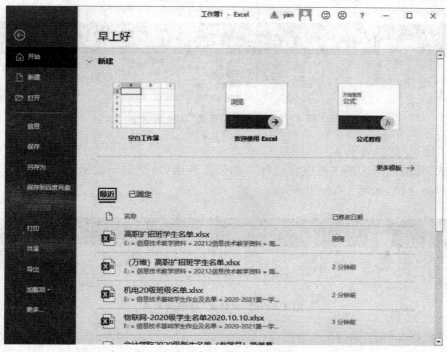

图 4-1-3　"文件"菜单

（2）"开始"功能选项卡

"开始"功能选项卡主要用于对单元格、行、列的格式和文字来进行编辑，包括字体、对齐方式、数字、样式、单元格、编辑等命令组，如图 4-1-4 所示。

图 4-1-4　"开始"功能选项卡

（3）"插入"功能选项卡

"插入"选功能项卡主要用于插入图片、图表和艺术字、超链接等非文字内容，有表格、插图、图表、文本、符号等命令组，如图 4-1-5 所示

图 4-1-5　"插入"功能选项卡

（4）"页面布局"功能选项卡

"页面布局"功能选项卡用于对页面进行设置，有主题、页面设置、工作表选项和排列等

命令组,如图 4-1-6 所示。

图 4-1-6 "页面布局"功能选项卡

(5)"公式"功能选项卡

"公式"功能选项卡用于提供自动计算的公式和函数,提供函数库、定义的名称、公式审核、计算等命令组,如图 4-1-7 所示。

图 4-1-7 "公式"功能选项卡

(6)"数据"功能选项卡

"数据"功能选项卡为用户提供外部数据连接和数据管理的功能,有获取外部数据、连接、排序和筛选、数据工具、分级显示等命令组,如图 4-1-8 所示。

图 4-1-8 "数据"功能选项卡

(7)"审阅"功能选项卡

"审阅"功能选项卡为用户提供校对、批注和保护工作表等功能,有校对、中文简繁转换、批注、更改等命令组,如图 4-1-9 所示。

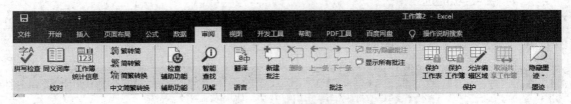

图 4-1-9 "审阅"功能选项卡

(8)"视图"功能选项卡

"视图"功能选项卡为用户提供浏览视图、网格线和拆分冻结窗格的功能,有工作簿视图、显示、显示比例、窗口等命令组,如 4-1-10 所示。

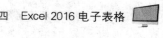

图 4-1-10　"视图"功能选项卡

3. 编辑栏

编辑栏用于显示编辑活动单元格中的数据和公式。其左边为名称框,显示正在编辑的活动单元格的地址,其右侧显示活动单元格的内容,可以在其中输入和编辑数据及公式。中间有 3 个按钮 ✕ ✓ ƒ_x,从左到右分别是"取消""确认"和"插入函数",功能分别是恢复到单元格输入之前的状态、确认单元格已输入内容和在单元格中使用函数。

4. 工作表区域

工作表区域是 Excel 的主要工作区域,在编辑栏和状态栏之间,也称为工作簿窗口。工作簿是指在 Excel 中用来存储并处理工作数据的文件,在 Excel2016 中,其扩展名是.xlsx,通常所说的 Excel 文件指的就是工作簿文件。一个工作簿可多张工作表组成,每个工作表由位于工作簿下方的不同工作表标签来标记,默认情况下只有一张工作表,每张工作表由若干行和列组成,行列交叉处即为单元格。单元格是工作表的最小单位,单元格所在列标和行号组成的标识称为单元格地址。例如,C6 代表第 C 列第 6 行处的单元格。

如图 4-1-11 所示,2016 版 Excel 的界面与之前 2010 版界面基本风格一致,在工作区,单元格的引用有两种表示方法,单个单元格可以它的列号与行号表示,如 C3 表示单元格的相对地址,$C$3 表示单元格的绝对地址。如果需要表示多个连续区域,如图 4-1-11 所示,可以用 G4:I7 或者 $G$4:$I$7 表示,中间用英文输入状态下的冒号隔开,如果需要表示不连续区域可以用英文输入状态下逗号隔开,例如:要表示图 4-1-11 中选中的单元格可以这样表示:C3,G4:I7,这是用相对地址表示的,也可以用绝对地址表示。

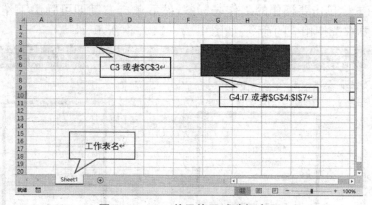

图 4-1-11　单元格区域选择表示

4.1.3　工作簿以及工作表的基本操作

1. 新建工作簿

启动 Excel 时,系统会自动创建一个空白工作簿。如果已经打开了 Excel,还需要再新建工作簿,则可以选择"文件"菜单中"新建"命令,如图4-1-12所示,选择"空白工作簿",则可以建立一个新工作簿。新工作簿文件默认为"工作簿1",再次创建新工作簿则数字会可以依次往后顺延。

| 图4-1-12 新建工作簿 | 图4-1-13 保存新建工作簿 |

2. 保存工作簿

新建工作簿文件仅仅存放计算机内存中,需要及时保存到计算机硬盘中。因此可以使用"文件"菜单中的"保存"或者"另存为"命令进行保存,如图4-1-13所示,也可以直接选择快速访问栏中的"保存"按钮直接执行保存操作。如果在退出Excel时有正在运行的文件没有保存,也会提出是否需要进行保存。

3. 工作表常见操作

如果说工作簿就是一本书,用来存储数据,那么工作表就是其中的每一页。工作表的基本操作:选定工作表、插入工作表、删除工作表、工作表表重命名、复制和、删除工作表、隐藏工作表、工作表标签颜色设置。其操作方法主要有以下两种:

(1)可以用鼠标单击要操作的工作表标签,然后单击右键即可弹出工作表操作的快捷菜单,然后根据要求选择相应的命令,如图4-1-14左框所示。

图4-1-14 工作表操作菜单

（2）可以单击"开始"功能选项下的"格式"也可进行相应工作表操作，如图 4－1－14 右框所示。

对于工作表的操作主要包括以下几方面：

（1）选定工作表

操作工作表前需选定工作表，可以选定一个或者多个工作表（选定的工作表标签默认变为白色，如图 4－1－15 所示即表示当前选中的工作表为 Sheet1）。

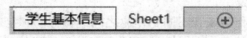

图 4－1－15　选定工作表标签状态

① 选定一个工作表：直接单击工作表标签即可。

② 选取相邻的一组工作表：先单击要成组的第一个工作表标签，然后按住 Shift 键，再单击最后一个工作表标签。

③ 选取不相邻的一组工作表：在按 Ctrl 键时的同时单击要选定的工作表标签。

④ 选取工作簿中的全部工作表：用鼠标右键单击任一工作表标签，从弹出的快捷菜单中选择"选定全部工作表"命令即可。

多个工作表被选定后，那么对其中一个工作表的编辑，都可以作用其他的工作表。而如果要取消工作组的选定，只要单击除当前工作表以外的任意工作表的标签即可。用鼠标右键单击任一工作表标签，从弹出的快捷菜单中选择"取消组合工作表"，也可以进行取消多个工作表的选择。

（2）重命名工作表

默认的工作表名称为类似于 Sheet1、Sheet2 之类的字母和数字的组合，为了使得工作表名称便于记忆，可以将工作表重新命名，其方法如下：

① 双击要重新命名的工作表标签，该工作表标签呈高亮显示，此时工作表标签处于编辑状态。在标签处输入新工作表名称，单击除该标签以外工作表的任一处或按回车键结束编辑。

② 单击要重新命名的工作表标签，在"开始"功能选项下的"单元格"命令组中单击"格式"的下拉按钮，在弹出的下拉列表中选择"重命名工作表"选项。

③ 右击需要重新命名的工作标签，从弹出的快捷菜单中选择"重命名"命令，此时工作表签呈高亮显示，其处理方法与①相同。

（3）插入工作表

如需要在现有工作簿中插入新的工作表，有以下方法：

① 单击工作表标签右侧的"新工作表"按钮，即图 4－1－15 图中所示的"+"或者按 Shift＋F11 的组合键，可以在现有工作表之后增加新工作表。

② 选定当前活动工作表（新工作表将插入在该工作表前面），在"开始"选项的"单元格"命令组中，单击"插入"的下拉按钮，在弹出的下拉列表中选择"插入工作表"选项。

③ 选定当前活动工作表，右击该工作表标签，从弹出的快捷菜单中选择"插入"，打开"插入"对话框，根据需要选择合适的工作表模板，单击"确定"按钮。

（4）删除工作表

如果需要删除多余的工作表，有以下方法：

① 右击工作表标签,从弹出的快捷菜单中选择"删除",弹出提示对话框,确认后单击"删除"按钮。

② 选定当前活动工作表,在"开始"选项的"单元格"命令组中,单击"删除"的下拉按钮,在弹出的下拉列表中选择"删除工作表"选项,弹出提示对话框,确认后单击"删除"按钮。

需要注意的是工作簿中至少有一个工作表,并且所删除的工作表不可以通过撤销命令来恢复。

(5) 移动或复制工作表

工作表可以在同一工作簿或者不同工作簿之间进行移动和复制。在同一个工作簿中,直接按住左键拖动要移动的工作表标签,在到达新的位置后释放鼠标左键,就可以实现移动操作。而如果在拖动工作表标签的同时按住 Ctrl 键,并且在到达新位置后先释放鼠标左键,再释放 Ctrl 键,则实现复制操作。

如果是在不同工作簿中移动或复制工作表,则需要按照如下步骤操作:

① 打开需要移动或复制到的目的工作簿。

② 在需要移动或复制的工作表标签上点击右键,在弹出的快捷菜单中选择"移动或复制"命令,如图 4-1-16 所示或者在"开始"选项的"单元格"命令组中单击"格式"按钮右侧下拉按钮的下拉列表中选择"移动或复制工作表"选项,均可以打开"移动或复制工作表"对话框。

③ 在"将选定工作表移至工作簿"下拉列表框中选取所需要复制或者移动到的目的工作簿,如果需要新建工作簿,则可以选择"新工作簿"。在"下列选定工作表之前"对话框中,可以选择在目的工作簿中工作表所存放的具体位置。

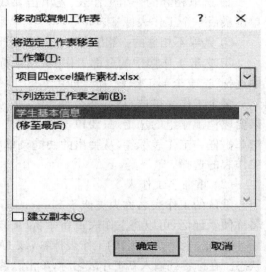

图 4-1-16 移动或复制工作表对话框

④ 如果是复制操作,则选中。如不选中"建立副本"复选框,则所执行的是移动操作。

(6) 设置工作表标签颜色

① 右击工作表标签,从弹出的快捷菜单中选择"工作表标签颜色",根据需求选择相应的颜色。

② 选定当前活动工作表,在"开始"选项的"单元格"命令组中,单击"格式"的下拉按钮,在弹出的下拉列表中选择"工作表标签颜色"选项,选择相应颜色即可。

(7) 拆分和冻结工作表窗口

① 拆分窗口

当浏览较大工作表时的不同部分时,可以利用拆分功能查看工作表的不同区域数据。一个工作表窗口可以拆分为 2 个或者 4 个窗口,如图 4-1-17 所示,窗口拆分后,每个窗口可以单独滚动。当选中工作表的某行(或某列),单击"视图"选项卡内的"窗口"命令组的"拆分"命令,工作表被拆分成横向(或纵向)的 2 个窗口;当点击要拆分工作表的某个单元格时,选择"拆分"命令,则当前工作表窗口被拆分成 4 个窗口,将鼠标移至分割条位置,当光标呈带箭头的形状时,拖动鼠标可以改变窗口的大小。

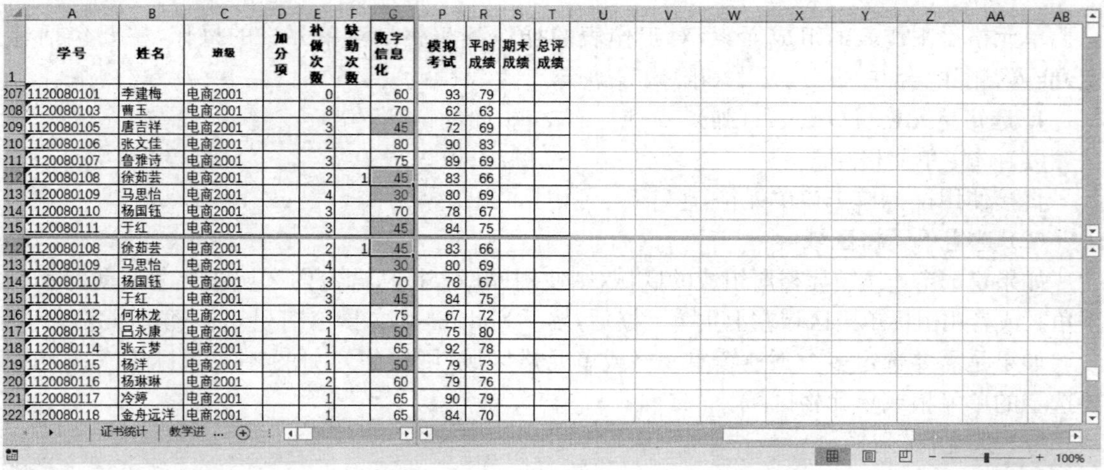

图 4-1-17 拆分窗口

② 冻结窗口

当工作表较大时,在向下或向右滚动浏览时采用"冻结"行或列的方法可以始终显示表的前几行或者前几列。

(a)选取工作表的某行或某列,选择"视图"选项卡的"窗口"命令组,单击"冻结窗口"选项,可冻结该行以上或者该列以左部分的内容。

(b)选取工作表的首行,选择"视图"选项卡的"窗口"命令组,单击"冻结首行"选项,可冻结工作表的首行。

(c)选取工作表的首列,选择"视图"选项卡的"窗口"命令组,单击"冻结首列"选项,可冻结工作表的首列。图 4-1-18 即为冻结第 1、2 行后的工作表窗口

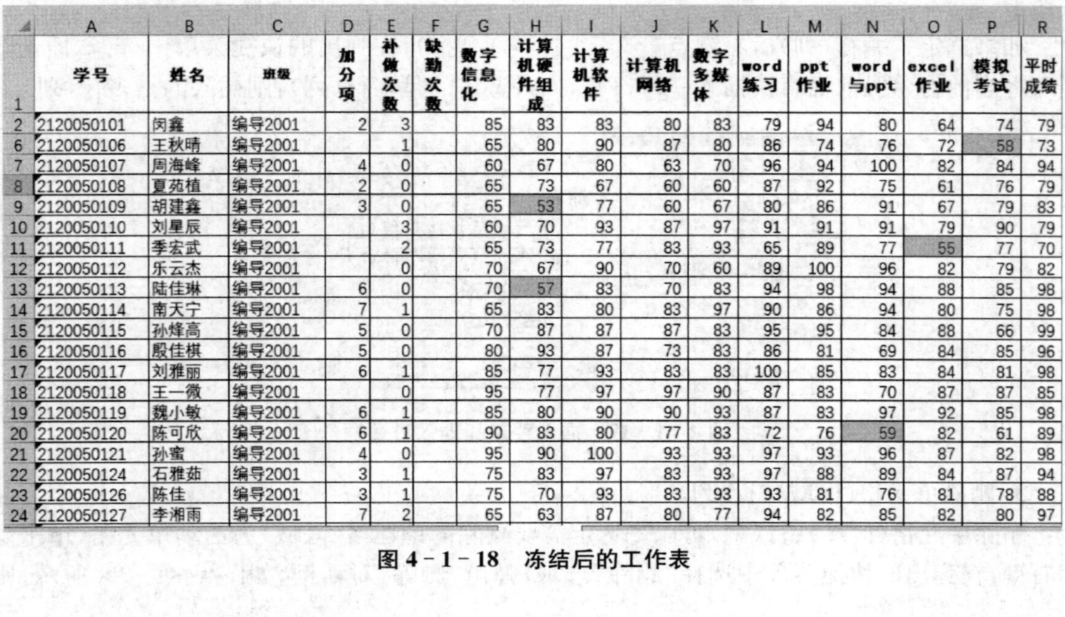

	A	B	C	D	E	F	G	H	I	J	K	L	M	N	O	P	R
	学号	姓名	班级	加分项	补做次数	缺勤次数	数字信息化	计算机硬件组成	计算机软件	计算机网络	数字多媒体	word练习	ppt作业	word与ppt	excel作业	模拟考试	平时成绩
2	2120050101	闵鑫	编导2001	2		3	85	83	83	80	83	79	94	80	64	74	79
6	2120050106	王秋晴	编导2001			1	65	80	90	87	80	86	74	76	72	58	73
7	2120050107	周海峰	编导2001	4	0		60	67	80	63	70	96	94	100	82	84	94
8	2120050108	夏苑楠	编导2001	2	0		65	73	67	60	60	87	92	75	61	76	79
9	2120050109	胡建鑫	编导2001	3	0		65	53	77	60	67	80	86	91	67	79	83
10	2120050110	刘星辰	编导2001			3	60	70	93	87	97	91	91	91	79	90	79
11	2120050111	季宏武	编导2001			2	65	73	77	83	93	65	89	77	55	77	70
12	2120050112	乐云杰	编导2001		0		70	67	90	70	60	89	100	96	82	79	82
13	2120050113	陆佳琳	编导2001	6	0		70	57	83	70	83	94	98	94	88	85	98
14	2120050114	南天宁	编导2001	7	1		65	83	80	83	97	90	86	94	80	75	94
15	2120050115	孙烽高	编导2001	5	0		70	87	87	87	93	95	95	88	66	99	93
16	2120050116	殷佳棋	编导2001	5	0		80	93	87	73	83	86	81	69	84	85	96
17	2120050117	刘雅丽	编导2001	6	1		85	77	93	83	83	100	85	83	84	81	98
18	2120050118	王一微	编导2001		0		95	77	97	97	90	87	83	70	87	87	85
19	2120050119	魏小敏	编导2001	6	1		85	80	90	93	87	83	83	97	92	85	98
20	2120050120	陈可欣	编导2001	6	1		90	83	80	77	83	72	76	59	82	61	89
21	2120050121	孙蜜	编导2001	4	0		95	90	100	93	93	97	93	96	87	82	98
22	2120050124	石雅茹	编导2001	3	1		75	83	97	87	83	93	81	76	81	77	88
23	2120050126	陈佳	编导2001	3	1		75	70	93	90	93	93	81	76	81	77	88
24	2120050127	李湘雨	编导2001	7	2		65	63	87	80	77	94	82	85	82	80	97

图 4-1-18 冻结后的工作表

4.1.4 单元格、行和列常见操作

单元格是工作表的组成元素,对工作表的操作其实就是对单元格的操作,主要包括选定、插入、删除、合并、拆分、显示和隐藏等操作。

1. 选定单元格(区域)、行(列)

(1)选定单元格

直接使用鼠标单击该单元格。

(2)选定单元格区域

如果是选定连续单元格所组成的区域,则使用鼠标直接从选定的区域左上角拖动到其右下角。或者用鼠标单击区域左上角单元格后,按下 Shift 键不放再单击区域右下角单元格。

如果是需要选定多个不连续单元格或单元格区域,则按住 Ctrl 键不放鼠标依次选定需要选定的单元格或单元格区域。

(3)选定行(列)

选定一行(列),直接使用鼠标单击对应的行号(列标)即可。

如果是选定多个相邻的行(列),则可以使用鼠标直接在行号(列标)上进行拖动来直接选定。也可以先选定一行(列),然后按下 Shift 键不放再选择另一行(列),两行(列)之间的单元格区域均被选中。

如果需要选定不相邻的行(列),则可以先选定一行(列),按下 Ctrl 键不放再依次选定其余行(列),则所选的行(列)单元格区域均被选中。如需要取消已经选中的单元格、行(列),则按下 Ctrl 键选定已经选中的单元格、行(列)即可。

2. 插入单元格(区域)、行(列)

插入单元格(区域)、行(列)可以先选定一个单元格(区域)为活动单元格,单击鼠标右键,在弹出的快捷菜单中选择"插入"选项,弹出"插入"对话框,如图 4-1-19 所示,则可以插入单元格(区域)或者行(列)。或者选择"开始"选项卡下的"单元格"命令组的"插入"下拉按钮。

如果选定了一行(列)后右键点击选定的行号(列标),在弹出的快捷菜单中选择"插入",则可在当前行(列)前面直接插入一行(列),如果选定的是多行(列),则插入的是多行(列)。

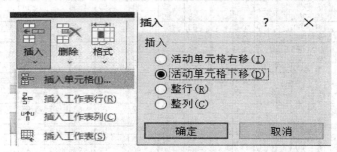

图 4-1-19 插入菜单和插入对话框

3. 删除单元格(区域)、行(列)

删除单元格(区域)、行(列)可以先选定需要删除的单元格(区域)为活动单元格,单击鼠标右键,在弹出的快捷菜单中选择"删除"选项,弹出"删除"对话框,如图 4-1-20 所示,则

可以插入单元格(区域)或者行(列)。或者选择"开始"选项卡下的"单元格"命令组的"插入"下拉按钮。

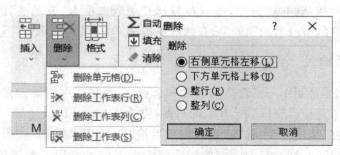

图 4-1-20　删除菜单和"删除"对话框

如果选定了一行(列)后右键点击选定的行号(列标),在弹出的快捷菜单中选择"删除",则直接删除选定的行(列),如果选定的是多行(列),则删除的是多行(列)。

4. 清除单元格(区域)、行(列)内的数据

删除操作会改变工作表的结构,如果只是需要清除单元格(区域)、行(列)内的数据或格式等,而不需要改变工作表结构,则可以选择清除操作。先选定需要清除的单元格(区域)、行(列)后,在"开始"功能选项下"编辑"命令组选择"清除"下拉按钮如图 4-1-21 所示,根据需求选择对应的选项即可。

如果只是需要清除单元格内容,也可以选定需要清除的单元格(区域)、行(列)后,直接按"Del"键,或者点击右键,在弹出菜单中选择"清除内容"选项即可。

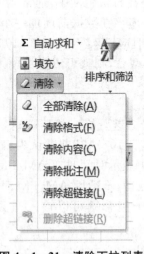

图 4-1-21　清除下拉列表

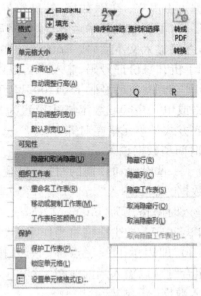

图 4-1-22　隐藏菜单

5. 隐藏或显示行(列)

在工作表中有时需要隐藏部分行(列),只需要在选定需要隐藏的行号(列标)后,点击右键,在弹出菜单中选择"隐藏"选项,或者在"开始"功能选项卡"单元格"命令组中选择"格式"

下拉按钮,选择"隐藏或取消隐藏"后在级联菜单中选择"隐藏行(列)"。要让已经隐藏的行(列)重新显示,则需要先选定已经隐藏的行(列)两侧的行(列)组成的区域,然后点击右键,在弹出菜单中选择"取消隐藏"选项,或者在"开始"功能选项卡"单元格"命令组中选择"格式"下拉按钮,选择"隐藏或取消隐藏"后在级联菜单中选择"取消隐藏行(列)"即可。

4.1.5 常用数据输入

输入和编辑数据是制作一张表格的基础和起点,单元格中可以输入常量和公式两种类型的数据,其中常量是指没有以"="开头的数据,包括文本、数值、日期等。可以在单元格中直接输入,也可以在"编辑栏"中输入,输入完成后按"Enter"键或 中"✔"按钮确认输入,按"ESC"键或者 中"✕"按钮取消输入。在 Excel 中,除了输入文本型、数值型和日期型等常规数据外,还可以使用多种方法达到快速输入数据。

1. 数值型数据输入

数值型数据一般由数字、＋、－、顿号、小数点、￥、％、/、E 等组成,数值型数据的特点是可以进行算术运算。输入数值型数据时,直接点击选择好相应的单元格,直接输入数据即可,则 Excel 默认数字格式为"常规",即数值型数据。如果数字位数大于 11 位,系统自动转换成科学计数法表示,如在单元格中输入"1234567891234"显示为"1.23457E＋12"。负数输入时可以直接用负号"－",也可以用小括号括起来,如输入(123),显示－123。输入分数时在整数和分数之间输入一个空格,如输入"0 3/4",则显示为 3/4。数值型数据默认的对齐方式是单元格右对齐。

2. 文本型数据输入

文本型数据可由汉字、字母、数字、特殊符号、空格等组合而成,文本型数据的特点是可以进行字符串运算,不能进行算术运算(除数字串外),输入文本型数据时,直接点击选择好相应的单元格,直接输入文本后,按 Enter 键即可,但是在日常生活中,通常用一些数字来表示一些编号,如手机和身份证号码,输入这类型数据时,应该在数据前面加一个半角单引号,将它与数值区别。例如:电话号码138110011100,输入时应输入"'13811001100"。或者先将要输入的单元格或单元格区域数字格式设置为文本类型后,则就可以直接输入数字。文本数据默认的对齐方式是单元格左对齐。

3. 日期和时间型数据输入

Excel 内置了一些时间和日期的格式,当输入数据与这些格式相匹配时,Excel 将它们识别为日期型数据。例如输入"2020/10/12"或者"2020－10－12"即默认为日期型 2020 年 10 月 12 日。输入时间格式为"hh:mm(AM/PM)"其中表示时间时在 AM/PM 与分钟之间应有空格,比如 9:30PM,缺少空格将当作字符型数据处理,不适用 AM/PM 时使用 24 小时制,如输入"15:30"即表示下午三点钟。另外按 Ctrl＋组合键可以输入当天的日期。按 Ctrl＋Shift＋组合键可以输入当前时间。

4. 快速录入数据

① 在输入过程中,如果需要在一个单元格区域内同时录入相同的内容,则先选定单元格区域,然后输入内容,最后按 Ctrl＋Enter 快捷键即可。

② 数据序列输入

使用自动输入数据功能可以输入有一定规律的数据,如相同、等差、等比、系统预定义的数据填充序列及用户自定义的新序列。这种输入数据的方式在 Excel 中被称为填充,填充可分为自动填充和序列填充两种方式。

自动填充时直接利用填充柄拖动完成输入,可以实现等差、等比数据的输入,通过"开始"功能选项卡下的"编辑"区域下选择工具"填充"设置自动填充的相关设置,如图 4-1-23 所示。

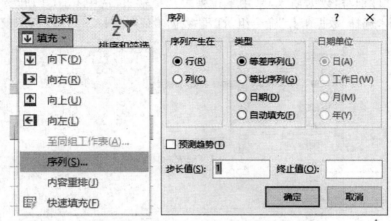

图 4-1-23 填充序列菜单及设置

序列填充可以使用 Excel 内置的序列,也可以用户自定义序列。可通过依次单击"文件"|"选项"|"高级",在"常规"区中单击"编辑自定义列表"按钮,查看和添加新的序列,序列添加可以直接输入,如图 4-1-24 所示输入的学院列表,也可以通过导入现有的数据序列完成。

图 4-1-24 自定义填充序列

③ 利用数据验证方式输入数据

如果在输入过程中,需要对输入的数据的格式、类型、长度等做限制,保证数据在有效范围内,可以进行数据有效性设置。在选定单元格(区域)后,在"数据"功能选项卡"数据工具"选项组中选择"数据验证"按钮,在"数据验证"对话框中进行相关设置即可。

若为简化"性别"栏数据输入,采用下拉列表选择输入,选中 C3:C10 单元格,选择"数据"功能选项卡,选择"数据工具"命令组,打开"数据验证"如图 4 - 1 - 25 所示设置即可。

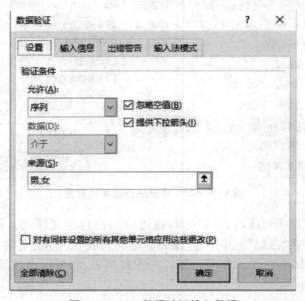

图 4 - 1 - 25   数据验证输入数据

4.1.6   单元格编辑

在 Excel 使用过程中,可以对单元格的数据进行修改、移动或复制、查找替换等,也可以对单元格或者单元格区域进行格式设置,使其更加美化。

1. 修改数据

如果需要修改已经输入的内容,可以直接双击单元格直接修改输入的内容,也可以选定该单元格按 F2 键,或者在编辑栏中修改单元格内容,最后按 Enter 键或者 ✗ ✓ ❙ 中 ✓ 按钮以确认修改内容。

2. 复制和移动数据

移动或者复制单元格的方法基本相同,通常会移动或复制单元格的公式、数值、格式、批注等,将单元格中内容复制或者移动到其他单元格,有以下办法:

(1) 使用鼠标移动或复制单元格内容

选定需要被移动或复制的单元格(区域)后,将鼠标移动到所选区域的边框,当指针变成 ✛ 形状时,按住鼠标左键将数据拖动到目标位置,可移动单元格(区域)的内容和格式等。如果在拖动过程中同时按下 Ctrl 键到目标位置,则可复制单元格(区域)的内容和格式等。

（2）使用选项卡内的命令移动或复制单元格

（a）选定需要被复制或移动的单元格（区域）；

（b）选择"开始"功能选项卡内"剪贴板"命令组，单击"复制"或"剪切"按钮，如图 4-1-26 所示；或者在单元格（区域）上右击，选择"复制"或"剪切"命令，一旦命令有效，则选定复制或移动的单元格（区域）则会有虚框显示；

（c）选择目标单元格（区域），单击剪贴命令组的"粘贴"按钮，也可以使用快捷键组合来帮助完成操作，其中"Ctrl＋C""Ctrl＋X"和"Ctrl＋V"分别代表复制、剪切和粘贴操作。

说明：粘贴单元格（区域）时可以利用"选择性粘贴"复制单元格中特定内容。"选择性粘贴"对话框如图 4-1-27 所示，例如需要将一张利用公式计算出来的数据复制到另一张工作表里，但是只需要数据，不要留有公式，则粘贴时可以选择粘贴"数据"就可以了。

图 4-1-26 "剪贴板"命令组

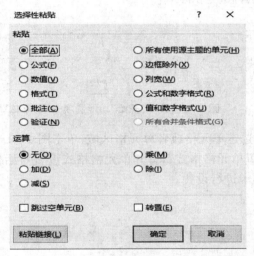

图 4-1-27 "选择性粘贴"对话框

3. 查找和替换

在 Excel 中可以通过查找和替换操作来找到和替换指定的内容，其方法如下：

（1）选定单元格区域，在"开始"功能选项卡"编辑"命令组中选择"查找和选择"按钮，在弹出的下拉菜单中选择"查找"或者"替换"，打开"查找和替换"对话框，如图 4-1-28 所示，根据需要选择"查找"或者"替换"标签。如果需要对查找和替换有更多的要求，可以点击"选项"按钮，展开对话框。

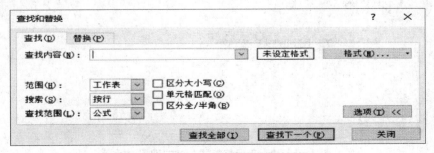

图 4-1-28 "查找和替换"对话框

（2）如果是查找，在"查找内容"下拉列表中输入或者选择要查找的内容，并确定查找范围、格式要求等，点击"查找全部"则会将所有结果显示在对话框下部的列表中。

（3）如果是替换，则在"查找内容"和"替换为"下拉列表输入或者选择要查找的内容，并确定查找范围、格式要求后，点击"全部替换"会全部替换符合条件的内容。如果在替换过程中需要仔细查看是否需要替换，则可以通过"查找下一个""替换"两个按钮交替运用来逐一检查并确认是否需要替换。

4. 单元格格式设置

单元格输入数据后，可以对单元格进行字体、对齐方式、边框和底纹以及数据格式进行设置，使工作表的内容更加直观和美观，其设置方法主要有如下：

（1）选定单元格或者单元格区域，在"开始"功能选项卡下，如图 4-1-29 所示，根据设定需求选择相应功能。

图 4-1-29　"开始"功能选项卡下"字体""对齐方式""数字"设置功能组

（2）选定单元格或者单元格区域，单击图 4-1-29 中黑色框所示的按钮或者选择快捷菜单"设置单元格格式"，打开单元格格式设置对话框如图 4-1-30 所示，根据需求选择不同的选项卡进行设置。

图 4-1-30　单元格格式"字体"设置对话框

对于单元格格式设置具体如下：

（a）数字格式设置

在"开始"功能选项卡"数字"命令组中提供了部分设置功能，其中"数字格式"下拉框可以设置数字、日期和时间等常用格式设置，"会计数字格式""百分号""千位分隔符""增加小数位数"和"减小小数位数"可以将数值型数据设置为对应的格式。如果需要详细设置，可以利用上述方法打开"设置单元格格式"对话框，选择"数字"选项卡，如图 4-1-31 所示，在"分类"列表框中选择对应的"数值"选项，然后在其右边进行具体设置，可以参考"示例"中的内容来查看是否满足要求。

图 4-1-31　"数字"设置对话框

如果在设置了数字格式之后，原有的列宽没办法全部显示，则会显示为"＃＃＃＃＃"。只需要适当调整单元格的列宽，就可以使数据显示恢复正常。

（b）字体格式设置

在 Excel 中要设置字体格式与 Word 中基本类似，选定单元格区域后，在"开始"功能选项卡"字体"命令组组中，如图 4-1-30 所示可以通过"字体""字号"下拉列表和"B""I"等按钮完成快速设置。注意：字号的设置可以选择字号大小或者磅值也可以直接输入磅值来实现，同样也可以在"设置单元格格式"对话框中，选择"字体"选项卡，如图 4-1-29 所示，对字体、字形、字号、颜色等进行详细设置。

（c）文本对齐方式

默认单元格文本型数据左对齐、数值型数据右对齐，如果需要修改，则可以在"开始"功能选项卡"对齐方式"命令组如图 4-1-30 所示选择具体按钮来设置水平或垂直方向具体的对齐方式，其中"自动换行"按钮可以使文本型数据在超过单元格宽度时自动换行显示，"合并后居中"按钮可以将多个单元格区域合并为一个单元格并将数据居中显示。同样也可以在"设置单元格格式"对话框中，选择"对齐"选项卡，如图4-1-32所示，也可以进行单元格对齐方式的设置，主要包括水平对齐、垂直对齐、文本控制、方向等内容的设置。

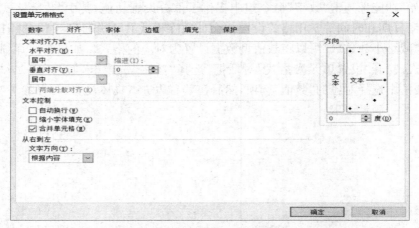

图4-1-32　单元格格式"对齐"设置对话框

（d）设置单元格边框

默认情况下，Excel单元格都是没有颜色的网格线，无填充，在打印时并不显示。为了能更加清楚地显示表格内容，可以进行边框和填充效果的设置。选定需要设置的单元格区域，在"开始"功能选项卡中的"字体"命令组选择"边框"按钮，点击其右侧下拉菜单可以按照预定的边框式样进行设置，如图4-1-33所示，如果需要对单元格边框进行进一步设置，可以选择4-1-33图中所示的"其他边框"菜单，打开"设置单元格格式"对话框中"边框"选项卡进行设置，如图4-1-34所示，已设定好的效果可在图4-1-34框中所示。

图4-1-33　边框设置菜单

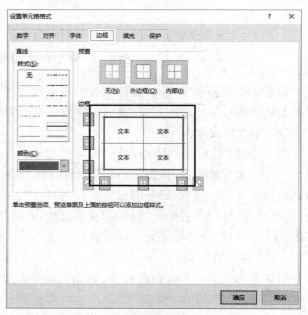

图4-1-34　单元格格式"边框"设置对话框

（e）设置填充效果

选定需要设置的单元格区域,在"开始"功能选项卡中的"字体"命令组中选择"填充"按钮,点击其右侧下拉菜单设置需要填充的颜色,如图 4-1-35 所示,也可以在"设置单元格格式"对话框中选择"填充"选项卡,设置填充背景色、填充效果、图案颜色和图案样式,如图 4-1-36 所示。

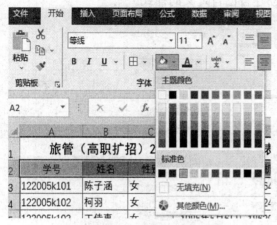

图 4-1-35 底纹设置

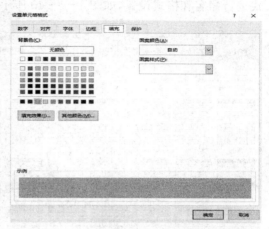

图 4-1-36 单元格格式"填充"设置对话框

5. 自动套用格式

Excel 提供了一些显示格式可以自动套用到用户指定的单元格区域,达到快速美化表格的作用。该功能在"开始"功能选项卡中的"样式"命令组选项组中选择"套用表格格式"按钮,如图 4-1-37 所示,选择好去套用格式后,在弹出的对话框中,如图 4-1-38 所示,确认套用格式的数据来源,格式就可以得到应用。

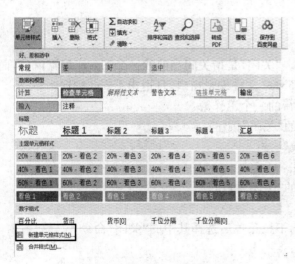

图 4-1-37 Excel 内置样式

图 4-1-38 "自动套用格式"数据源设置

6. 样式设置

Excel 样式是单元格字体、字号、对齐、边框和图案等一个或多个设置特性的组合,可将这样的组合加以命名和保护供用户多次使用。样式包括内置样式和新建单元格样式,内置样式为 Excel 内部定义的样式,如图 4 - 1 - 39 所示,用户可以直接使用。用户也可以根据需要自定义组合设置,点击图 4 - 1 - 39 框中所示的"新建单元格样式",打开设置对话可对样式进行命名和格式设置,如图 4 - 1 - 40 所示,创建自己自定义的样式。

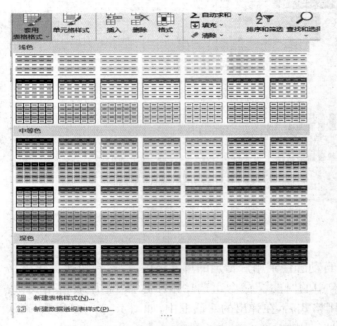

图 4 - 1 - 39　"自动套用格式"下拉列表

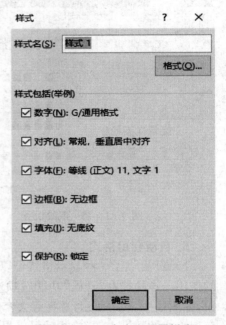

图 4 - 1 - 40　自定义设置样式

4.1.7　Excel 2016 的退出

在 Excel 中要注意关闭和退出的区别。"关闭"是指关闭当前的一个 Excel 编辑窗口,而"退出"Excel 则是指关闭所有已经打开的 Excel 文件编辑窗口,且退出 Excel 程序。

下列两种方法可以关闭 Excel 正在运行的一个工作簿:

(1)单击 Excel 窗口标题栏右侧下方的"关闭"按钮;

(2)选择"文件"菜单中的"关闭"命令。

若要退出 Excel 程序,可采用下列方法:

(1)单击 Excel 工作窗口标题栏右侧的"关闭"按钮;

(2)双击标题栏左侧的控制按钮;

(3)单击标题栏左侧的控制按钮,弹出下拉菜单后选择其中的"关闭"命令;

(4)选择"文件"菜单中的"退出"命令;

(5)通过组合键 Alt＋F4 退出程序。

4.2 公式与函数应用

任务描述

在学习了 Excel 数据录入和单元格格式设置后,班主任要求班长利用公式和部分函数功能达到下列要求:

(1)根据工作表"戏曲大赛决赛成绩"数据计算出比赛选手的排名;

(2)根据工作表"销售"数据计算出每个部门销售总计以及所占比例;

(3)根据工作表"职工工资"数据计算出各类职称的人数以及平均工资;

(4)根据工作表"学生成绩表"数据给每位学生的成绩确定成绩等级。

班长借助 Excel 中的公式和函数功能,对数据进行了快速计算,其结果如下:

参赛号	文化常识	评委一	评委二	评委三	评委四	评委五	难度系数	最高分	最低分	总成绩	排名
Y00001	10	8.9	9.1	9.1	9.1	9.2	1.9	9.2	8.9	61.9	8
S00012	8	9	9	8	8.1	8.5	1.6	9	8	49.0	24
Y00003	3	8.8	8.9	8.7	8.7	8.8	2	8.9	8.7	55.6	18
W00024	8	9.2	9	9.6	9.8	9.8	1.7	9.8	9	56.6	16
Z00005	8	8.1	7.7	7.9	7.3	7.8	1.6	8.1	7.3	45.4	28
Y00006	8	9.2	9.6	9.5	9.5	9.6	1.5	9.6	9.2	50.9	22
Z00057	8	9.8	9.3	9.2	9.3	9.5	1.6	9.8	9.2	53.0	20
Y00008	7	9	8	9.1	9.2	9.3	1.5	9.3	8	48.0	27
Y00019	9	7	7.5	7.8	7.9	8.1	1.7	8.1	7	48.4	25
Z00040	8	9.1	9.3	9.2	9.2	9.2	1.8	9.3	9.1	57.7	14
S00011	6	9.6	9.7	9.5	9.7	9.8	2	9.8	9.5	64.0	2
Y00012	6	9.5	9.2	9.2	9.8	9.3	1.6	9.8	9.2	50.8	23
W00023	7	9.4	9.5	9.6	9.3	9.5	1.9	9.6	9.3	61.0	10
Y00014	7	9.6	9.5	9.6	9.3	9.5	1.7	9.6	9.3	55.6	17
Y00015	9	9.3	9.6	9.7	9.7	9.8	1.2	9.8	9.3	43.8	29
S00016	10	8.9	8.9	8.9	8.9	8.9	2	8.9	8.9	63.4	4
Y00017	9	9.3	9.2	9.2	9.4	9.4	1.8	9.4	9.2	59.2	11
W00018	9	8.8	8.6	8.6	8.6	8.9	1.1	8.9	8.6	36.6	30
Z00029	6	8.6	9.5	9.3	9.7	9.2	1.5	9.7	8.6	48.0	26
Y00020	6	9.5	8.8	9.6	9.4	9.6	1.8	9.6	8.8	57.3	15
Y00021	4	9.7	9.8	9.9	9.6	9.6	2	9.9	9.6	62.2	6
S00022	3	9.8	9.6	9.7	9.7	9.2	1.9	9.8	9.2	58.1	13
Y00023	6	9.7	9.1	9.2	9.2	9.1	2	9.7	9.1	61.0	9
Y00024	6	9.7	9.3	9.2	9.3	9.5	1.6	9.7	9.2	51.0	21
S00005	9	8.9	9.7	9.7	9.7	9.3	1.6	9.7	8.9	54.9	19
Y00026	9	9.7	9.6	9.5	9.4	9.6	1.9	9.7	9.4	63.5	3
Z00027	9	9	9	9.4	9	9.1	2	9.4	9	63.2	5
Y00028	9	9.3	9.2	9.8	9.3	9.1	1.8	9.8	9	59.0	12
W00029	8	9.6	9.6	9.1	9.7	9.2	1.9	9.7	9.1	62.0	7
Y00030	10	9	8.9	9.5	9.3	9.2	2	9.5	8.9	65.0	1
参赛总人数	30										

图 4-2-1 "戏曲大赛决赛成绩"工作表

某企业销售额情况表（单位：万元）

部门代码	一月	二月	三月	四月	五月	六月	合计	所占比例	备注
P01	28.9	32.4	43.2	26.8	23.4	36.7	191.4	14.00%	合格
P02	35.7	41.6	38.2	37.6	39.6	36.2	228.9	16.75%	良好
P03	32.9	25.9	45.2	28.9	31.9	41.2	206.0	15.07%	合格
P04	45.6	32.4	48.9	45.8	43.9	39.5	256.1	18.74%	良好
P05	35.9	43.9	45.2	41.5	51.2	56.6	274.3	20.07%	良好
P06	24.4	34.7	43.1	36.9	38.5	32.6	210.2	15.38%	合格
						总合计	1366.9		

图 4-2-2 "销售"工作表

某单位人员工资情况表

职工号	性别	职称	基本工资（元）
HR001	女	高工	8700
HR002	男	高工	8200
HR003	男	工程师	7100
HR004	男	高工	8500
HR005	男	工程师	6500
HR006	女	助工	5600

职称	人数	基本工资平均值（元）
高工	8	8337.5
工程师	9	6722.2
助工	3	5100.0

图 4-2-3 "职工工资"工作表

学生选修课成绩表

学号	班级	课程号	成绩	成绩等级
S1901	一班	C012	91	A
S1901	一班	C020	87	A
S1901	一班	C026	85	A
S1902	一班	C012	*45*	F
S1902	一班	C020	89	A
S1902	一班	C026	91	A
S1903	一班	C012	89	A
S1903	一班	C020	*56*	F

成绩等级对照表

等级	成绩
A	>=85
B	>=75且<85
C	>=60且<75
F	<60

图 4-2-4 "学生成绩表"工作表

任务目标

（1）理解 Excel 中公式与函数之间的区别；

（2）掌握 Excel 中公式基本运用方法；

（3）掌握 Excel 中常用函数的使用；

（4）掌握 Excel 中单元格引用的使用。

任务内容

（1）打开工作簿"公式与函数应用.xlsx"；

（2）选择"戏曲大赛决赛成绩"工作表，在 B34 单元格利用 COUNT 函数计算出参加比赛的总人数；在 I4：I33、J4：J33 两个单元格区域分别利用 MAX 函数、MIN 函数计算出每位选手的最高分和最低分；按照公式：总成绩＝（五个评委的总分之和－最高分－最低分）×难度系统＋文化分，计算出每位选手的总成绩将结果置于 K4：K33 单元格区域，并设置以 1 位小数点显示；在 L4：L33 单元格区域利用 RANK 函数计算出每位选手的名次；

（3）选择"销售"工作表，利用 SUM 函数在 H3：H8 单元格区域计算出每个销售部门的销售总额，在 H9 单元格计算出所有销售部门的销售总合计，所有结果保留 1 位小数；在 I3：I8 单元格区域求出每个销售部门占总销售总计的百分比，以百分比的格式显示，并保留两位小数（注意引用绝对地址）；根据每个部门的销售合计情况利用 IF 函数确定 J3：J8 单元格区域的备注内容，如果合计值大于 220.0，在"备注"列填上"良好"，否则填上"合格"；

（4）选择"职工工资"工作表，利用 COUNTIF 函数计算出各类职称（高工、工程师、助工）的人数并将结果置于 G5：G7 单元格区域；利用 AVERAGEIF 函数计算出各类职称（高工、工程师、助工）的平均工资水平并将结果置于 H5：H7 单元格区域，保留 1 位小数；

（5）选择"学生成绩表"工作表，根据工作表"学生班级信息表"里的信息利用 VLOOKUP 函数计算出每位学生所在班级并将结果置于 B3：B110 单元格区域；根据表格中成绩等级设定要求利用 IF 函数嵌套计算出每位学生的成绩等级并将结果置于 E3：E110。

任务知识

Excel 2016 一个重要功能就是计算数据，利用公式和函数可以帮助用户解决数据的计算问题，提高计算效率，当计算较简单时，可在单元格中直接输入公式，当需要进行海量或者复杂运算时，可利用函数来实现。

4.2.1　公式

Excel 支持用户输入公式对工作表中的数据进行各种自定义计算如算数运算、关系运算和字符串运算等。

1. 公式的形式

公式的一般形式为：＝<表达式>。表达式可以是算术表达式、关系表达式和字符串表达式等，表达式可由运算符、常量、单元格地址、函数和括号组成，但不能含有空格，公式中的<表达式>前面必须有"＝"号，如图 4－2－5 所示，在表达式前是否加"＝"号的区别：图 4－2－8 左侧未加"＝"表示输入的是一串字符"89＋79"，右侧添加了"＝"表示进行了公式计算，当前单元格的值等于表达式"89＋79"运算结果。

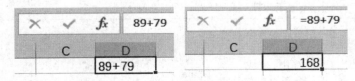

图 4－2－5　公式与字符串的区别

2. 公式的输入

首先选定要放置结果的单元格，然后在编辑栏或者单元格输入"＝"号，最后输入计算的表达式,最后按 Enter 键或者编辑栏里 ✗ ✓ ƒ 中"✓"按钮确认输入。在编辑栏输入公式时,引用单元格地址时可以通过键盘输入,也可以直接用鼠标单击单元格,如果需要编辑已经输入的公式,先选择公式所在的单元格,然后以在编辑栏中进行修改即可。

3. 公式的复制

公式复制方法主要有两种:一是选定含有公式的单元格并右击,利用快捷菜单"复制"和"粘贴"命令完成或者用组合键"Ctrl+C""Ctrl+V"完成;二是选定含有公式的单元格,拖动或者双击自动填充柄完成公式复制。

4. 运算符

通过运算符可以将常量、单元格地址、函数及括号等连接起来,组成表达式。在 Excel 中常用运算符有算术运算符、文本连接运算符、关系运算符和引用运算符,每种运算符使用如表 4-2-1 所示。

表 4-2-1　公式中运算符

运算符类型	运算符	作用	示例	结果
算术运算符	＋	加法运算	＝A1＋B1	结果为 A1 和 B1 单元格内容之和。
	－	减法运算	＝A1－B1	结果为 A1 单元格内容减去 B1 单元格内容的差。
	＊	乘法运算	＝A1＊B1	结果为 A1 单元格内容乘以 B1 单元格内容的积。
	/	除法运算	＝A1/B1	结果为 A1 单元格内容除以 B1 单元格的内容的商。
	％	百分比	＝3％	0.03
	^	乘幂运算	＝2^3	8
比较运算符（比较运算的结果为 True 或者 False）	＝	等于运算	＝A1＝B1	如果 A1 单元格内容与 B1 单元格内容相等,则结果为 True,否则为 False
	＞	大于运算	＝5＞5	False
	＜	小于运算	＝5＜5	False
	＞＝	大于等于运算	＝5＞＝5	True
	＜＝	小于等于运算	＝5＜＝5	True
	＜＞	不等于运算	＝5＜＞5	False
文本连接运算符	＆	用于连接多个单元格的文本字符串,生成一个新的文本字符串	＝"中国"＆"China"	"中国 China"

(续表)

运算符类型	运算符	作用	示例	结果
引用运算符	:（冒号）	用于连续单元格引用	A1:B3	表示由 A1 和 B3 为对角线组成的矩形数据区域
	,（逗号）	用于不连续单元格引用	A1,B3	表示 A1 和 B3 两个单元格
	（空格）	交叉运算，即对两个引用区域中共有的单元格区域进行运算	A1:B3　B2:C5	表示 B2 和 B3 两个单元格

在公式中如果有多个运算符，则按照表 4-2-2 的优先级顺序来进行计算，如果相同优先级的运算，则按照从左到右的顺序进行。

表 4-2-2　运算符优先级

优先顺序	运算符号	说明
1	()	优先计算括号里的表达式
2	:	单元格范围
3	空格	范围的交
4	,	范围的并
5	—	负号
6	%	百分比
7	^	幂指运算
8	* /	乘或除运算
9	+ —	加或者减运算
10	&	连接字符串
11	= <> > >= < <=	比较

4.2.2　公式计算中单元格引用

在公式中，通过引用单元格地址来表示单元格中的内容。如图 4-2-6 所示，D3 单元格的结果通过公式"=D1+D2"计算得出，即表示 D3 的内容等于 D1 单元格内容与 D2 单元格内容相加得到，所以当 D2 单元格内容从 79 变为 80 时，D3 的结果

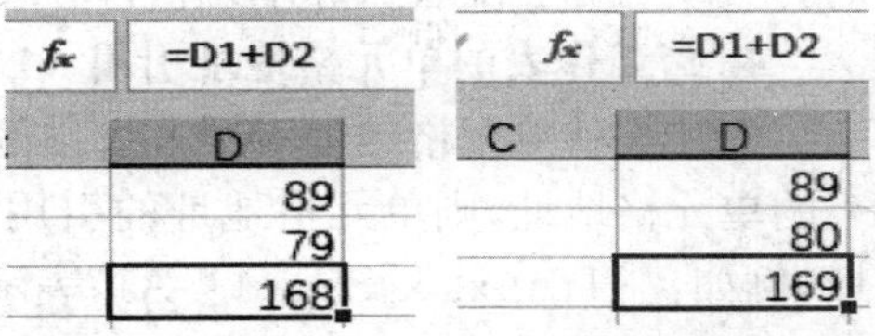

图 4-2-6　公式中单元格地址引用

也从 168 变为 169，因此可以通过引用单元格地址的办法来关联数据源，当数据源发生变化，计算结果也会自动更新。

在公式复制时，单元格地址的正确使用十分重要，Excel 中单元格的地址分为相对地址、

191

绝对地址、混合地址 3 种，在日常应用中根据计算的要求，会在公式中混合使用这几种地址的。

1. 相对地址

相对地址的形式如 A5、F3 所示，它表示复制公式时，不是照搬原来的单元格公式内容，而是根据原来的位置和目标位置的变化推算出目标位置公式中的单元格地址。如图 4-2-7 所示，F1 单元格中公式为"=D1+E1"，将其公式复制到 F3 单元格时，因为目标单元格从 1 行转到 3 行，行号增加 2，列号未变，因此 F3 单元格中的公式变为"=D3+E3"。

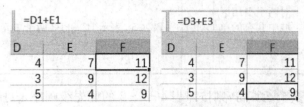

图 4-2-7　相对地址引用举例

2. 绝对地址

绝对地址的形式如＄A＄5、＄F＄3，它表示单元格地址在复制时永远照搬原来的单元格的公式内容。如图 4-2-8 所示，将 F1 的公式改为"=D1+＄E＄1"，则将该公式复制到 F3 单元格时，由于 D1 是相对地址，行号发生 2 个位置变化，则 D1 变为 D3，而 E1 单元格引用采用绝对地址"＄E＄1"，所以复制到目的单元格时保持不变。绝对地址的引用一般在求占比公式中经常使用。

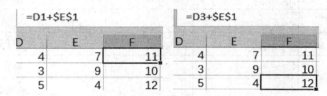

图 4-2-8　绝对地址引用举例

3. 混合地址

混合地址的形式如＄A5、F＄3，即单元格引用中只有行号或者列标的其中一个前面加上了"＄"符号，混合引用中当公式被复制时，加上"＄"的行号或列标不会改变，而没有加上的行号或列标会随着目标单元格行号或列标的变化而自动调整。

4. 跨工作表的单元格地址引用

上述三种单元格地址引用方法举例均在同一个工作表中完成，如果需要引用非本工作表的单元格地址，则单元格地址的引用一般形式为：［工作簿文件名］工作表名！单元格地址，例如："［Test.xlsx］Sheet1！A1"表示引用了文件名为"Test"的工作簿中"Sheet1"工作表中的 A1 单元格（注意此处 A1 地址为相对地址）。

4.2.3　函数

在 Excel 中为用户提供了很多函数，函数是一些预定义的公式，它可以运用一些参数并按照特定的顺序和结构对数据进行复杂计算，使用函数进行计算可以简化公式的输入过程，例如:录入求平均值的公式"＝(A1＋B1＋C1＋D1)/4",则可以利用函数"＝AVERAGE(A1:D1)"来替代。

1. 函数形式

函数的类型虽然各式各样,但其结构却大同小异,函数由函数名、参数、括号构成;函数的一般格式为:函数名(参数)如有多个参数,各参数之间以逗号相隔,参数应符合函数的规定,可以为数字、文本、逻辑值、单元格引用等,也可以为其他函数。

2. Excel 函数分类

Excel 提供了 11 类数百种函数:财务函数、日期与时间函数、数学与三角函数、统计函数、查找与引用函数、逻辑函数等。表 4－2－3、4－2－4 以及 4－2－5 列举一些常用函数的功能。

表 4－2－3　数学统计类函数

函数格式	功能
SUM(参数 1,参数 2,……)	计算各个参数所指定区域的数值型数据的累加和
AVERAGE(参数 1,参数 2,……)	计算各个参数所指定区域的数值型数据的平均值
COUNT(参数 1,参数 2,……)	统计各参数所指定的区域中数值型数据的个数
COUNTA(参数 1,参数 2,……)	统计各参数所指定的区域中"非空"单元格的个数
MAX(参数 1,参数 2,……)	求各参数所指定的区域中数值型数据中的最大值
MIN(参数 1,参数 2,……)	求各参数所指定的区域中数值型数据中的最小值
SUMIF(条件区域,条件,求和区域)	对满足条件的单元格求和,只能指定一个条件
SUMIFS(求和区域,条件区域 1,条件 1,条件区域 2,条件 2,……)	对一组给定条件的指定单元格求和
AVERAGEIF(条件区域,条件,求平均值区域)	对满足条件的单元格求平均值,只能指定一个条件
AVERAGES(求平均值区域,条件区域 1,条件 1,条件区域 2,条件 2,……)	对一组给定条件的指定单元格求平均值
COUNTIF(区域,条件)	统计某单元格区域中满足给定条件的单元格个数
COUNTIFS(条件区域 1,条件 1,条件区域 2,条件 2,……)	统计一组满足给定条件的单元格个数
RANK.EQ(数值,区域,排名方式)	计算某数值在一组数值中相对于其他数值的排名
ABS(数值)	返回给定数值的绝对值
ROUND(数值,n)	返回对"数值型参数"进行四舍五入到第 n 位的近似值
INT(数值)	将数值向下取整到最接近的整数,不进行四舍五入
TRUNC(数值,截尾精度)	将数值截取为整数或保留指定位数的小数,不四舍五入,结尾精度默认为 0,表示取整数

表4-2-4　逻辑文本类函数

函数格式	功能
IF(逻辑表达式,表达式1,表达式2)	若"逻辑表达式"值为真,则函数值为"表达式1"的值,若"逻辑表达式"值为假,则函数值为"表达式2"的值
MID(文本字符串,起始位置,截取长度)	从"文本字符串"中指定的起始位置起返回指定长度的字符串
LEFT(文本字符串,截取长度)	从"文本字符串"的左侧第一个字符开始返回指定截取长度的字符串
RIGHT(文本字符串,截取长度)	从"文本字符串"的右侧第一个字符开始返回指定截取长度的字符串
TRIM(文本字符串)	删除"文本字符串"中多余的空格,会在英文字符串中保留一个词与词之间间隔的空格
LEN(文本字符串)	返回"文本字符串"中字符的个数,包括空格
TEXT(数值,单元格格式)	根据指定的单元格格式将数值转换为文本

表4-2-5　时间日期以及查找引用类函数

函数格式	功能
NOW()	返回日期和时间格式的当前日期和时间,该函数不需要参数
TODAY()	返回日期格式的当前日期
YEAR(日期值)	返回当前日期值所对应的年份值
VLOOKUP(条件值,指定单元格区域,查询列号,逻辑值)	搜索"指定单元格区域"第一列满足"条件值"的元素,返回与满足"条件值"的元素在同一行的"查询列号"上对应的值,如果逻辑值为TRUE或省略,表明查找大致匹配内容,如果逻辑值为FALSE,表明要精确查找

3. 函数的引用

（1）使用函数向导输入

在单元格中输入函数时,如果对函数不熟悉,可以使用函数向导来引导函数的输入。选择"公式"功能选项,如图4-2-9所示,点击图中黑色框的"fx"即可打开函数向导对话框,如图4-2-10所示,如果对该使用哪些函数不清楚,可以在"搜索函数"对话框中输入想解决的问题的简短描述,单击"转到"按钮后会给出使用哪些函数的建议。结合函数描述和使用帮助说明正确地选用函数,图4-2-10中,以RANK.EQ函数为例,第一参数Number是填写当前要排名的数值,第二个参数Ref表示参与排名的所有数据,注意这里要用绝对地址,第三个参数Order表示排序的方式,如果为0或者省略,降序,非零值则升序排序。

图4-2-9　"公式"功能选项

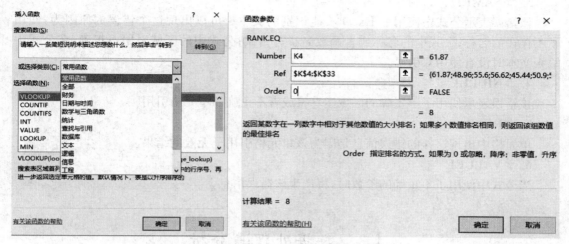

图 4-2-10　插入函数向导

（2）手工输入

函数输入可以在编辑框中直接手工输入，比如求最大值使用 MAX 函数，可以在单元格中直接输入"＝MAX(C2:C9)"，就可以得到 C2 到 C9 单元格中的最大值。如果函数在公式中要参与四则运算，使用手动输入可以减少函数输入的复杂度，比如在本任务中要计算参赛选手的总成绩可以直接在编辑栏里输入"＝(SUM(C4:G4)－I4－J4)＊H4＋B4"；函数也可以嵌套到函数中，作为另外一个函数的参数，使用手工输入可以提高函数输入速度。比如转换学生成绩等级，在单元格中输入"＝IF(D3 >＝85,"A",IF(D3 >＝75,"B",IF(D3 >＝65,"C","D")))"比逐一插入快速、简便很多。但是需要注意的是，在手工输入函数时，所有的标点符号都必须是英文半角标点符号，不能使用中文符号。

（3）使用自动求和

对于一些常用函数主要包括 SUM、AVERAGE、COUNT、MAX、MIN。可以在"开始"功能选项卡"编辑"选项命令组中，如图 4-2-11 所示，单击"∑自动求和"按钮右边的下拉箭头，选择相应的函数快速得到结果。

4.2.4　常见错误说明

在单元格输入或编辑公式后，有时会出现诸如"＃VALUE"或者"＃N/A"等错误信息，错误值一般以"＃"符号开头，下面简要说明各错误信息可能产生的原因。

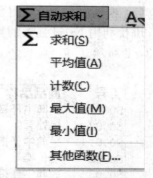

图 4-2-11　"自动求和" 下拉菜单

1. ＃DIV/0!

＃DIV/0! 的意思是"被零除"，也就是除数为 0 或者公式中的除数引用了零值单元格或空白单元格，可以通过修改公式中的除数零、零值单元格/空白单元格引用。

2. ＃N/A

该错误表示在函数或公式中没有可用数值。

3. ♯NAME?

该错误表示公式中使用了 Excel 不能识别的文本。可以出现这个错误的原因为：使用了不存在的名称；公式中的名称或者函数名拼写错误；公式中的区域引用不正确；在公式中输入文本时没有使用双引号。

4. ♯NIULL!

该错误表示使用了不正确的区域运算符或者不正确的单元格引用。

5. ♯REF!

单元格中出现这样的错误信息是因为该单元格引用了无效的结果。

6. ♯VALUE!

当公式中使用了了不正确的参数时，将产生该错误信息。

4.3 数据处理与分析

任务描述

在掌握了公式与函数应用后，班主任要求班长对计算出的数据进行分析和处理，从而达到下列要求：

(1) 对数据清单进行排序，找出销售额最好的销售员工工号；

(2) 为便于查看各个公司的用户情况，请将数据清单按照公司的次序排序；

(3) 为了查看各个系别学生成绩的总体情况，请将学生成绩按系别统计各科成绩情况，并将不及格学生成绩用特定格式显示出来；

(4) 筛选出符合特定要求的职工记录；

(5) 根据数据清单利用数据透视表生成反映各个公司每个季度的销售情况。

班长利用 Excel 强大的数据处理与分析功能，快速地得到结果，其效果如图 4-3-1—4-3-7 所示。

工号	商品品称	单价（元）	售出件数	销售额（元）
S0002	经典牛仔裤	500	50	25000
S0003	短外套	328	56	18368
S0001	经典牛仔裤	500	31	15500
S0003	哈伦裤	269	36	9684
S0003	经典牛仔裤	500	19	9500
S0003	刺绣连衣裙	288	32	9216
S0001	刺绣连衣裙	288	26	7488
S0002	刺绣连衣裙	288	26	7488

图 4-3-1 "销售清单"工作表多关键字排序

序号	年度	公司	用户数
1	2004	公司甲	4956
4	2005	公司甲	6156
7	2006	公司甲	11156
10	2007	公司甲	15156
13	2008	公司甲	18856
16	2009	公司甲	20156
19	2010	公司甲	23156
22	2011	公司甲	27156
2	2004	公司乙	18560
5	2005	公司乙	19210
8	2006	公司乙	21210
11	2007	公司乙	23210
14	2008	公司乙	26210
17	2009	公司乙	27210
20	2010	公司乙	28210
23	2011	公司乙	33210
3	2004	公司丙	11000
6	2005	公司丙	11500
9	2006	公司丙	14568
12	2007	公司丙	16568
15	2008	公司丙	19568
18	2009	公司丙	21068
21	2010	公司丙	23212
24	2011	公司丙	28212

姓名	语文	数学	英语	总分
张舒	90.5	89	91.5	271
张茹希	89	99	98.5	286.5
许姗姗	90	94	90.5	274.5
汪渊	83.5	100	91.5	275
司琦伟	87.5	96	90.5	274
娄丹	91.5	100	91	282.5
梁伟	91	100	96.5	287.5
李扬	91	96	84.5	271.5
陈天帅	88	100	96.5	284.5
包路平	85	100	96.5	281.5

图 4 - 3 - 2 "期末成绩"工作表自动筛选

图 4 - 3 - 3 "用户"工作表自定义排序

7	学号	姓名	性别	系别	英语	数学	计算机
8	02002	王成娟	女	化学系	92	95	87
9	02006	穆春华	女	化学系	76	87	95
10	02010	赵洪莉	女	化学系	32	95	68
11	02014	杨芹	女	化学系	45	65	75
12	02017	李娟	女	化学系	76	99	75
13	02021	刘芳	女	化学系	77	90	80
14	02028	刘镧	男	化学系	90	87	86
15				化学系	69.71429	88.29	80.857
16	02004	徐传军	男	生物系	68	76	45
17	02005	汪能江	男	生物系	55	95	76
18	02008	范运刚	男	生物系	73	86	95
19	02012	张侠	女	生物系	65	77	76
20	02013	任惠芳	女	生物系	89	92	92
21	02016	周成红	女	生物系	85	45	91
22	02019	孟胜	男	生物系	70	89	68
23	02023	林劲松	男	生物系	68	73	78
24	02025	张五一	男	生物系	56	67	64
25				生物系	69.88889	77.78	76.111

图 4 - 3 - 4 "学生成绩表"工作表分类汇总

1 2 3		A	B	C
	1	违章地点	违章类型	违章次数
+	11	博物馆东 汇总		243
+	21	清原南路 汇总		249
+	31	长江路 汇总		149
−	32	总计		641
	33			

图 4-3-5 "一月违章统计"工作表分类汇总结果

序号	职工号	部门	性别	年龄	职称	学历	基本工资
2	S042	事业部	男	39	工程师	硕士	5500
3	S053	研发部	女	34	工程师	硕士	5000
6	S066	事业部	男	35	高工	博士	6000
7	S071	销售部	男	37	工程师	硕士	7000
16	S016	事业部	男	40	高工	硕士	6500
20	S020	事业部	女	45	高工	硕士	6500

图 4-3-6 "公司人员情况表"工作表高级筛选

求和项:销售额（万元）	列标签			
行标签	1	2	3	总计
北部1	38.356	32.558	28.544	99.458
北部2	12.282	5.106	7.314	24.702
北部3	13.803	15.408	17.334	46.545
东部1	18.425	15.4	18.15	51.975
东部2	8.496	27.966	15.93	52.392
东部3	20.124	15.21	9.126	44.46
南部1	17.6	7.425	12.65	37.675
南部2	19.116	22.302	30.444	71.862
南部3	20.826	10.53	17.55	48.906
西部1	9.366	18.732	34.788	62.886
西部2	12.282	7.728	11.592	31.602
西部3	18.618	22.149	18.297	59.064
总计	209.294	200.514	221.719	631.527

图 4-3-7 "产品销售情况"工作表数据透视表

任务目标

（1）掌握根据三种排序（单关键字、多关键字、自定义）的方法；

（2）掌握数据自动筛选和高级筛选的方法；

（3）掌握分类汇总表的生成方式；

（4）掌握数据透视表和数据透视图的制作过程；

（5）掌握条件格式的设置方法。

任务内容

（1）打开工作簿"数据分析与处理.xlsx"；

（2）在"销售清单"工作表中，将数据按"销售额"降序排序，"销售额"相同再按"工号"升序排序；

（3）在工作表"用户"中，重新排列各行的次序，使其排列顺序为"公司甲、公司乙、公司丙"；

（4）利用条件格式将不及格学生成绩用红色、加粗显示,然后按系别的升序排序后分类汇总各系学生英语、数学、计算机的平均成绩,汇总结果显示在数据下方；

（5）在工作表"一月违章统计"中,利用分类汇总按违章地点对违章次数进行求和；

（6）利用自动筛选,求出工作表"期末成绩"中英语成绩大于 90 分或者小于 85 分,并且总分大于 270 分的所有学生记录；

（7）利用高级筛选出工作表"职工履历"中所有小于 30 岁或具有大学学历的职工记录,放置在以 B35 为左上角的区域中,其中第 35 行放置标题行；

（8）对工作表"某公司人员情况表"数据清单的内容进行高级筛选,须同时满足两个条件,条件 1 为：年龄大于等于 30 并且小于等于 45；条件 2 为：学历为硕士或博士,放置在以 A28 为左上角的区域中,其中第 28 行放置标题行；

（9）根据工作表"产品销售情况表"的数据清单生成一张反映各个公司每个季度销售总和情况的数据透视表以及与之关联的"簇状柱形图"数据透视图,并设置在图表中只显示 1 季度各分公司的销售情况。

任务知识

Excel 有强大的数据处理与分析功能,其主要体现在对工作表里的数据清单进行排序、筛选、分类汇总、统计和建立数据透视表等操作,而数据清单由标题行（表头）和数据部分组成。

4.3.1　排序

排序是指按照一定的规则对数据进行重新排列,便于浏览或为进一步处理做准备（如分类汇总）。数据清单的排序是根据选择的"关键字"字段的内容进行升序或者降序,数值型数据则按数值大小进行排序,文本则根据笔画或者拼音顺序,而关键字如果出现空格,则排在所有记录的最后。数据排序可以通过"开始"功能选项下"编辑"命令组中的"排序和筛选"下拉菜单实现或者通过"数据"选项卡下"排序和筛选"功能组实现,其界面如图 4 - 3 - 8 所示。排序方式根据需求可分为三种：单关键字排序和多关键字排序、自定义排序。

图 4 - 3 - 8　"排序和筛选"下拉菜单和命令组

1. 单关键字排序

单关键字排序是指排序中只以一个字段作为排序的依据。其中有两个办法：

（1）在工作表中选定要排序关键字所在列包含数据的任意一个单元格,点击图 4 - 3 - 8 所示"升序"或"降序"下拉菜单或者按钮即可实现。

（2）选中工作表中需要排序的数据清单（包括标题行），点击如图4-3-8所示的下拉菜单"自定义排序"或者"排序"按钮，打开"排序对话框"，如图4-3-9所示。在"主要关键字"中选择排序字段名，"次序"下选择升序或降序。

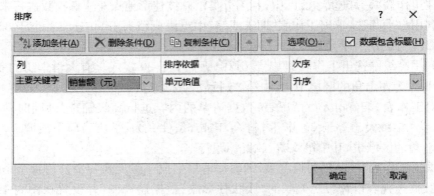

图4-3-9　单关键字排序

2. 多关键字排序

多关键字是指对选定的数据区域按照两个或者两个以上的排序关键字进行排序。多个关键字的排序优先级不一样，首先按照主要关键字进行排序，如果主要关键字相同则按照第一次要关键字进行排序，依次类推进行排序。如图4-3-10所示表示所有数据先按照"销售额"降序排序，销售额相同的再按工号升序排序，如果需要添加删除多个关键字可以点击图4-3-10中框中所示的按钮进行添加和删除即可。

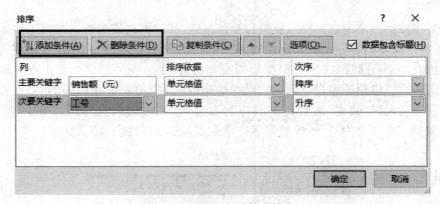

图4-3-10　多关键字排序

3. 自定义排序

自定义排序是指利用Excel按照拼音和笔画的方式达不到用户的需求时，可以对选定数据区域按照用户自定义的顺序进行排序，具体操作如下：首先打开"排序"对话框，设置好排序主要关键字后，在"次序"下选择"自定义序列"，如图4-3-11所示，其次在打开的"自定义序列"对话框中输入排序序列，如图4-3-12所示。在对话框中可以看到已经有部分自定义序列，选择新序列，在"输入序列"文本框中自定义的序列项，每项输入完成后按"Enter"换行来分隔条目，输入完成后按"添加"按钮，也可以在"文件"菜单中选择"选项"命令,打开"Excel 选项"对话框,选择"高级"选项后在右侧向下拖动垂直滚动条,单击"编辑自定义列表"按钮,打开"自定义序列"对话框添加序列,最后按确定返回工作表中。在排序时,在"排序"对话框中,"次序"下拉列表中选择"自定义序列",并选中需要完成的序列即可,如图 4-3-13 所示。

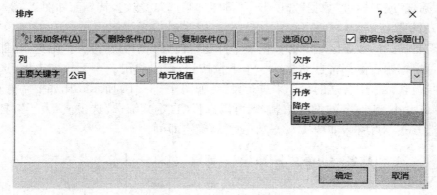

图 4-3-11　排序对话框

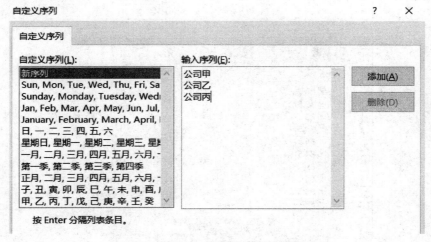

图 4-3-12　自定义序列对话框

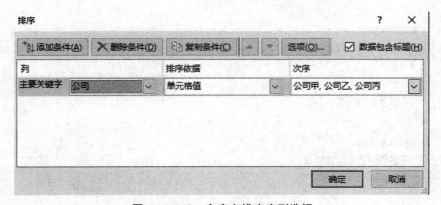

图 4-3-13　自定义排序序列选择

4.3.2 筛选

数据筛选是在工作表的数据清单中只显示满足指定条件的数据行的过程。在 Excel 中有自动筛选和高级筛选两个功能,利用"开始"功能选项下"编辑"命令组中的"排序和筛选"下拉菜单"筛选"或者通过"数据"选项卡下"排序和筛选"功能组,其界面如图 4-3-8 所示。

1. 自动筛选

选中需要筛选的数据区域或者数据清单标题行任意一个标题,执行"筛选"功能后,数据清单中的每个标题右侧都将自动显示一个下拉按钮,点击弹出一个下拉列表框,选择"数字筛选",按照级联菜单中合适的命令来进行设置,如图 4-3-14 所示。比如要筛选英语成绩大于 90 分或者小于 85 分的学生信息,则可以选择"自定义筛选"选项或"大于",打开"自定义自动筛选方式"对话框,如图 4-3-15 设置后确定即可。

图 4-3-14 筛选下拉菜单

图 4-3-15 自定义筛选方式对话框

如果还需要筛选出满足另外一列的字段条件要求的，则点击需要进行设置的字段右边的小箭头，在其下拉列表中继续设置即可，那么在相应的筛选字段右侧会出现筛选的标记，如图 4-3-16 所示。由此可以得知，自动筛选对一字段的设置条件最多只可以有两个而且对于多个字段之间条件只能满足"与"关系的筛选。以图 4-3-13 中的数据为例，如果要筛选出英语成绩大于 90 分或者数学成绩大于 90 分的学生信息，则得需要用高级筛选来实现。

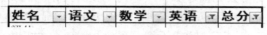

图 4-3-16　筛选效果

2. 高级筛选

高级筛选的关键是建立一个条件区域，用该区域说明筛选的条件，以图 4-3-17 数据为例，筛选出年龄小于 30 或者学历为大学的职工信息，则可以按下列步骤完成：

（1）复制数据标题，并在工作表区域中建立条件区域，如图 4-3-17 框中所示。

（2）单击数据区域中的任意单元格，在"数据"选项卡"排序和筛选"命令组中点击"高级"按钮打开"高级筛选"对话框。选择筛选结果存放位置，确定"列表区域"为数据区域，"条件区域"为刚刚建立的条件区域，如果"方式"为"将筛选结果复制到其他位置"，还需要在"复制到"中确定存放结果区域的首单元格，最后单击"确定"按钮即可完成高级筛选。

姓名	性别	年龄	学历	职别
李学萍	FALSE	32	中专	干部
夏洁美	FALSE	27	大专	工人
王红洁	FALSE	44	大专	干部
项小静	FALSE	32	中专	干部
付进凯	TRUE	34	中专	工人
孙向东	TRUE	42	大学	干部
邢义华	TRUE	32	大专	干部
陈佐领	TRUE	42	大学	干部
徐国建	FALSE	42	大学	干部
丁万丰	TRUE	35	大专	干部
郑凤嵘	TRUE	20	大专	干部
呆祥敏	FALSE	25	大专	干部
吴海莹	FALSE	28	大学	干部
赵容康	TRUE	37	大学	干部
李学群	FALSE	25	大学	干部
秦春风	TRUE	28	大专	干部

条件区域：

姓名	性别	年龄	学历	职别
		<30		
			大学	

高级筛选 对话框：

方式
○ 在原有区域显示筛选结果(F)
● 将筛选结果复制到其他位置(O)

列表区域(L)：　$B$4:$F$33
条件区域(C)：　历!$I$4:$M$6
复制到(T)：　B35

□ 选择不重复的记录(R)

确定　　取消

图 4-3-17　高级筛选

需要注意的是，执行高级筛选时条件区域标题必须和原标题完全一致。其他行输入筛选条件时，"与"关系的条件必须出现在同一行，"或"关系的条件不能出现在同一行。

不管是自动筛选，还是高级筛选，其不显示的数据并没有被删除，只是被隐藏，只需要在"数据"选项卡"排序和筛选"选项组中选择"清除"命令或点击"筛选"取消筛选的状态，如图中 4-3-18 框中所示。

图 4-3-18　取消筛选

4.3.3 分类汇总

分类汇总是对数据内容进行分析的一种方法，它是将数据清单根据指定的字段进行分类，然后再对每一组的数据进行统计，包括计数、求和、求平均值、求最小值和求最大值。

1. 创建分类汇总

创建分类汇总前需要将数据清单按照分类字段进行排序，排好序后将选择数据清单或者数据清单中任意选定一个单元格，在"数据"选项卡"分级显示"命令组中选择"分类汇总"按钮，如图4－3－19所示通过下拉列表设置分类字段、汇总方式，通过复选框选定需要汇总计算的字段，点击确定即可，如图4－3－20所示，其表示的就是将数据按系别统计英语、数学、计算机三门课程的平均成绩。

图4－3－19 分类汇总

分类汇总完成后，在数据区域左边会出现一些层次按钮，可以用来对数据进行分级显示，以便于用户能根据需要确定显示内容。

2. 分类汇总嵌套

如果要对多个字段同时进行分类，比如每类商品每天销售数量之类的要求，则必须使用分类汇总的嵌套功能，其方法首先在排序时将多个关键字按照主要、次要关键字来进行排序，然后先按照其中一个字段进行分类汇总，确认生成后，再次打开"分类汇总"按照第二个字段进行设置好后，取消"替换当前分类汇总"复选框的选中，即可完成分类汇总嵌套。如果还有第三个分类字段，依次完成即可。

3. 删除分类汇总

对于已经设置完成了分类汇总的工作表，如果需要删除分类汇总，只需要选定数据区域的任何一个单元格，再次打开"分类汇总"对话框，选择"全部删除"按钮即可。

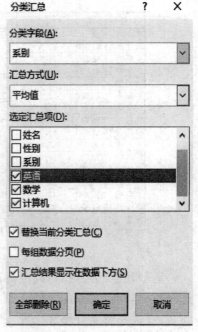

图4－3－20 分类汇总设置选项

4.3.4 数据透视表

数据透视表是是从数据清单中提取信息，对数据清单进行重新布局和分类汇总，并立即计算出结果，以方便用户从不同角度查看数据汇总结果。

1. 创建数据透视表

在建立数据透视表时，必须考虑选择哪些数据、如何汇总。比如要计算各个门店不同季度的销售情况,其最后形成的数据表应类似图 4-3-7 所示。下面以该表为例来介绍如何创建数据透视表。

　　(1) 选择数据清单或者数据区域中的任意一个单元格,在"插入"功能选项卡下"表格"命令组中如图 4-3-21 所示,单击"数据透视表"按钮,打开"创建数据透视表"对话框,如图 4-3-22 所示。

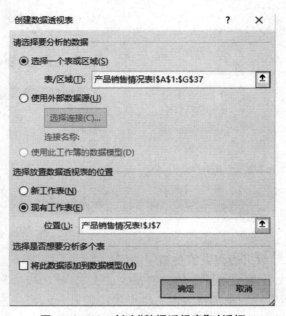

　　图 4-3-21　"表格"命令组　　　　　图 4-3-22　创建"数据透视表"对话框

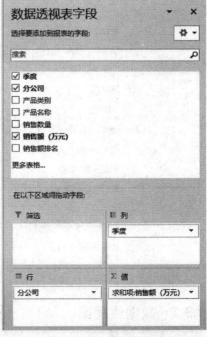

　　(2) 检查对话框中要选择的数据分析区域是否正确,如有问题,可以重新选择。在"选择放置数据透视表位置"中根据需求选择某个方式:新工作表或者是当前工作表的某个位置。

　　(3) 点击"确定"后,即进入数据透视表设计环境,弹出"数据透视表字段"对话框,如图 4-3-23 所示,将"选择要添加到报表的字段"列表框中将"分公司"字段拖动到"行标签"列表框中,将"季度"字段移动到"列标签"列表框中,将"销售额(万元)"拖动到"数值"框中。这样就完成了数据透视表的设计。如果"数值"字段的计算方式不是求和,则直接点击"求和项:销售额(万元)"右侧的下拉按钮,在弹出菜单中选择"值字段设置",如图 4-3-24 所示在打开的"值字段设置"对话框中,选择需要的汇总方式即可。数据透视表生成后如果觉得布局不合理,可以根据需要添加或删除数据透视表中的字段。只需要在"数据透视表字段列表"中,重新添加、调整、删除数据透视表的"报表筛选""行标签""列标

　　图 4-3-23　"数据透视表字段"对话框

签"和"数值"之中的字段即可。

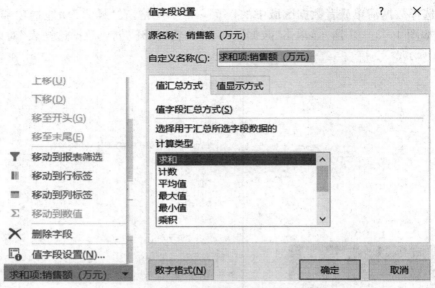

图 4 - 3 - 24　"值字段设置"对话框

2. 数据透视表值更新

如果数据清单中的数值发生了改变，与之相关联的数据透视表不会像图表那样自动更新，需要在数据透视表中右键点击任意一个单元，在快捷菜单中或者点击"数据透视表工具"功能选项卡，如图 4 - 3 - 25 所示，选择"刷新"命令才能更新数据透视表中的汇总数据。

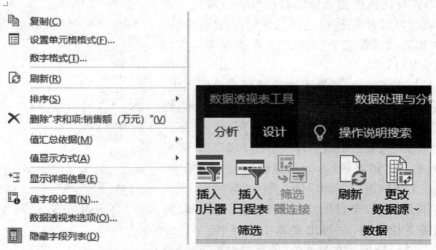

图 4 - 3 - 25　"数据透视表"快捷菜单以及功能选项

4.3.5　数据透视图

数据透视图是以图形形式展现出数据透视表中数据。它以图的方式展示表中的信息，可以更直观地展示数据的变化趋势和变化规律。其制作方法为有两种：

（1）根据数据透视表创建数据透视图,选中数据透视表的任意单元格,在"数据透视表工具""分析"选项卡"工具"选项组中单击"数据透视图"按钮,打开"插入图表"对话框,选择需要的图表类型,点击确认按钮即可生成数据透视图,如图 4 - 3 - 26 所示。

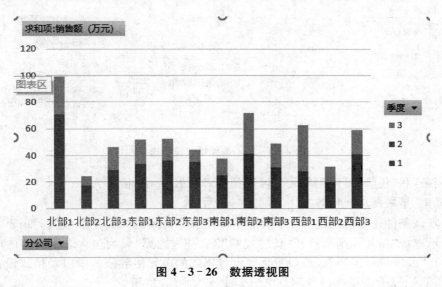

图 4 - 3 - 26　数据透视图

（2）利用"插入"选项卡"图表"命令组中的"数据透视图"一次生成数据透视表以及与之相关的数据透视图。

注意:单击图 4 - 3 - 26 中的"分公司"右侧的下拉按钮,打开筛选对话框可以改变数据透视图的内容,同样对于数据透视表中"季度"也可以进行同样的操作,根据需求显示不同的图表内容。

4.3.6　条件格式

条件格式指可以设置单元格在满足一定条件时显示指定的格式。进行该功能设置时首先要选定需要设置的单元格区域,然后在"开始"功能选项卡下"样式"命令选项组中单击"条件格式"下拉菜单如图 4 - 3 - 27 所示,再弹出的下拉菜单中根据需求选择设置条件的方式。

"突出显示单元格规则"是根据单元格中值的大小、包含的内容来设置格式;

"最前/最后规则"是根据多个单元格中值的关系来设置格式,如图 4 - 3 - 28 所示,注意虽然显示的都是 10 项或者 10%,其实打开相应的对话框也可以设置其他数量的;

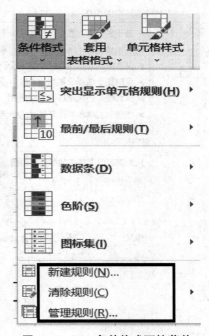

图 4 - 3 - 27　条件格式下拉菜单

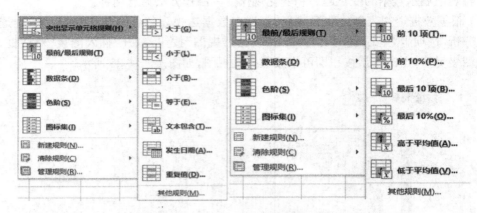

图 4 - 3 - 28　条件格式设置选项

"数据条"和"色阶"是使用单元格填充颜色来表示单元格值的大小；

"图标集"是根据单元格数据用不同图标显示。

如果默认条件还不能满足用户需求,可以对条件格式进行自定义设置,如图 4 - 2 - 27 选框中所示选择"新建规则",打开"新建规则"对话框,选择"只为包含以下内容的单元格设置格式",在"编辑规则说明"区域设置需要设置格式的单元格数值范围以及格式设置。如图 4 - 3 - 29 所示,其要求就是设置不及格学生成绩为倾斜、加粗。

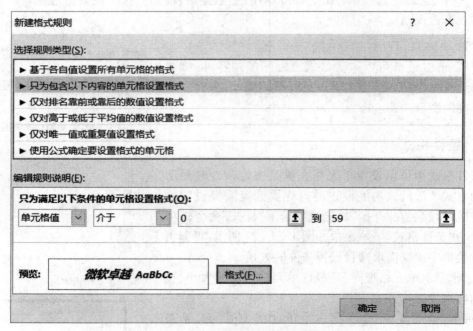

图 4 - 3 - 29　条件格式"新建规则"对话框

4.4 图表制作与编辑

任务描述

在掌握了公式与函数以及数据的处理和分析后,班主任考验班长对 Excel 软件的一个综合能力,并将最终所要结果以图表的形式直观地展示出来。

(1)利用折线图出公司甲最近几年用户数的变化趋势;

(2)利用柱形图显示出四强小组赛的净胜球情况。

经过公式计算和数据处理后,班长很快将班主任所需的结果以图表显示出来,如图 4-4-1 和图 4-1-2 所示。

图 4-4-1 公司甲近年人均用户消费情况图表

任务目标

(1)复习和巩固公式与函数以及数据处理与分析;

(2)掌握创建图表的方法;

(3)掌握编辑图表的方法。

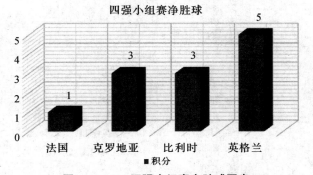

图 4-4-2 四强小组赛净胜球图表

任务内容

(1)在"用户"工作表中,设置第一行标题文字在 A1:D1 单元格区域合并后居中,字体格式为楷体、18 号、红色;

(2)在"收入"工作表的 G 列中,利用公式分别计算相应年度各公司收入合计(收入合计＝话费＋上网费＋其他费用);

(3)在"收入"工作表的 H 列中,引用"用户"工作表数据,分别计算相应年度各公司人均消费,结果以带 2 位小数的数值格式显示(人均消费(元)＝收入合计/用户数×10 000);

（4）在"收入"工作表中，自动筛选出"公司甲"的记录；

（5）在"收入"工作表中，根据筛选的"公司甲"人均消费数据，生成一张"带数据标记的折线图"，嵌入当前工作表中，图表标题为"公司甲近年用户人均消费"，分类（X）轴标志为相应年度，并添加横坐标标题为"年份"，无图例，数据标签显示在数据点下方；

（6）在"比赛结果"工作表的 D 列中，利用公式计算各球队第二轮的净胜球（净胜球＝进球－失球）；

（7）在"比赛结果"工作表的 E 列中，利用公式计算各球队第二轮的积分（如果净胜球大于 0，积分为 3，如果净胜球等于 0，积分为 1，如果净胜球小于 0，积分为 0）；

（8）在"地区统计"工作表中，利用分类汇总统计各代表地区的进球之和以及失球之和；

（9）在"比赛结果"工作表中，生成一张反映四支球队（法国、克罗地亚、比利时、英格兰）净胜球数的"三维簇状柱形图"，嵌入当前工作表中，图表上方标题为"四强小组赛净胜球"，14 号字，楷体，显示图例名称为"积分"，数据标签显示值，采用图表样式 1，添加水平和垂直网格线。

任务知识

Excel 提供了强大的图表功能，可以将选定区域的数据作为以图表的方式直观地显示数据之间的变化或者趋势走向。图表和对应的数据直接关联，当数据源发生变化时，图表中对应的数据也会自动更新。

Excel 2016 提供的图表类型有：柱形图、折线图、饼图、条形图、面积图、股价图、雷达图等，如图 4－4－3 所示。在使用中，可以根据不同的需要选择不同的图形，比如需要表示数据之间的差异，可以选择柱形图或条形图，表示具体和整体之间的关系可以使用饼图或圆环图，表示变化趋势可以使用折线图，表示多个属性的对象之间的差异，可以选择雷达图等。

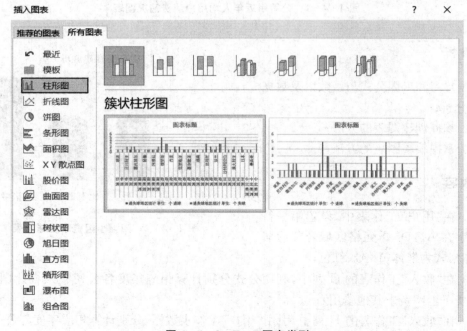

图 4－4－3　Excel 图表类型

4.4.1　创建图表

1. 图表的构成

在创建图表前,首先了解图表的组成,一个图表主要由以下部分组成,如图 4 - 4 - 4 所示。

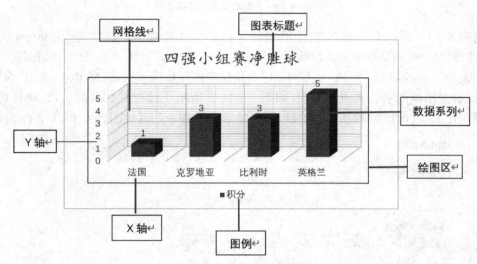

图 4 - 4 - 4　Excel 图表组成

(1) 图表标题:描述图表的名称,默认在图表的顶端,可有可无。

(2) 坐标轴(X 轴、Y 轴)与坐标轴标题。

(3) 数据系列:图表的数据来源,一个数据系列对应选定区域的一行或一列数据。

(4) 图例:包含图表中相应数据系列的名称和数据系列在途中的颜色。

(5) 绘图区:以坐标轴为界的区域。

(6) 网格线:从坐标轴刻度线延伸出来并贯穿整个绘图区的线条系列。

2. 创建图表

创建图表的前提是要选定用来创建图表的数据,所以在创建图表前一定要清楚图表是基于哪些数据生成的,然后可以通过创建图表向导或者直接选择数据生成图表。

(1) 利用图表向导生成图表。首先将光标定位在数据区域以外的任一单元格,然后在"插入"功能选项卡"图表"命令组,如图 4 - 4 - 5 所示,根据需求寻找对应的图表类型,比如要创建"簇状柱形图",应选择"柱形图"按钮下方箭头弹出菜单。如果不清楚图表名称,将鼠标悬浮在图表上 2 秒,会有浮动窗口提示图表名称,此时由于未选择数据源,所以绘图区一片空白,此时选择此空白区,在 Excel 功能区会多出"图表工具"功能组,如图 4 - 4 - 6 所示。

图 4 - 4 - 5　图表命令组

图4-4-6 "图表工具"功能选项

由图4-4-6中可知,该功能组由"设计""格式"2个选项卡,通过"选择数据"命令按钮,打开"选择数据源"对话框添加数据系列,如图4-4-7所示,注意"水平(分类)轴标签"就是显示在图表中X轴的数据,"图例项(系列)"可以添加和删除数据系列,选择系列,点击"编辑"按钮,可以设置图例的名称和值的来源,如图4-4-8所示。设置好数据源后,绘图区的内容即可显示出来,此时图表的基本创建好,再根据需求添加一些其他图表要素,完善图表即可。

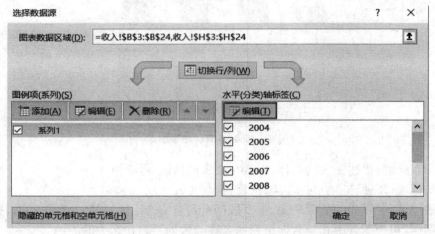

图4-4-7 "选择数据源"对话框

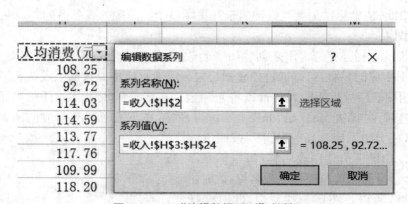

图4-4-8 "编辑数据系列"对话框

(2)直接先选择数据源,然后利用"插入"功能选项组下"图表"命令组直接生成图表绘图区的内容。

4.4.2　编辑图表元素

一个图表中包含多个组成部分,默认创建的图表只包含部分内容,用户可以根据需要向其中添加其他元素,从而使得图表能表达更多信息。要在图表中添加元素,可以有两种方式实现:一是选择创建好的图表,在图表的右侧会出现悬浮的三个按钮,如图 4-4-9 所示,点击"+"可以添加相应的图表元素;二是利用"图表工具"功能组"设计"选项下"图表布局"命令组中"添加图表元素"按钮来实现该功能。那么通过上述两种方法可以为图表添加下列元素。

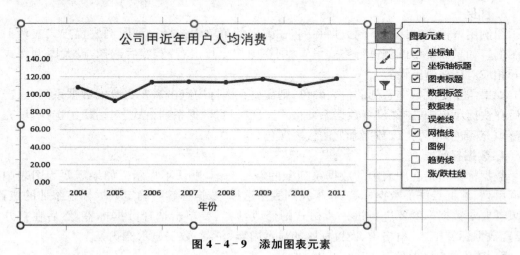

图 4-4-9　添加图表元素

1. 图表标题

按照上述方法,在下拉列表中选择"图表标题",如图 4-4-10 所示,设置图表标题放置位置,在文本框中输入标题文本。如果需要对标题文本做格式调整,可以选中标题文本,点击鼠标右键弹出快捷菜单如图 4-4-11 所示,选择"设置图表标题格式",打开"设置图表标题格式"对话框,为标题设置填充、边框颜色、阴影等效果。其余各个元素的设置方法与图表标题操作方法类似,这里不一一截图说明了。

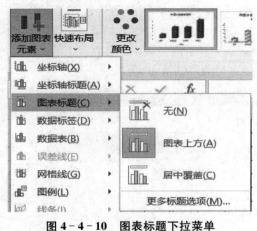

图 4-4-10　图表标题下拉菜单

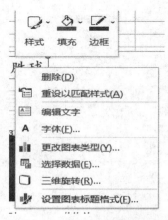

图 4-4-11　图表标题快捷菜单

2. 坐标轴标题以及格式设置

坐标轴包括横向坐标轴和纵向坐标轴,可以添加标题来明确各个坐标轴的含义,也可以对其中的坐标、刻度等进行调整来丰富图表信息。如果需要对坐标轴格式进行设置,则可以直接点击需要设置的坐标轴后点击右键,然后选择"设置坐标轴标题格式",打开"设置坐标轴格式"窗格进行设置。比如要更改纵坐标轴的主要刻度,则在"坐标轴选项"中,选择并修改"单位"下"主要"文本框内容,从而调整坐标轴横向网格线,满足用户的阅读需要。

3. 图例

图例用来标志和区分不同数据系列,在弹出的菜单中选择一种图例放置方式或者不显示图例。如果需要对图例进行格式设置,则在图例上点击右键,然后选择"设置图例格式",打开相应对话框进行设置。

如果需要更改数据系列的代表颜色,则需要在图标中点击需要更改的数据系列,点击右键后在快捷菜单中选择"设置数据系列格式",在"设置数据系列格式"对话框中选择"填充",调整填充颜色,即可更改数据系列的代表颜色。

4. 数据标签

数据标签是指在图表中的数据系列上的数据标记,默认不显示。如果需要为图表中的数据系列、数据点添加数据标签,在下拉列表中选择"数据标签",确定数据标签添加的位置。如果需要对数据标签要进行进一步格式的修改,则需要单击选择数据标签,然后在打开的"设置数据标签格式"窗格中,设置标签的显示内容、位置、数字显示格式等。

5. 图表大小以及位置

如果需要调整图表区或者绘图区大小,选定图表区或者绘图区后,鼠标移动到位于边框的控制点上,变为双向箭头直接拖动即可。

图表的位置默认是放置在当前工作表的,这种放置方法也被称为嵌入式工作表。图表也可以独立放置在一张工作表中,也被称为独立图表。两种放置位置的设置可以通过"图表工具"功能组"设计"选项下"移动图表"来设置,如图 4 - 4 - 12 所示。

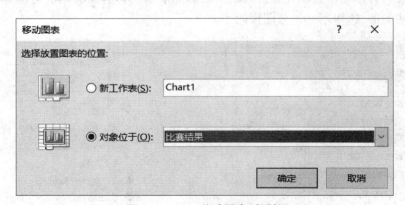

图 4 - 4 - 12　移动图表对话框

项目五

PowerPoint 2016 演示文稿

项目描述

Microsoft Office PowerPoint 是微软公司的演示文稿软件。用户可以在投影仪或者计算机上进行演示，也可以将演示文稿打印出来，制作成胶片，以便应用到更广泛的领域中。

利用 Microsoft Office PowerPoint 不仅可以创建演示文稿，还可以在互联网上召开面对面会议、远程会议或在网上给观众展示演示文稿。

5.1　演示文稿的简单制作

任务描述

利用 PowerPoint 2016 制作如图 5 - 1 - 1 所示的演示文稿，标题为"地貌大全"，如图 5 - 1 - 1 所示。

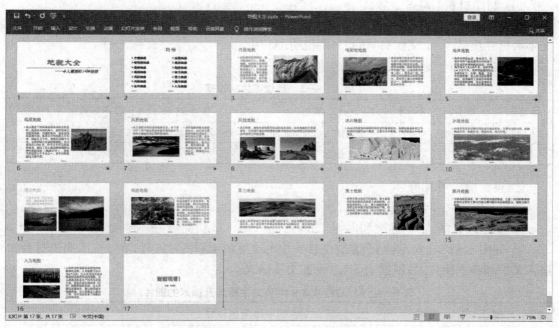

图 5 - 1 - 1　"地貌大全"样张

任务目标

(1) 了解 PowerPoint 2016 的工作界面的组成和基本知识。

(2) 熟悉常用工具栏、格式工具栏和绘图工具栏的使用方法。

(3) 掌握选择版式、背景格式、幻灯片的主题、页眉页脚的设置方法。

(4) 掌握图片与其他对象的插入及格式设置方法。

(5) 熟悉演示文稿的保存。

任务内容

新建演示文稿,参考样张图 5-1-1,结合项目 5 中 5.1 文件夹中的图片文件和文本文件,完成下面操作:

(1) 新建并保存演示文稿,命名为"地貌大全.pptx"。

(2) 制作标题幻灯片。

① 单击标题栏输入"地貌大全",副标题栏输入"——令人震撼的 14 种地貌"。

表 5-1-1　标题页格式设置

设置项	字体	字号	颜色	文本效果	字形	对齐方式
标题(地貌大全)	华文隶书	88	主题颜色:橙色,个性色 2	内部居中阴影	加粗	居中
副标题(——令人震撼的 14 种地貌)	华文中宋	40	标准色:蓝色	文字阴影	倾斜	右对齐

② 在标题文字下方插入一条直线,形状样式为粗线—强调颜色 6,粗细为 4.5 磅。

(3) 制作目录幻灯片。

① 新建"两栏内容"版式幻灯片,标题内容为目录,左右两栏内容为 14 种地貌的标题,文字素材在项目 5-1 文件夹下的"文字说明.txt"中。

② 按表 5-1-2 设置格式。

表 5-1-2　目录页格式设置

设置项	字体	字号	颜色	文本效果	对齐方式	行距
标题	华文隶书	60	主题颜色:橙色,个性色 2	外部右下偏移阴影	居中	单倍
目录	华文中宋	32	标准色:蓝色	文字阴影	左对齐	1.1 倍

③ 设置箭头项目符号。

(4) 制作 3~16 张幻灯片。

① 新建一张版式为"标题和内容"幻灯片,按 ctrl+m 快捷键,快速新建至 16 张。

② 如图 5-1-1 所示,结合素材文件夹中的文字说明和图片文件,在 3~16 页幻灯片中输入文字和插入图片,另根据表 5.1.3 设置文字格式。

表 5-1-3　幻灯片 3~16 页文字格式及插入的图片

幻灯片编号	标题	标题和文本的字体颜色设置	图片
3	丹霞地貌	主题颜色:橙色,个性色 2,深色 25%	丹霞地貌

（续表）

幻灯片编号	标题	标题和文本的字体颜色设置	图片
4	喀斯特地貌	主题颜色:蓝色,个性色5,深色25%	喀斯特地貌
5	海岸地貌	主题颜色:黑色,文字1,淡色15%	海岸地貌
6	海底地貌	主题颜色:蓝色,个性色1,深色50%	海底地貌
7	风积地貌	主题颜色:金色,个性色4,深色50%	风积地貌
8	风蚀地貌	取色器:天空蓝色	风蚀地貌1、风蚀地貌2
9	冰川地貌	标准色:深蓝	冰川地貌
10	冰缘地貌	自定义颜色 RGB(128,128,128)	冰缘地貌
11	湖泊地貌	自定义颜色 RGB(0,255,255)	湖泊地貌1、湖泊地貌2
12	构造地貌	自定义颜色 RGB(255,0,0)	构造地貌
13	重力地貌	标准色:绿色	重力地貌
14	黄土地貌	主题颜色:橙色,个性色2,深色50%	黄土地貌
15	雅丹地貌	主题颜色:浅灰色,背景色2,深色90%	雅丹地貌
16	人为地貌	主题颜色:绿色,个性色6,深色50%	人为地貌1、人为地貌2

（5）给全部幻灯片插入自动更新日期、编号及页脚,页脚内容为"地貌大全",标题幻灯片中不显示。

（6）制作第 17 张空白幻灯片,插入第一行第三列艺术字格式,内容为"谢谢观看!",并插入横排文本框,输入作者,设置成宋体,20 号字。

任务知识

5.1.1　认识 PowerPoint 2016

PowerPoint 的工作界面介绍,如图 5－1－2 所示。

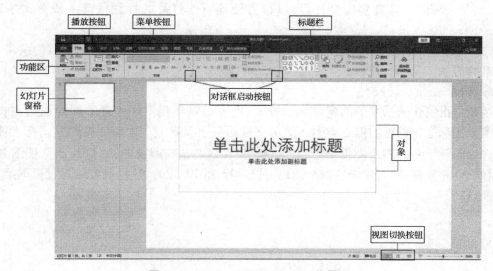

图 5－1－2　PowerPoint 2016 工作界面

1. 演示文稿

演示文稿由一组幻灯片组成,集文字、图片、声音以及视频剪辑等多媒体元素于一体,并使用专门软件进行设计制作并播放电子文档,具有向公众传递信息的作用,已广泛应用于多媒体教学、公众演讲、公共信息展示等诸多领域。PowerPoint 2016 是一款演示文稿制作与放映软件,用其制作的演示文稿文件扩展名为.pptx。

2. 幻灯片

幻灯片是演示文稿的基本组成单元,用户要演示的全部信息,包括文字图形、表格、图表、声音和视频等都以幻灯片为单位进行组织。

3. 占位符

占位符是 PowerPoint 中的特有概念,是指创建新幻灯片时出现的虚线方框,这些方框代表特定的对象,用来放置标题、正文、图表、表格和图片等。占位符是幻灯片设计模板的主要组成元素,在占位符中添加文本和其他对象,可以方便地建立规整、美观的演示文稿。在文本占位符上单击鼠标,可以键入或粘贴文本。如果文本大小超出了占位符的大小,PPT 会自动调整键入的字号和行间距,以使文本大小合适。

4. 对象

对象是指 PowerPoint 中可编辑、可展示,并具有特定功能的一些信息展示模式,包括文本框、艺术字、页眉页脚、图形、图片、图标、音频、视频、超链接等。使用这些对象可以丰富幻灯片的内容,制作图文声像并茂的多媒体演示文稿。

5. 工作区

演示文稿的工作区由于不同的视图方式,会显示不同的窗格内容。通常用户大部分的时间都用于编辑幻灯片,因此以普通视图窗口显示居多。在该视图下,工作区被分为以下三个窗格。

(1)幻灯片窗格:该窗口位于工作界面最中间,其主要任务是进行幻灯片的制作,编辑和添加各种动画效果,还可以查看每张幻灯片的整体效果。

(2)大纲窗格:该窗格位于幻灯片窗格的左侧,主要用于显示幻灯片的文本,并可以插入、复制、删除、移动整张幻灯片,可以很方便地对幻灯片的标题段落和段落文本进行编辑。

(3)备注窗格:该窗格位于,幻灯片窗口下方,主要用于给幻灯片添加备注,为演讲者提供更多的信息。

6. 视图

视图是指制作演示文稿的窗口显示方式,PowerPoint 提供了多种不同的视图方式,每种视图方式都会将处理的焦点集中在演示文稿的某个要素上。常用的视图方式有 4 种,通过工作界面右下角的四个图标，分别是普通视图、幻灯片浏览视图、阅读视图和幻灯片放映视图,单击这四个图标可以进行视图方式的切换,也可以通过视图菜单进行切换,如图 5 - 1 - 3 所示。

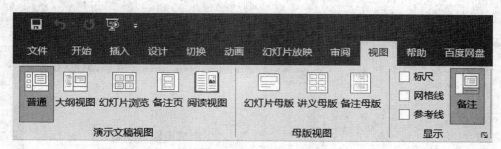

图 5-1-3 视图菜单

（1）普通视图

普通视图是 PowerPoint 创建演示文稿的默认视图，多用于加工单张幻灯片，不但可以处理文本和图形，而且可以处理声音、动画及其他特殊效果。普通视图包含 2 个窗格，大纲窗格和幻灯片窗格，如图 5-1-4 所示。

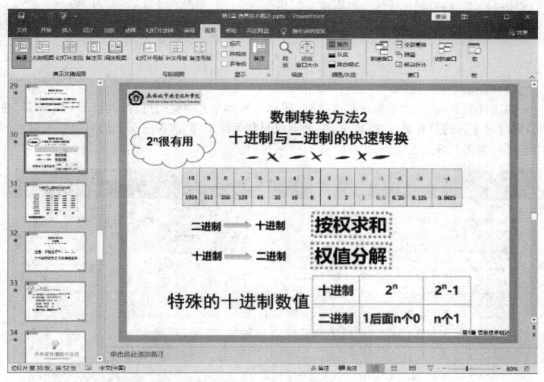

图 5-1-4 普通视图

（2）大纲视图

大纲视图和普通视图类似，也包含两个窗格，大纲窗格和幻灯片窗格。大纲窗格中显示演示文稿的文本大纲，在大纲窗格中可以组织和输入演示文稿的文本内容。

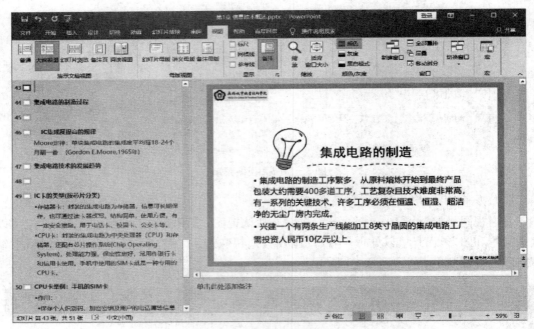

图 5-1-5　大纲视图

（3）幻灯片浏览视图

　　在该视图下，演示文稿按序整齐排列，用户可从整体上浏览幻灯片，调整幻灯片背景、主题，同时对多张幻灯片进行复制、移动、删除或隐藏等操作，但该视图下无法对单张幻灯片的内容进行编辑和修改。

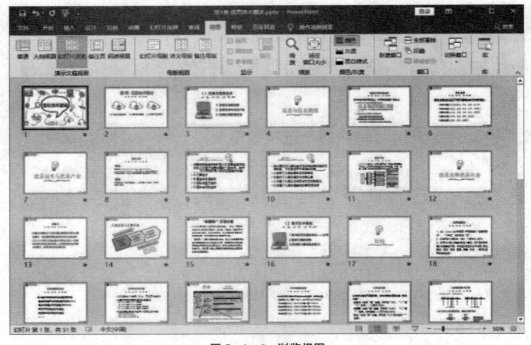

图 5-1-6　浏览视图

（4）备注页视图

这种视图界面被分成两个部分，上方为幻灯片，下方为备注添加窗口，如图 5-1-7 所示。在备注区可以编辑各种备注信息，如练习题答案或演讲者笔记等等。

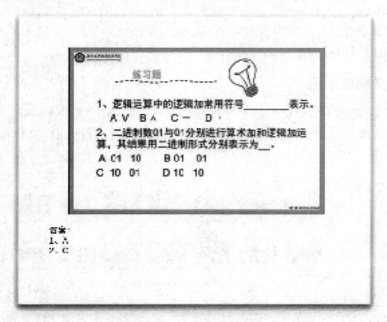

图 5-1-7　备注页视图

（5）阅读视图

阅读视图中可以看到幻灯片放映视图下的各类动画效果，所不同的是它不是全屏显示，用户可以通过单击右上角的最小化、最大化/还原、关闭按钮实现窗口大小改变及关闭，同时在窗口底部状态栏的左侧显示了当前幻灯片在演示文稿中的位置，右侧可以通过向左、向右的箭头实现页面切换，单击"菜单"按钮，可以实现幻灯片的跳转，同时还可以通过单击视图按钮进行不同视图之间的切换。

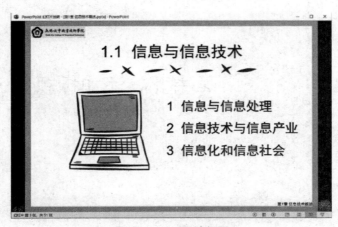

图 5-1-8　阅读视图

（6）幻灯片放映视图

幻灯片放映视图按钮有两种形式，一种是标题栏左上角的⬚图标，也可以直接按快捷键F5，代表从第一页开始播放，另外一种是状态栏右下角的⬚图标，代表从当前页开始播放。在该视图下，文稿内容通过单击鼠标翻页或是通过设置的放映方式进行自动播放，用户在全屏状态下可以看到幻灯片中设置的动画效果及切换效果，若其中加入了声音特效和背景音乐等，也可以同步听到。

5.1.2　演示文稿的创建

实验素材文件夹，本实验提供的素材存放与项目5的"5.1"文件夹中，文件夹内素材列表如图5-1-9所示，其中幻灯片中涉及的图片均在"图片"文件夹中，文字素材均在"文字说明.txt"文件中。

图5-1-9　素材文件夹

（1）单击"开始"按钮，单击应用程序中的⬚图标，或者双击桌面快捷方式中⬚图标，均可启动PowerPoint 2016，并新建一张"标题幻灯片"版式的演示文稿1。若要新建其他模版，可单击"文件"按钮，选择"新建"命令，如图5-1-10所示。

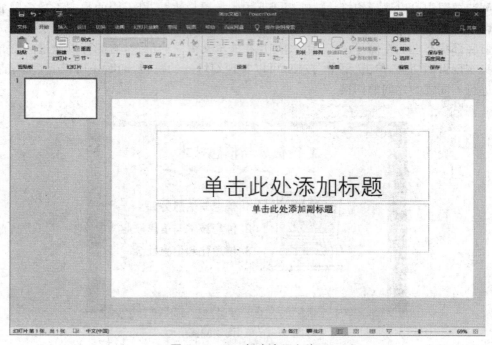

图5-1-10　新建演示文稿1

（2）如果要新建其他类型的模板，可通过新建选项选择。如图 5-1-11 所示。"文件"|"新建"|"空白演示文稿"，并在右侧单击"创建"按钮，又新建演示文稿 2，默认使用的是"标题幻灯片"版式。因刚打开软件时已经新建演示文稿 1，在此实验中可关闭演示文稿 2。

图 5-1-11　幻灯片新建其他主题

5.1.3　幻灯片中添加内容

1. 文本的输入和编辑

（1）文本的输入方式有两种：一是在占位符中输入（在文本占位符上单击鼠标，可以键入或粘贴文本）；二是使用文本框输入（如果要在占位符以外的位置输入文本，必须在文本框中输入）。

（2）要对幻灯片中的某文本进行编辑，必须先选择该文本。根据需要，可以选取整个文本框、整段文本或部分文本，进行"开始"菜单里面的"字体"和"段落"等设置。如图 5-1-12 所示。也可对选取的部分右键单击，通过快捷菜单进行设置，如图 5-1-13 所示。

图 5-1-12　字体、段落设置

（3）幻灯片的文本编辑通常在普通视图下进行，主要包括插入、删除、复制、移动等，方式与 Word 中基本相同。

2. 格式刷

复制一个位置的格式，将其应用到另一个位置。双击此按钮可将相同格式应用到文档中的多个位置,如果不要应用此格式,可通过单击此按钮或按键盘上"Esc"键,取消此格式的应用。如果该格式用户只想在文档中某处应用,只需单击格式刷按钮,使用一次后格式刷自动取消。格式刷所在位置及按钮形状如图 5-1-14 所示。

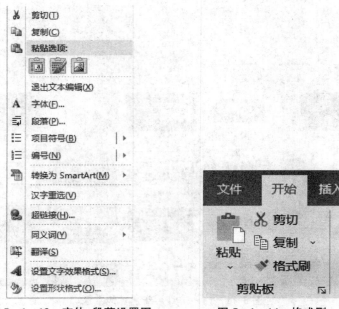

图 5-1-13　字体、段落设置图　　　　图 5-1-14　格式刷

3. 制作标题幻灯片

(1) 按任务要求,设置标题和副标题的字体、字号、颜色、文本效果、字形及对齐方式。鼠标选中标题文字,选择"开始"|"字体"选项组,进行相关设置。其中,颜色的设置要把光标停留在某种颜色上一段时间,让其出现具体颜色的电子注释,然后进行选择,如图 5-1-15 所示,其他文字效果设置如图 5-1-16 所示。

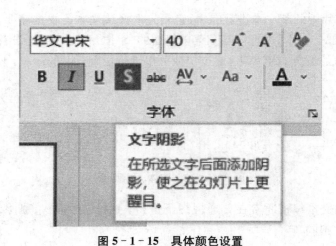

图 5-1-15　具体颜色设置

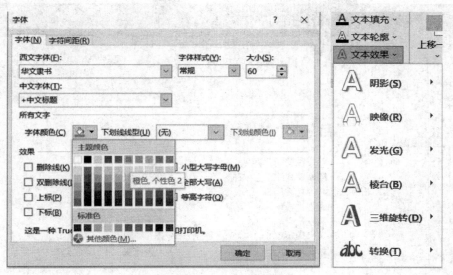

图 5 - 1 - 16　文本效果设置

（2）在标题文字下方插入一条直线，形状样式为粗线—强调颜色 6，粗细为 4.5 磅。鼠标单击"插入"选项标签，"插图" | "形状"下拉列表中选择"直线"，在标题文字下方，单击鼠标左键并拖动，若结合 Shift 键可画标准直线。选中直线，在菜单栏上方出现"绘图工具" | "格式"选项标签，如图 5 - 1 - 17 所示，进行形状填充、形状轮廓的设置。

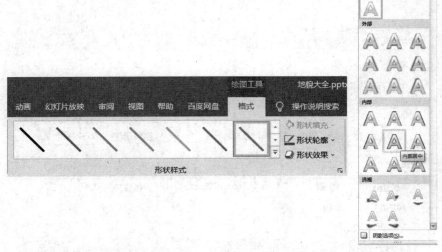

5 - 1 - 17　形状设置

4. 制作目录幻灯片

（1）新建幻灯片。鼠标单击"开始" | "幻灯片" | "新建幻灯片"下拉列表中选择，选择"Office 主题"中"两栏内容"版式。

（2）输入并设置文字格式。按图 5 - 1 - 18 目录所示，在对应位置输入文字。

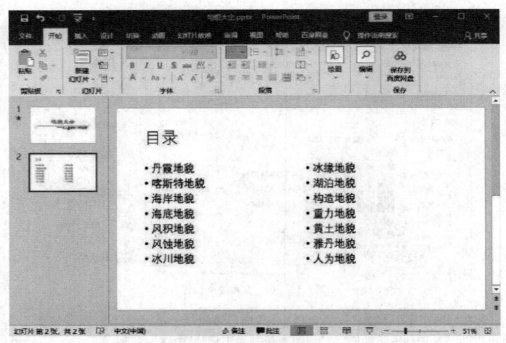

5-1-18 目录文字

（3）根据表 5-1-2 要求，设置字体、字号等，其中，行距的设置为"开始"|"段落"的设置，如图 5-1-19 所示。

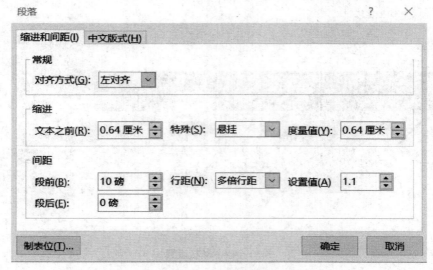

5-1-19 行距设置

（4）设置"箭头项目符号"。鼠标选中左侧目录文字，右键单击，出现快捷菜单，找到"项目符号"命令，在右侧列表中选择"箭头项目符号"，如图 5-1-20 所示。

（5）右侧目录文字的格式、行距及项目符号等可采用格式刷的方式完成。鼠标选中左侧目录,单击格式刷,当鼠标出现一个刷子形状的图标时,鼠标选取右侧目录,右侧目录格式设置完成,刷子自动消失。若双击格式刷,左侧目录的格式可以被多次使用,直到用户再次单击格式刷或单击 Esc 键取消刷子为止。

5. 制作 3～16 张幻灯片

（1）新建幻灯片。鼠标单击"开始"|"幻灯片"|"新建幻灯片"下拉列表中选择,选择"Office 主题"中"标题和内容"版式。接着,插入相同版式的 4～16 张幻灯片,可以采用以下四种方法种的任意一种方式(a、b 两种方式较快捷)。

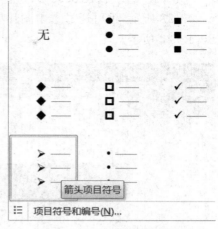

图 5－1－20　箭头项目符号

① 在大纲/幻灯片视图窗格中选中一张幻灯片,直接按 Enter 键,即可插入一张幻灯片,插入位置位于当前所选中幻灯片之后;

② 按 Ctrl＋M 快捷键;

③ 在需要插入幻灯片的位置右击鼠标,在弹出的快捷菜单中选择"新建幻灯片"命令;

④ 直接单击功能区内的"新建幻灯片"按钮。

（2）如图 5－1－1 所示,结合"5.1"文件夹中的文字说明,在 3～16 页幻灯片中录入文字,并根据表 5－3 设置各张幻灯片中文字格式。

（3）根据表 5－3 插入对应的图片。调整文本栏大小,参考图 5－1－1,在文本栏旁边插入图片。通常图片的插入方式有两种,一是鼠标单击"插入"|"图片",如图 5－1－21 所示,找到图片所在位置,选中图片,双击或单击"插入",然后根据样张调整图片大小和位置。二是找到图片所在位置,鼠标单击选中图片进行复制,粘贴至幻灯片中,根据样张调整图片大小和位置。

图 5－1－21　插入图片

具体设置图片样式、大小、位置等，可以通过"图片工具"菜单栏下"格式"来设置，如图5-1-22 所示，也可通过选中图片单击右键单击打开的"设置图片格式"对话框设置，如图5-1-23 所示。

图 5-1-22　"图片工具"—"格式"

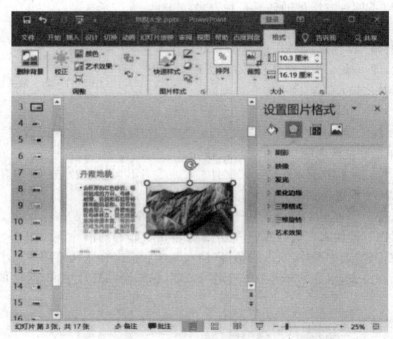

图 5-1-23　设置图片格式

（4）制作完成后，可按 F5 键或单击屏幕左上角的播放按钮，即可放映幻灯片，观看放映效果，若想退出放映状态，可按 Esc 键。

6. 插入页眉页脚

幻灯片中可以添加页眉页脚信息，如添加页码、日期和时间、页脚等内容，现在给全部幻灯片插入自动更新日期、编号及页脚，页脚内容为"地貌大全"，并且标题幻灯片中不显示页眉页脚。

在"插入"菜单中的"文本"选项卡中，如图 5-1-24 所示，打开"页眉页脚"对话框，设置如图 5-1-25 所示。

图 5-1-24　"插入"—"文本"

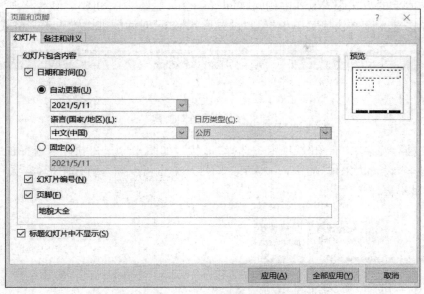

图 5-1-25 "页眉页脚"对话框

在"页眉和页脚"对话框中可以设置日期和时间、幻灯片编号和页脚,在页脚中可以根据自己的需要添加文本或小图片等,并且注意"标题幻灯片中不显示"的选项。

7. 插入艺术字

(1) 新建第 17 张幻灯片,版式为空白幻灯片。

(2) 在标题"占位符"中,在"插入"菜单中的"文本"选项卡中选择"艺术字",即可打开插入艺术字的样式列表如图 5-1-26 所示,选择"填充:橙色,主题色 2;边框:橙色,主题色 2"的样式,就可以在"请在此放置您的文字"框中输入需要输入的文字,如图 5-1-27 所示。

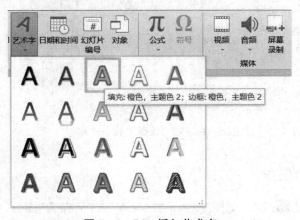

图 5-1-26 插入艺术字

图 5-1-27 艺术字

编辑艺术字的方法跟 Word 中相同，可以在"绘图工具"中，如图 5-1-28 所示，也可以鼠标右键单击艺术字在快捷菜单中打开"设置形状格式"对话框来设置艺术字格式。

图 5-1-28 绘图工具

（3）在"插入"菜单"插图"选项卡中选择"形状"，如图 5-1-29 所示，选择横排文本框，输入作者姓名，设置成宋体，居中，20 号字。幻灯片中也可以插入自选图形，方法和 Word 中差不多，这里不再详述。

图 5-1-29 "绘图工具"—"形状"

5.1.4 演示文稿的保存

单击标题栏图标 ![] 或者"文件"按钮下方"保存"或"另存为"命令，由于此演示文稿为新建文件，因此都会出现"另存为"对话框，如图 5-1-30 所示，选择文件保存路径，可通过浏览方式设置具体保存位置、文件名称（"地貌大全"），保存类型为 PowerPoint 演示文稿，单击"确定"按钮。注意：用户一定要注意文件保存的位置。此时，标题栏显示为"地貌大全"。

另外，制作好的演示文稿通常默认的保存类型是"PowerPoint 演示文稿"，其扩展名为".PPTX"。也可以保存为多种文件格式，如图 5-1-31 所示。

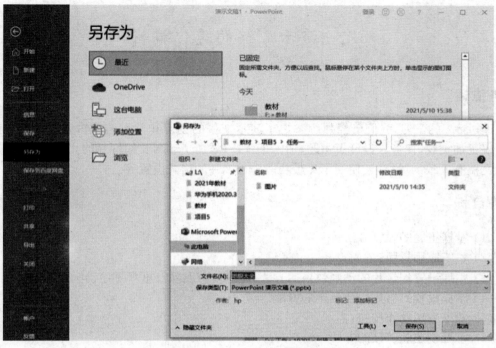

图 5-1-30　"另存为"对话框

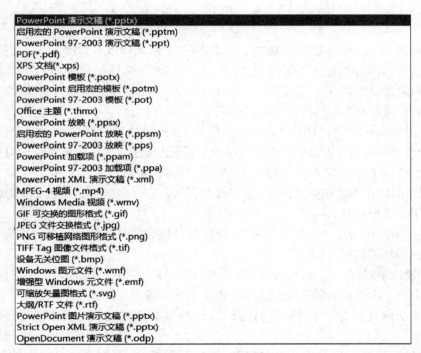

图 5-1-31　文件类型

5.2 演示文稿的美化编辑

任务描述

通过 5.1 的学习,我们已经熟练掌握了演示文稿的创建和基本的编辑方法。为了使演示文稿更加美观,任务二设计了主题;加入了背景;添加了动画及幻灯片的切换效果;为了使演示文稿有一致的风格,还使用了母版功能进行统一的格式设置等。

任务目标

(1) 掌握主题的设置方法;

(2) 熟练应用母版;

(3) 掌握设置幻灯片的动画效果的方法以及更改、删除及重新排序动画效果的方法;

(4) 掌握设置幻灯片切换效果的方法;

(5) 熟练应用动作按钮;

(6) 掌握创建超链接的方法;

(7) 掌握设置幻灯片放映方式的方法。

任务内容

打开"地貌大全.pptx"文件,按照如下要求进行操作,编辑效果如图 5-2-1 所示:

(1) 设置演示文稿"地貌大全"的主题为"木材纹理",变体颜色为"视点",效果设置为"发光边缘",背景全部填充为"浅色渐变—个性色 4",幻灯片大小设置为宽屏 16∶9 的幻灯片,幻灯片起始编号从"0"开始。

(2) 应用 SmartArt 图形中"垂直项目符号列表"来设置目录幻灯片,并更改颜色为"彩色范围—个性色 5 至 6";为幻灯片中的目录分别设置超链接,超链接至对应幻灯片,并修改超链接颜色为"标准色—红色",已访问超链接颜色为"标准色—黄色"。

(3) 利用幻灯片母版在版式为"标题和内容"的幻灯片中的标题设置为华文隶书,62 号字,文本效果为圆形棱台。

(4) 设置第一张幻灯片切换效果为"上拉帷幕",最后一张幻灯片切换效果为"飞机",其余幻灯片切换效果为"向右剥离"。

(5) 设置目录幻灯片中的目录动画效果为"逐个浮入",第三张幻灯片中图片的动画效果为放大 120%,并伴有风铃声,标题的动画效果按词设置强调"字体颜色"为 RGB(0,0,255),文本的动画设置为"五边形"动作路径,并调整页面的动画播放顺序为标题、文本、图片。

(6) 在最后一张幻灯片右下角插入"空白"动作按钮,形状样式为"主题样式,彩色填充—橙色,强调颜色 1",形状效果为"预设 12",添加文字"返回",超链接至目录幻灯片。

（7）为第一张幻灯片添加"背景音乐"，"自动"开始播放时"跨幻灯片播放"，并且循环播放，直到停止，放映时隐藏图标。

（8）设置幻灯片放映方式为演讲者放映（全屏幕），循环放映，按 ESC 键终止。

（9）演示文稿的所有设置完成后，按功能键 F5 进行预览，查看各张幻灯片文字、图片的排版细节，确保各对象的摆放位置不冲突，大小合适等，最后将美化后演示文稿以原文件名保存，同时再存成自动播放文件"地貌大全.ppsx"。

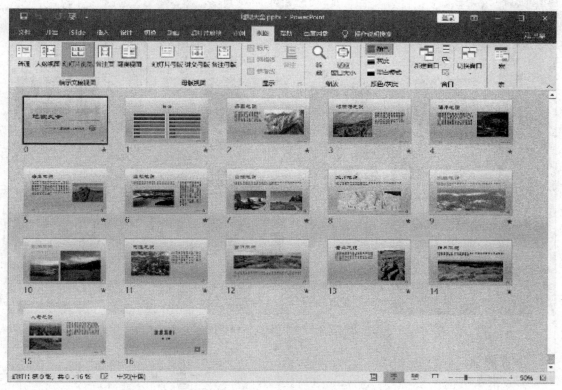

图 5-2-1　编辑效果图

任务知识点

5.2.1　幻灯片模板

1. 模板

模板是 PowerPoint 模板都是图案或蓝图幻灯片或一组将另存为.potx 文件的幻灯片。模板可以包含布局、主题颜色、主题字体、主题效果、背景样式等。传统的 PPT 模板包括封面、内页两张背景，供添加 PPT 内容。近年来，国内外的专业 PPT 设计公司对 PPT 模板进行了提升和发展，内含片头动画、封面、目录、过渡页、内页、封底、片尾动画等页面，使 PPT 文稿更美观动人。同时现在很多新的 PPT 版本，更是加载了很多设计模块，方便用户快速地进行 PPT 的制作，极大地提高了效率，节约了时间。一套好的 PPT 模板，可以让一篇演示文稿的形象迅速提升,增加可观赏性。同时 PPT 模板可以让 PPT 思路更清晰、逻辑更严谨,更方便处理图表、文字、图片等内容。

微软的 PowerPoint 模板有"office"和"自定义"两类,通过"文件"|"新建",即可显示。其中"office"自带了多款可免费下载使用的模板,可以满足用户多方面需求,而"自定义"可以套用自己制作或下载的模板。如图 5-2-2 所示。

图 5-2-2　PPT 自带模板图

2. 主题

（1）主题

主题是事先设计的一组演示文稿的样式框架,规定了演示文稿的外观模式,包括配色方案、背景、字体样式和占位符位置等。在演示文稿中使用某种主题后,则该演示文稿中设置使用该主题的所有幻灯片都具有统一的颜色配置和布局风格。

制作演示文稿时,用户可以直接在主题库中选择使用,也可以通过自定义方式修改主题的颜色、字体和效果形成自定义主题。主题可以使演示文稿拥有精美的外观,从视觉上带来全新的效果,系统中自带许多设计模板样式,它们是控制演示文稿统一外观最有利最快捷的一种手段。

主题的使用,在"设计"菜单中选择"主题",在主题中可以选择适合的主题,如图 5-2-3 所示。

选中主题即可应用于所有的幻灯片,如果只希望应用于单张幻灯片,可采用右键单击——"应用于选定幻灯片",如图 5-2-4 所示。

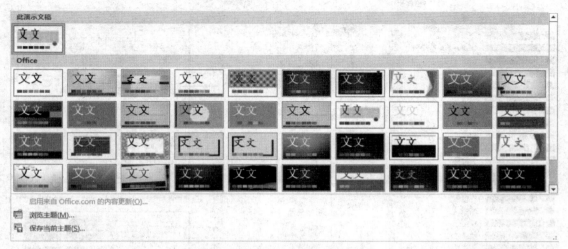

图 5-2-3 "设计"—"主题"

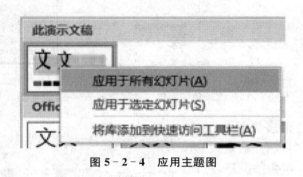

图 5-2-4 应用主题图

　　如果默认的式样中没有合适的主题,也可以自己设计或者找一些喜欢的主题。自定义主题的设置,先要找到合适的模板,也就是.potx 文件,然后在"浏览主题"中可以选择自己找到的主题样式,如上图 5-2-3 中下面显示的"浏览主题"所示。

　　(2)变体

　　在 PowerPoint 中主题的设置若不能满足用户需要,可通过调整选项卡中"变体"中颜色、字体、效果、背景样式的设置来进行各种搭配,使幻灯片更加清晰美观,符合用户喜好。如图 5-2-5 所示。同时,"变体"下方可以对"颜色""字体""效果""背景样式"进行单独设置,各种设置如图 5-2-6 所示。

图 5-2-5 变体

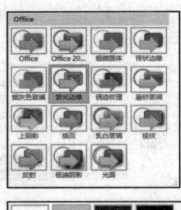
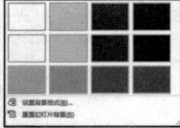

图 5 - 2 - 6 "颜色""字体""效果""背景样式"设置图

PowerPoint 自带很多设置好的方案,直接供用户使用,但也有"自定义"方案,供用户自由发挥,如颜色设置,可通过"自定义颜色"调整某一部分颜色,如超链接颜色、已访问超链接颜色等,如图 5 - 2 - 7 所示。

另外,背景样式的设置及幻灯片大小设置对于整个演示文稿的外观也是非常重要的。用户可以根据需要打开"设置背景格式"窗格设置填充色,添加底纹、图案、纹理或图片,添加艺术效果,如图 5 - 2 - 8 所示,打开"幻灯片大小"设置显示大小及幻灯片起始编号等,如图 5 - 2 - 9 所示。

图 5 - 2 - 7 新建主题颜色

图 5-2-8　背景样式

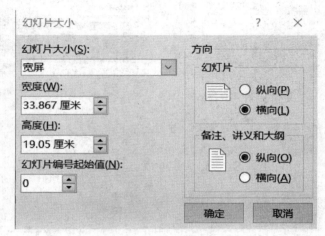

图 5-2-9　幻灯片大小设置

（3）创建新的设计模板

设计好的幻灯片模板是可以单独存放的，以便以后使用。我们可以将 PowerPoint 文件直接保存为幻灯片模板，在"文件"—"另存为"命令中，另存为的类型保存为模板即可，如图 5-2-10 所示。

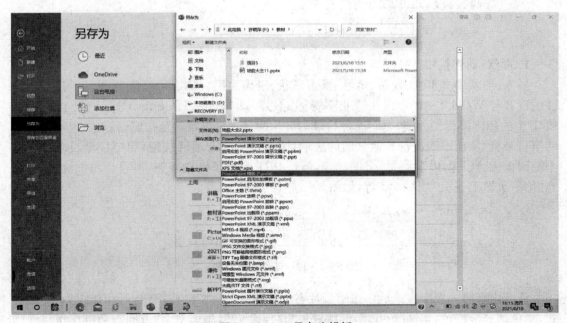

图 5-2-10　另存为模板

5.2.2　幻灯片插图

　　PowerPoint 中各种美观又实用的图表来源于插入|插图模块，插图下方主要有三类：形状、SmartArt、图表，如图 5 - 2 - 11 所示。

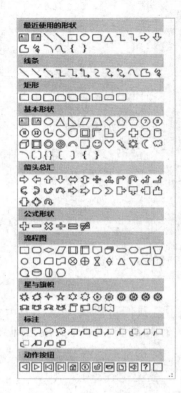
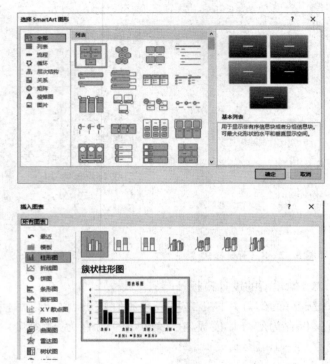

图 5 - 2 - 11　插图模块

1. 形状|动作按钮

　　插入|形状中文本框、线条、矩形、基本形状、箭头总汇、公式形状、流程图、星与旗帜、标注的设置与 Word 操作一致，在这儿不赘述，但是"动作按钮"是 PowerPoint 独有设置，为 PPT 中的超链接提供方便。如：通过目录幻灯片的目录可以跳转至指定幻灯片，但却不能返回至目录页，从而不能进行其他页面的选取，因此必须要有返回按钮，超链接至目录页。这个返回按钮可以采用图片、文字、图标等，但是 PPT 自带了动作按钮，可以让用户统一格式，有"第一页""上一页""下一页"等，如图 5 - 2 - 12 所示。

图 5 - 2 - 12　动作按钮类型

　　任务内容第 8 题中在最后一张幻灯片右下角插入"空白"动作按钮，形状样式为"主题样式，彩色填充—橙色，强调颜色 1"，形状效果为"预设 12"，添加文字"返回"，超链接至目录幻灯片。设置方式如图 5 - 2 - 13～5 - 2 - 15 所示。

图 5 - 2 - 13　"空白"动作按钮

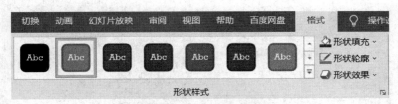

图 5 - 2 - 14　动作按钮格式设置

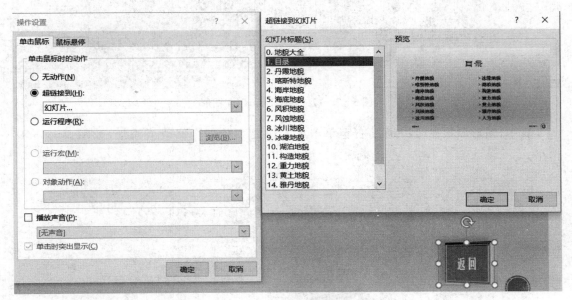

图 5 - 2 - 15　动作按钮超链接

其中,若要超链接到具体网址,选用"URL"(Uniform Resource Locator,统一资源定位器),如图 5 - 2 - 16 所示。

图 5 - 2 - 16　"超链接到"下拉菜单

2. SmartArt 图形

很多 PowerPoint 中各种美观的图形组合来源于 SmartArt 图形,可以自己插入新的图形,在模板上进行修改,也可以根据现有的目录转换成 SmartArt 图形。如图 5 - 2 - 17 所示根据需求新建 SmartArt 图形。

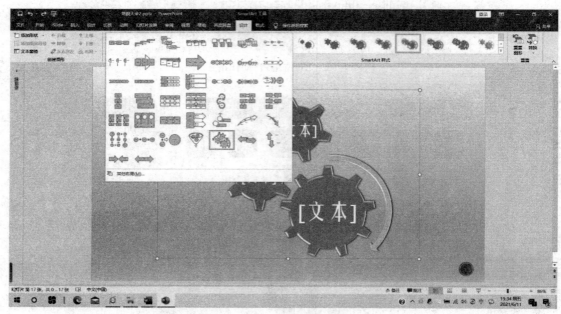

图 5 - 2 - 17　新建 SmartArt 图形

其中，图形形状也可以通过右键单击后的快捷菜单进行修改或添加，如图 5 - 2 - 18 所示。

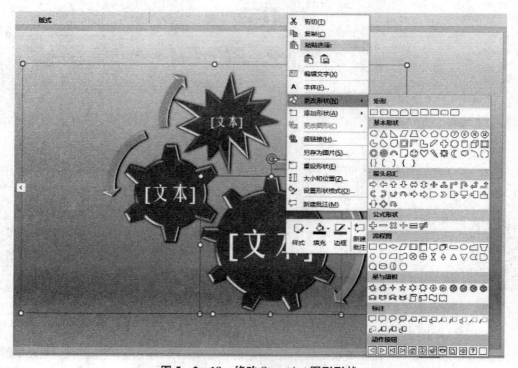

图 5 - 2 - 18　修改 SmartArt 图形形状

　　针对已有目录进行 SmartArt 图形转换，如图 5－2－19 所示，右键单击目录，转换为
SmartArt 图形。

图 5－2－19　转换为 SmartArt 图形

　　转换过后，根据要求在 SmartArt 工具中设置相关设置，效果如图 5－2－20 所示。

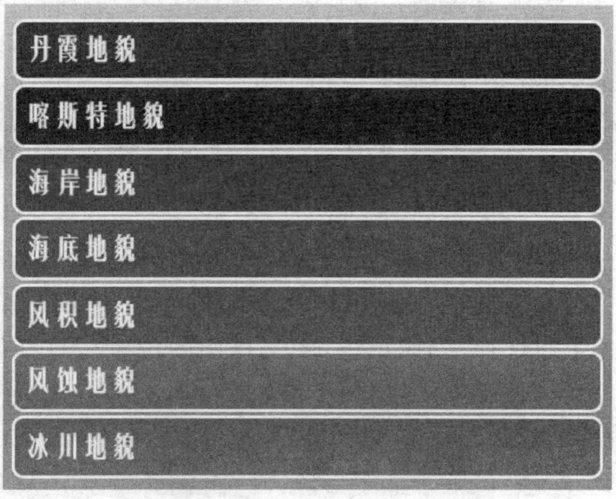

图 5－2－20　SmartArt 效果图

5.2.3　设置超链接

PowerPoint 演示文稿默认的播放顺序是按幻灯片的排列顺序进行的，但有时我们需要在播放的时候跳转到某些特定的幻灯片，这时可以通过对幻灯片中文本或对象的超链接设置来完成。另外如果创建的演示文稿涉及外部文档中的信息，也可以使用 PowerPoint 提供的超级链接功能将外部文档链接到演示文稿中。

创建超级链接，其起点可以是幻灯片中的任何对象，包括文本、形状、表格、图形和图片等。如果是为文本创建超级链接，则在设置有超级链接的文本上会自动添加下划线，并且其颜色变为配色方案中指定的颜色。当单击此超级链接跳转到其他位置后，其颜色会发生改变，所以可以通过颜色来分辨访问过的超级链接。

设置超链接的步骤如下：

（1）在编辑区中选中要设置链接的对象（文字、图形、图片等）；

（2）在"插入"菜单选择"超链接"菜单项或者直接在需要设置超链接的对象上右键单击打开快捷菜单，选择"超链接"，打开"插入超链接"对话框，如图 5 - 2 - 21 所示；

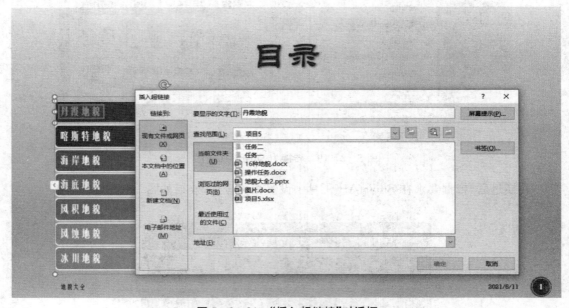

图 5 - 2 - 21　"插入超链接"对话框

（3）在"插入超链接"对话框左侧有 4 个选项，分别是"现有文件或网页""本文档中的位置""新建文档"和"电子邮件"，根据需要选择设置不同的链接。例如需要链接到该演示文稿中的另一张幻灯片，则应单击"本文档中的位置"，打开如图 5 - 2 - 22 所示对话框；

（4）在"请选择文档中的位置"列表框中选择需要链接到的幻灯片，单击"确定"按钮，即完成该超链接的设置。

任务内容中第 2 题中为目录设置超链接，并修改超链接颜色的设置效果，如图 5 - 2 - 23 所示，此处超链接颜色设置在设计|变体|颜色中，上文中已经描述不再讲解。

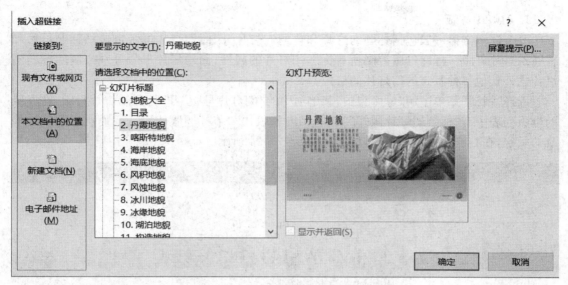

图 5 - 2 - 22　链接到本文档中的位置

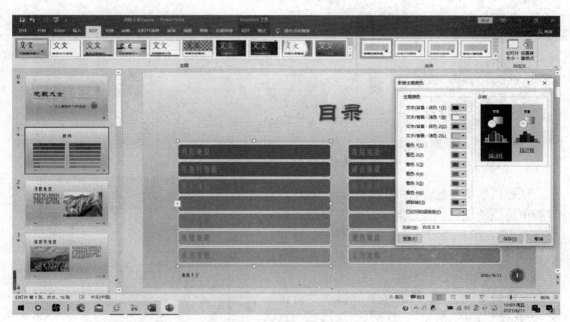

图 5 - 2 - 23　设置超链接颜色

5.2.4　母版

　　幻灯片母版是具有特定格式的一类幻灯片模板，它可以根据幻灯片版式统一设置相关信息，包括字形、占位符大小或位置、背景设计和配色方案等信息。

　　设置幻灯片母版就是设置幻灯片的样式，可以设置各种标题文字、背景、属性等。在母版上的设置可以更改整个演示文稿所有幻灯片的设计。在 PowerPoint 中有 3 种母版：幻灯片母版、讲义母版、备注母版。

1. 幻灯片母版

一个演示文稿一般包括标题幻灯片和普通幻灯片,因此幻灯片母版也包括标题母版和普通幻灯片母版。标题母版控制所有标题幻灯片的属性,而幻灯片母版分别控制除标题幻灯片之外其他各种版式的幻灯片的格式。

选择"视图"菜单中的"母版视图"菜单项中的"幻灯片母版",即打开幻灯片母版,在左侧的母版列表中有"标题幻灯片版式""标题和内容版式""节标题版式"等,我们可以选择要修改的版式,在右侧会显示母版幻灯片,如图 5-2-24 所示。

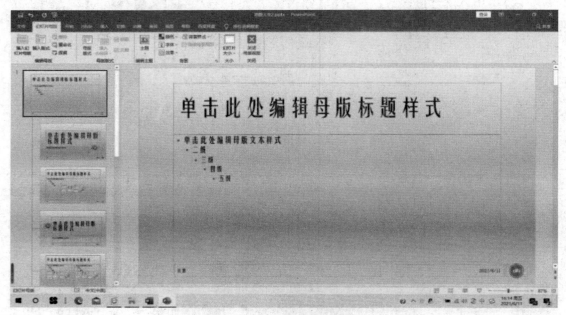

图 5-2-24 幻灯片母版

任务内容第 3 题设置"标题和内容"幻灯片母版中标题的设置。光标置于左侧各类版式的幻灯片上,在第三张幻灯片上出现注释"标题和内容版式:由幻灯片 2—15 使用",如图 5-2-25 所示。

在该幻灯片上,默认情况下包括 5 个占位符,分别是标题区、对象区、日期区、页脚区和数字区。利用该母版可以进行有关字体的各种参数设置,如标题和正文的字体、字形、字号、颜色以及效果等;还可进行图形美化,如插入图片或绘制图形,还可以对各个对象设置动画之类的。在此,只要设置标题格式,设置结束,单击"幻灯片母版"菜单中的"关闭母版视图"即可退出母版。

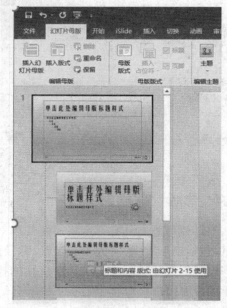

图 5-2-25 "标题和内容"版式幻灯片母版

2. 讲义母版

　　讲义母版用于格式化讲义，如果用户需要更改讲义中页眉页脚中的文本、日期或页码的外观、位置和大小，就要使用讲义母版，如图 5－2－26 所示。

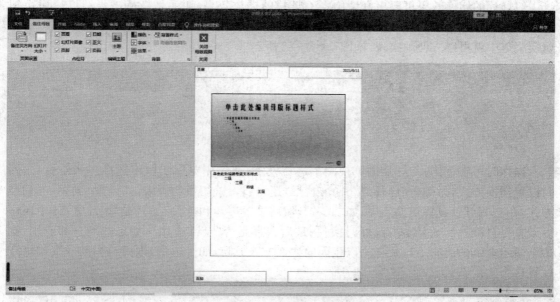

图 5－2－26　讲义母版

3. 备注母版

　　备注母版主要功能是格式化备注页，除此之外还可以调整幻灯片大小和位置，如图 5－2－27 所示。

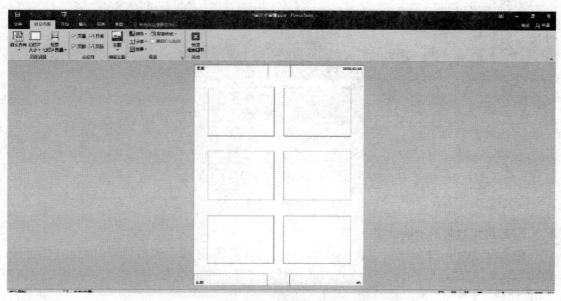

图 5－2－27　备注母版

5.2.5　设置幻灯片动画效果

1. 幻灯片切换

幻灯片的切换效果可以更好地增强幻灯片的播放效果,切换是指从一张幻灯片切换到另一张幻灯片时采用的各种动态方式,这是一种加在幻灯片之间的一种特殊的动态效果,在切换菜单中就可以方便地实现,如图 5 - 2 - 28 所示。

图 5 - 2 - 28　切换

操作时可在视图|幻灯片浏览视图下进行设置,通过浏览视图快速选择多张幻灯片,同时设置切换方式,另外,在选择好切换方式后,还可以设置切换的效果,如设置"剥离"的切换方式,在右侧可以设置切换效果,如"双右",然后设置声音和持续时间,在"换片方式"中还可以设置是自动换片还是单击鼠标时换片,最后选择是否"全部应用",如果选择全部应用,则这个演示文稿的所有幻灯片都是以相同的切换方式放映,如果不选,则只对当前一页幻灯片设置这个切换方式,如图 5 - 2 - 29 所示。

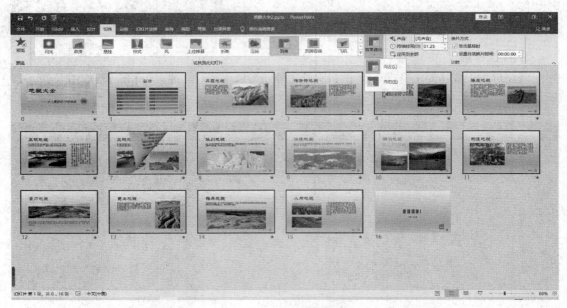

图 5 - 2 - 29　切换效果

2. 幻灯片对象的动画效果

在 PowerPoint 中除了可以设置幻灯片的切换效果外,还可以给幻灯片中的各个对象设置动画效果。在"动画"菜单中就可以对各个对象进行动作的设置,有"进入""强调""退出""动作路径"的多种动画设置,如图 5 - 2 - 30 所示。

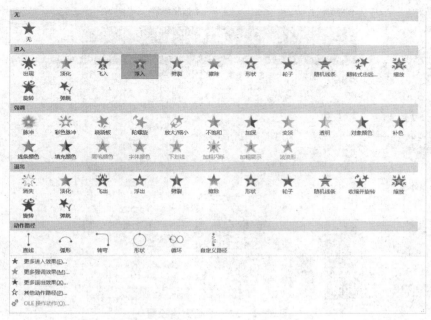

图 5 - 2 - 30　动画效果

　　在设置动画效果时,先选中要设置动画效果的对象,如一个图片或者一个文本框,然后选取想要设置的动画效果,再对动画进行效果的设置,如任务内容中对目录设置"逐个浮入",选中目录,选择"浮入",并通过效果选项设置"逐个",如图 5 - 2 - 31 所示。又如任务内容中对"丹霞地貌"图片的动画效果为放大 120%,并伴有风铃声。对图片做"放大/缩小"效果,单击"动画窗格",在工作区右边会出现"动画窗格",如图 5 - 2 - 32 所示,设置缩放大小,伴随声音。其他对象的动画设置效果如上所述,重点注意通过调整动画窗格中动画序号 1、2……,可以改变动画顺序,每个对象可以设置多个动画,如图 5 - 2 - 33 所示。

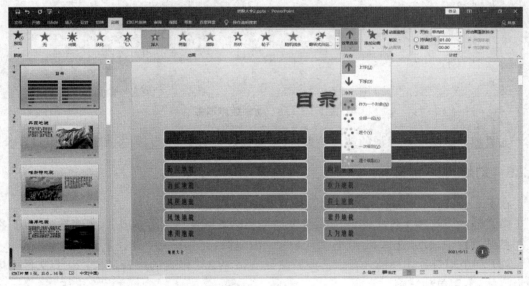

图 5 - 2 - 31　"逐个浮入"效果设置

图 5 - 2 - 32　动画窗格设置

图 5 - 2 - 33　动画顺序调整

如果想要删除已经添加的动画效果，选中动画效果的序号，直接按 DEL 键就可以删除。

5.2.6　幻灯片背景音乐

在 PowerPoint 2010 中添加背景音乐有两种方式：

（1）"插入"|音频文件。此方法支持多种类型的音频文件，但与 PPT 文件是分开的，在复制粘贴过程中，音频文件和 PPT 文件必须同时复制，并放在同一路径下。

（2）利用幻灯片切换插入音乐。此方法只支持 WAV 格式的声音，但与 PPT 文件可以融为一体，不用单独复制。

任务内容第 7 题为第一张幻灯片添加"背景音乐","自动"开始播放时"跨幻灯片播放"，并且循环播放，直到停止，放映时隐藏图标。光标置于第一张幻灯片，通过插入 | 媒体 | 音频 | PC 上的音频，插入文件"背景音乐"，出现"喇叭"图标，音频工具同时出现，按要求设置，如图 5 - 2 - 34 所示。

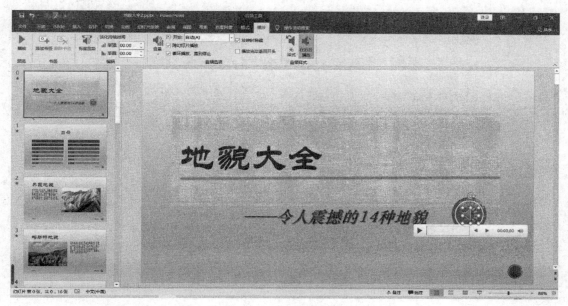

图 5 - 2 - 34 音频设置

5.2.7 幻灯片放映方式

演示文稿制作好之后就可以进行放映，我们可以直接按右下角的幻灯片放映按钮 ，直接播放，也可以在"幻灯片放映"菜单中选择"从头开始"或是"从当前幻灯片开始"，如图 5 - 2 - 35 所示。

图 5 - 2 - 35 幻灯片放映

我们还可以设置放映方式，如图 5 - 2 - 36 所示，可以设置放映类型：演讲者放映、观众自行浏览和在展台浏览；还可以设置放映选项和幻灯片放映的内容从第几页到第几页等等。

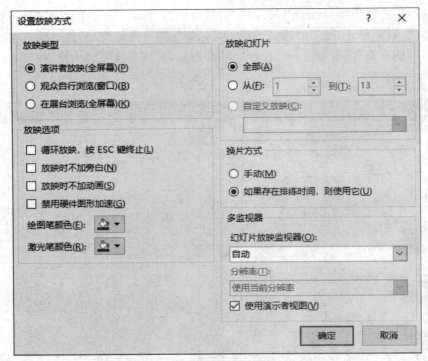

图 5-2-36 "设置放映方式"对话框

5.2.8 演示文稿的发布

当演示文稿制作完成后,可通过多种方式进行文档的保存并发送。用户可根据自己的需求把制作好的演示文稿制作成 MP4 视频文件,也可以制作成 CD 文件夹,还可以导出成讲义等,适合各个邻域各种场合的应用与分享。

(1) 保存到 Web 网页

用户进行".net Passport"注册,可以将演示文稿保存到网上,其他人可以到"Skydrive"空间去查看你的共享文件。

(2) 将演示文稿打包成 CD

由于制作完成的演示文稿多数是为了分享,所以会在多台电脑上进行播放或进行随时修改,如果某台机器上没有安装 PowerPoint 2010,就无法打开并播放演示文稿,因此可以将演示文稿打包成 CD 文件夹,这样就可以正常播放并时时修改了。

(3) 创建 PDF 文档

保留字体、格式和图像等形式保存成 PDF 文档,必须通过 PDF 阅读软件打开,不得轻易更改内容。

(4) 创建视频

创建一个全保真视频,默认类型为 MP4 格式,可通过视频播放器播放,该视频包含所有录制的计时、旁边和激光笔势,也包含所有未隐藏的幻灯片及幻灯片上对象的动画设置、幻灯片切换方式和媒体等。

第三部分　考试大纲

江苏省高等学校计算机一级信息技术及应用考试大纲

考核要求

1. 掌握计算机信息处理与应用的基础知识。
2. 能比较熟练地使用操作系统、网络及 Office 等常用的软件。

考试范围

一、计算机信息处理技术的基础知识

1. 信息技术概况

（1）信息与信息处理基本概念。

（2）信息化与信息社会的基本含义。

（3）数字技术基础：比特、二进制数，不同进制数的表示、转换及其运算，数值信息的表示。

（4）微电子技术、集成电路及 IC 的基本知识。

2. 计算机组成原理

（1）计算机硬件的组成及其功能；计算机的分类。

（2）CPU 的结构；指令与指令系统；指令的执行过程；CPU 的性能指标。

（3）PC 机的主板、芯片组与 BIOS；内存储器。

（4）PC 机 I/O 操作的原理；I/O 总线与 I/O 接口。

（5）常用输入设备（键盘、鼠标器、扫描仪、数码相机）的功能、性能指标及基本工作原理。

（6）常用输出设备（显示器、打印机）的功能、分类、性能指标及基本工作原理。

（7）常用外存储器（硬盘、光盘、U 盘）的功能、分类、性能指标及基本工作原理。

3. 计算机软件

（1）计算机软件的概念、分类及特点。

（2）操作系统的功能、分类和基本工作原理。

（3）常用操作系统及其特点。

（4）算法与数据结构的基本概念。

（5）程序设计语言的分类和常用程序设计语言；语言处理系统及其工作过程。

4. 计算机网络

（1）计算机网络的组成与分类；数据通信的基本概念；多路复用技术与交换技术；常用传输介质。

（2）局域网的组成、特点和分类；局域网的基本原理；常用局域网。

（3）因特网的组成与接入技术；网络互连协议 TCP/IP 的分层结构、IP 地址与域名系统、IP 数据报与路由器原理。

（4）因特网提供的服务；电子邮件、即时通信、文件传输与 WWW 服务的基本原理。

（5）网络信息安全的常用技术；计算机病毒防范。

5. 数字媒体及应用

（1）西文与汉字的编码；数字文本的制作与编辑；常用文本处理软件。

（2）数字图像的获取、表示及常用图像文件格式；数字图像的编辑、处理与应用；计算机图形的概念及其应用。

（3）数字声音获取的方法与设备；数字声音的压缩编码；语音合成与音乐合成的基本原理与应用。

（4）数字视频获取的方法与设备；数字视频的压缩编码；数字视频的应用。

6. 计算机信息系统与数据库

（1）计算机信息系统的特点、结构、主要类型和发展趋势。

（2）数据库系统的特点与组成。

（3）关系数据库的基本原理及常用关系型数据库。

（4）信息系统的开发与管理的基本概念，典型信息系统。

二、常用软件的使用

1. 操作系统的使用

（1）Windows 操作系统的安装与维护。

（2）PC 硬件和常用软件的安装与调试，网络、辅助存储器、显示器、键盘、打印机等常用外部设备的使用与维护。

（3）文件管理及操作。

2. 因特网应用

（1）IE 浏览器：IE 浏览器设置，网页浏览，信息检索，页面下载。

（2）文件上传、下载及相关工具软件的使用（WinRAR、迅雷下载、网际快车等）。

（3）电子邮件：创建账户和管理账户，书写、收发邮件。

（4）常用搜索引擎的使用。

3. Word 文字处理

（1）文字编辑：文字的增、删、改、复制、移动、查找和替换；文本的校对。

（2）页面设置：页边距、纸型、纸张来源、版式、文档网格、页码、页眉、页脚。

（3）文字段落排版：字体格式、段落格式、首字下沉、边框和底纹、分栏、背景、应用模板。

（4）高级排版：绘制图形、图文混排、艺术字、文本框、域、其他对象插入及格式设置。

（5）表格处理：表格插入、表格编辑、表格计算。

（6）文档创建：文档的创建、保存、打印和保护。

4. Excel 电子表格

（1）电子表格编辑：数据输入、编辑、查找、替换；单元格删除、清除、复制、移动；填充柄的使用。

（2）公式、函数应用：公式的使用；相对地址、绝对地址的使用；常用函数（SUM、AVERAGE、MAX、MIN、COUNT、IF）的使用。

（3）工作表格式化：设置行高、列宽；行列隐藏与取消；单元格格式设置。

（4）图表：图表创建；图表修改；图表移动和删除。

（5）数据列表处理：数据列表的编辑、排序、筛选及分类汇总；数据透视表的建立与编辑。

（6）工作簿管理及保存：工作表的创建、删除、复制、移动及重命名；工作表及工作簿的保护、保存。

5. PowerPoint 演示文稿

（1）基本操作：利用模板制作演示文稿；幻灯片插入、删除、复制、移动及编辑；插入文本框、图片、SmartArt 图形及其他对象。

（2）文稿修饰：文字、段落、对象格式设置；幻灯片的主题、背景设置、母版应用。

（3）动画设置：幻灯片中对象的动画设置、幻灯片间切换效果设置。

（4）超链接：超级链接的插入、删除、编辑。

（5）演示文稿放映设置和保存。

6. 综合应用

（1）Word 文档与其他格式文档相互转换；嵌入或链接其他应用程序对象。

（2）Excel 工作表与其他格式文件相互转换；嵌入或链接其他应用程序对象。

（3）PowerPoint 嵌入或链接其他应用程序对象。

三、考试说明

（1）考试方式为无纸化网络考试，考试时间为 90 分钟。

（2）软件环境：中文版 Win 7 操作系统，Microsoft Office2016 办公软件。

（3）考试题型见真题卷。

全国计算机一级计算机基础及 MS Office 应用考试大纲

基本要求

1. 掌握算法的基本概念。

2. 具有微型计算机的基础知识（包括计算机病毒的防治常识）。

3. 了解微型计算机系统的组成和各部分的功能。

4. 了解操作系统的基本功能和作用，掌握 Windows 的基本操作和应用。

5. 了解计算机网络的基本概念和因特网（Internet）的初步知识，掌握浏览器和 Outlook Express 软件的基本操作和使用。

6. 了解文字处理的基本知识，熟练掌握文字处理 Word 2016 的基本操作和应用，熟练掌握一种汉字（键盘）输入方法。

7. 了解电子表格软件的基本知识，掌握电子表格软件 Excel 2016 的基本操作和应用。

8. 了解多媒体演示软件的基本知识,掌握演示文稿制作软件 PowerPoint 2016 的基本操作和应用。

考试内容

一、计算机基础知识

1. 计算机的发展、类型及其应用领域。

2. 计算机中数据的表示、存储。

3. 多媒体技术的概念与应用。

4. 计算机病毒的概念、特征、分类与防治。

5. 计算机网络的概念、组成和分类;计算机与网络信息安全的概念和防控。

二、操作系统的功能和使用

1. 计算机软、硬件系统的组成及主要技术指标。

2. 操作系统基本概念、功能、组成及分类。

3. Windows 操作系统的基本概念和常用术语,文件、文件夹、库等。

4. Windows 操作系统的基本操作和应用:

(1) 桌面外观的设置,基本的网络配置。

(2) 熟练掌握资源管理器的操作与应用。

(3) 掌握文件、磁盘、显示属性的查看、设置等操作。

(4) 中文输入法的安装、删除和选用。

(5) 掌握检索文件、查询程序的方法。

(6) 了解软、硬件的基本系统工具。

5. 了解计算机网络的基本概念和因特网的基础知识,主要包括网络硬件和软件,TCP/IP 协议的工作原理,以及网络应用中常见的概念,如域名、IP 地址、DNS 服务等。

6. 能够熟练掌握浏览器、电子邮件的使用和操作。

三、文字处理软件的功能和使用

1. Word 2016 的基本概念,Word 2016 的基本功能、运行环境、启动和退出。

2. 文档的创建、打开、输入、保存、关闭等基本操作。

3. 文本的选定、插入与删除、复制与移动、查找与替换等基本编辑技术;多窗口和多文档的编辑。

4. 字体格式设置、文本效果修饰、段落格式设置、文档页面设置、文档背景设置和文档分栏等基本排版技术。

5. 表格的创建、修改;表格的修饰;表格中数据的输入与编辑;数据的排序和计算。

6. 图形和图片的插入;图形的建立和编辑;文本框、艺术字的使用和编辑。

7. 文档的保护和打印。

四、电子表格软件的功能和使用

1. 电子表格的基本概念和基本功能,Excel 2016 的基本功能、运用环境、启动和退出。

2. 工作簿和工作表的基本概念和基本操作,工作簿和工作表的建立、保存和退出;数据输入和编辑;工作表和单元格的选定、插入、删除、复制、移动;工作表的重命名和工作表窗口的拆分和冻结。

3. 工作表的格式化,包括设置单元格格式、设置列宽和行高、设置条件格式、使用样式、自动套用模式和使用模板等。

4. 单元格绝对地址和相对地址的概念,工作表中公式的输入和复制,常用函数的使用。

5. 图表的建立、编辑和修改以及修饰。

6. 数据清单的概念,数据清单的建立,数据清单内容的排序、筛选、分类汇总,数据合并,数据透视表的建立。

7. 工作表的页面设置、打印预览和打印,工作表中链接的建立。

8. 保护和隐藏工作簿和工作表。

五、PowerPoint 的功能和使用

1. PowerPoint 2016 的基本功能、运行环境、启动和退出。

2. 演示文稿的创建、打开、关闭和保存。

3. 演示文稿视图的使用,幻灯片基本操作(编辑版式、插入、移动、复制和删除)。

4. 幻灯片基本制作方法(文本、图片、艺术字、形状、表格等插入及其格式化)。

5. 演示文稿主题选用与幻灯片背景设置。

6. 演示文稿放映设计(动画设计、放映方式设计、切换效果设计)。

7. 演示文稿的打包和打印。

六、因特网(Internet)的初步知识和应用

1. 了解计算机网络的基本概念和因特网的基础知识,主要包括网络硬件和软件,TCP/IP 协议的工作原理,以及网络应用中常见的概念,如域名、IP 地址、DNS 服务等。

2. 能够熟练掌握浏览器、电子邮件的使用和操作。

考试方式

上机考试,考试时长 90 分钟,满分 100 分。

1. 题型及分值

(1)单项选择题(计算机基础知识和网络的基本知识) 20 分

(2)Windows 操作系统的使用 10 分

(3)Word 操作 25 分

(4)Excel 操作 20 分

(5)PowerPoint 操作 15 分

(6)浏览器(IE)的简单使用和电子邮件收发 10 分

2. 考试环境

(1)操作系统:中文版 Windows 7

(2)考试环境

第四部分　真题卷

真题卷一（江苏）

一、单选题

1. 计算机是一种通用的信息处理工具,下面是关于计算机信息处理能力的叙述:

① 不但能处理数值数据,而且还能处理图像和声音等非数值数据

② 它不仅能对数据进行计算,而且还能进行分析和推理

③ 具有极大的信息存储能力

④ 它能方便而迅速地与其他计算机交换信息

上面这些叙述_____是正确的。

    A. ①②④   B. ①②③   C. ①②③④   D. ①③④

2. 在个人计算机中,带符号二进制整数是采用_____编码方法表示的。

    A. 原码   B. 反码   C. 补码   D. 移码

3. PC 机加电启动时所执行的一组指令是永久性地存放在_____中的。

    A. CPU   B. 硬盘   C. ROM   D. RAM

4. PC 机所使用的硬盘大多使用_____接口与主板相连接。

    A. SCSI   B. VGA

    C. PS/2   D. PATA(IDE)或 SATA

5. 总线最重要的性能指标是它的带宽。若总线的数据线宽度为 16 位,总线的工作频率为 133MHz,每个总线周期传输一次数据,则其带宽为_____。

    A. 266MB/s   B. 2 128MB/s   C. 133MB/s   D. 16MB/s

6. 在 PC 机中,CPU 芯片是通过_____安装在主板上的。

    A. AT 总线槽   B. PCI(PCI-E)总线槽

    C. CPU 插座   D. I/O 接口

7. 移动存储器有多种,目前已经不常使用的是_____。

    A. U 盘   B. 存储卡   C. 移动硬盘   D. 磁带

8. 关于 PC 机主板的叙述中错误的是_____。

    A. CPU 和内存条均通过相应的插座槽安装在主板上

    B. 芯片组是主板的重要组成部分,所有存储控制和 I/O 控制功能大多集成在芯片组内

    C. 为便于安装,主板的物理尺寸已标准化

    D. 硬盘驱动器也安装在主板上

9. 下面是关于操作系统虚拟存储器技术优点的叙述,其中错误的是_____。

    A. 虚拟存储器可以克服内存容量有限不够用的问题

    B. 虚拟存储器用于构建软件防火墙,有效抵御黑客的入侵

C. 虚拟存储器对多任务处理提供了有力的支持

D. 虚拟存储器技术的指导思想是"以时间换取空间"

10. 计算机病毒是一种对计算机系统具有破坏性的_____。

A. 操作系统　　　　　　　　　　　　B. 生物病毒

C. 计算机程序　　　　　　　　　　　D. 杂乱无章的数据

11. 为求解数值计算问题而选择程序设计语言时，一般不会选用_____。

A. FORTRAN　　　　　　　　　　　B. C 语言

C. VISUAL FOXPRO　　　　　　　　D. MATLAB

12. 下列有关操作系统作用的叙述中，正确的是_____。

A. 有效地管理计算机系统的资源是操作系统的主要任务之一

B. 操作系统只能管理计算机系统中的软件资源，不能管理硬件资源

C. 操作系统运行时总是全部驻留在主存储器内的

D. 在计算机上开发和运行应用程序与操作系统无关

13. 计算机通过下面_____方式上网时，需要使用电话线。

A. 手机　　　　B. 局域网　　　　C. ADSL　　　　D. Cable Modem

14. 如果发现计算机磁盘已染有病毒，则一定能将病毒清除的方法是_____。

A. 将磁盘格式化　　　　　　　　　B. 删除磁盘中所有文件

C. 使用杀毒软件进行杀毒　　　　　D. 将磁盘中文件复制到另外一个磁盘中

15. 一个家庭为解决一台台式 PC 机和一台笔记本电脑同时上网问题，既方便又节省上网费用的方法是_____．

A. 申请两门电话，采用拨号上网

B. 申请两门电话，通过 ADSL 上网

C. 申请一门电话，一台通过 ADSL 上网，一台拨号上网

D. 申请一门电话，再购置一台支持路由功能的交换机，交换机接入 ADSL，通过交换机同时上网

16. 下列关于域名的叙述中，错误的是_____。

A. 域名是 IP 地址的一种符号表示

B. 上网的每台计算机都有一个 IP 地址，所以也有一个各自的域名

C. 把域名翻译成 IP 地址的软件称为域名系统 DNS

D. 运行域名系统 DNS 的主机叫作域名服务器，每个校园网都有一个域名服务器

17. 下列几种措施中，可以增强网络信息安全的是_____。(1) 身份认证，(2) 访问控制，(3) 数据加密，(4) 防止否认

A. (2)(3)(4)　　　　　　　　　　　B. (1)(2)(3)(4)

C. (1)(2)(4)　　　　　　　　　　　D. (3)(4)

18. 下列特性中，不属于计算机病毒特性的是_____。

A. 免疫性　　　　B. 隐蔽性　　　　C. 破坏性　　　　D. 传染性

19. 下列关于局域网资源共享的叙述中正确的是_____。

A. 通过 Windows 的"网上邻居"，局域网中相同工作组的计算机可以相互共享软硬件资源

B. 相同工作组中的计算机可以无条件地访问彼此的所有文件

C. 即使与因特网没有物理连接,局域网中的计算机也可以进行网上银行支付

D. 无线局域网对资源共享的限制比有线局域网小得多

20. 一本 100 万字(含标点符号)的现代中文长篇小说,以 txt 文件格式保存在 U 盘中时,需要占用的存储空间大约是_____。

A. 512KB   B. 1MB   C. 2MB   D. 4MB

21. 1KB 的内存空间中能存储 GB2312 汉字的个数最多为_____。

A. 128   B. 256   C. 512   D. 1024

22. 下列有关汉字编码标准的叙述中,错误的是_____。

A. GB2312 国标字符集所包含的汉字许多情况下已不够使用

B. Unicode 字符集既包括简体汉字,也包括繁体汉字

C. GB18030 编码标准中所包含的汉字数目超过 2 万字

D. 我国台湾地区使用的汉字编码标准是 GBK

23. 以下所列各项中,_____不是计算机信息系统所具有的特点。

A. 涉及的数据量很大,有时甚至是海量的

B. 绝大部分数据需要长期保留在计算机系统(主要指外存储器)中

C. 系统中的数据为多个应用程序和多个用户所共享

D. 系统对数据的管理和控制都是实时的

二、判断题

1. 所谓集成电路,指的是在半导体单晶片上制造出含有大量电子元件和连线的微型化的电子电路或系统。　　　　　　　　　　　　　　　　　　　　　（　　）

2. 计算机的字长越长,意味着其运算速度越快,但并不代表它有更大的寻址空间。

　　　　　　　　　　　　　　　　　　　　　　　　　　　　　　（　　）

3. 在 CPU 内部,它所执行的指令都是使用 ASCII 字符表示的。　　　　（　　）

4. 在计算机的各种输入设备中,只有通过键盘才能输入汉字。　　　　（　　）

5. 常用的磁盘清理程序、格式化程序、文件备份程序等称为"实用程序",它们不属于系统软件。　　　　　　　　　　　　　　　　　　　　　　　　　　（　　）

6. 当计算结果为无穷小数时,算法可以无穷尽地执行,永不停止。　　（　　）

7. 接入无线局域网的每台计算机都需要有 1 块无线网卡,其数据传输速率目前已可达到 1Gb/s。　　　　　　　　　　　　　　　　　　　　　　　　　（　　）

8. 通信系统中携带了信息的电信号(或光信号),只能以数字信号的形式在信道中传输。

　　　　　　　　　　　　　　　　　　　　　　　　　　　　　　（　　）

9. 数字签名在电子政务、电子商务等领域中应用越来越普遍,我国法律规定,它与手写签名或盖章具有同等的效力。　　　　　　　　　　　　　　　　　　（　　）

10. 数字签名主要目的是鉴别消息来源的真伪,它不能保证消息在传输过程中是否被篡改。　　　　　　　　　　　　　　　　　　　　　　　　　　　　　（　　）

11. 使用计算机绘制图像的过程很复杂,需要进行大量计算,这是由软件和硬件(显示卡)合作完成的。　　　　　　　　　　　　　　　　　　　　　　　　（　　）

三、填空题

1. 与十进制数 0.25 等值的二进制数是（　　　　　　　）。

2. 在计算机网络中，由若干台计算机共同完成一个大型信息处理任务，通常称这样的信息处理方式为分布式信息处理。这里的"若干台计算机"至少应有（　　　　　　　）台计算机。

3. IEEE1394 主要用于连接需要高速传输大量数据的（　　　　　　　）设备，其数据传输速度可高达 400Mb/s。

4. 为了降低 PC 机的成本，现在显示控制器已经越来越多地包含在主板芯片组中，不再做成独立的显卡，这种逻辑上存在而实际已看不见的显卡通常称为（　　　　　　　）显卡。

5. 前些年计算机使用的液晶显示器大都采用荧光灯管作为其背光源，这几年开始流行使用（　　　　　　　）背光源，它的显示效果更好，也更省电。

6. 操作系统提供了任务管理、文件管理、存储管理、设备管理等多种功能，其中（　　　　　　　）管理用于解决数据和程序在磁盘等外存储器中如何有效存储和访问等问题。

7. 发送电子邮件时如果把对方的邮件地址写错了，这封邮件将会（销毁、退回、丢失、存档）（　　　　　　　）。

8. 每块以太网卡都有一个全球唯一的（　　　　　　　）地址，该地址由 6 个字节（48 个二进位）组成。

9. 计算机联网的主要目的是：（　　　　　　　）、资源共享、实现分布式信息处理和提高计算机系统的可靠性和可用性。

10. 一幅分辨率为 512＊512 的彩色图像，其 R、G、B 三个分量分别用 8 个二进位表示，则未进行压缩时该图像的数据量是（　　　　　　　）KB（1KB＝1 024B）。

11. 像素深度即像素所有颜色分量的二进位数之和。黑白图像的像素深度为（　　　　　　　）。

四、Word 操作

1. 将页面设置为：A4 纸，上、下页边距为 2.6 厘米，左、右页边距为 3.2 厘米，每页 42 行，每行 38 个字符；

2. 给文章加标题"了解量子通信"，设置其格式为黑体、一号字、标准色—蓝色，居中显示；

3. 设置正文第一段首字下沉 3 行，距正文 0.2 厘米，首字字体为楷体，其余各段设置为首行缩进 2 字符；

4. 将正文中所有的"量子通信"设置为标准色—绿色、加双下划线；

5. 参考样张，在正文适当位置插入图片"量子通信.jpg"，设置图片高度为 4 厘米、宽度为 5 厘米，环绕方式为四周型；

6. 设置奇数页页眉为"量子通信"，偶数页页眉为"前沿科技"，均居中显示，并在所有页的页面底端插入页码，页码样式为"三角形 2"；

7. 将正文最后一段分为偏右两栏，栏间加分隔线。

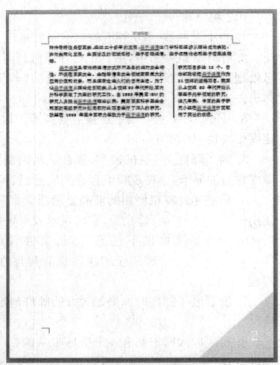

五、Excel 操作

1. 在"地区统计"工作表中,设置第一行标题文字"中职校教工地区统计"在 A1:H1 单元格区域合并后居中,字体格式为黑体、16 号字、标准色—红色;

2. 将"Sheet1"工作表改名为"教工职称";

3. 在"教工职称"工作表中,隐藏第5、第6行,并将 I 列列宽设置为12;

4. 在"教工职称"工作表的 I 列中,利用公式计算高级职称占比(高级积称占比=(正高级人数+副高级人数)/教师总数),结果以带 2 位小数的百分比格式显示;

5. 在"地区统计"工作表的 B 列中,利用公式计算各地区的合计(合计值为其右方 C 列至 H 列数据之和);

6. 在"地区统计"工作表中,按"合计"进行降序排序;

7. 参考样张,在"地区统计"工作表中,根据合计排名前五的地区数据,生成一张"三维簇状柱形图",嵌入当前工作表中,图表上方标题为"教工人数前五的地区",无图例,显示数据标签。

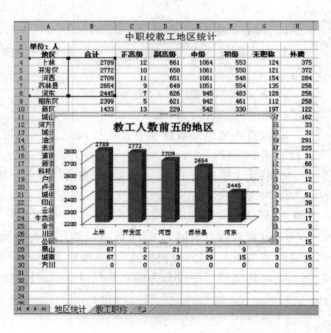

六、PowerPoint 操作

1. 设置所有幻灯片背景为预设颜色"金色年华",所有幻灯片切换效果为垂直百叶窗,并伴有风铃声;

2. 在第二张幻灯片中插入图片"star.jpg",设置图片高度为 13 厘米、宽度为 26 厘米,图片的位置为:水平方向距离左上角 4 厘米、垂直方向距离左上角 5 厘米,设置图片的动画效果为浮入(上浮);

3. 为第三张幻灯片中带项目符号的文字创建超链接,分别指向具有相应标题的幻灯片;

4. 利用幻灯片母版,在所有幻灯片的右上角插入五角星形状,单击该形状,超链接指向第一张幻灯片;

5. 在所有幻灯片中插入页脚"太阳系八大行星"。

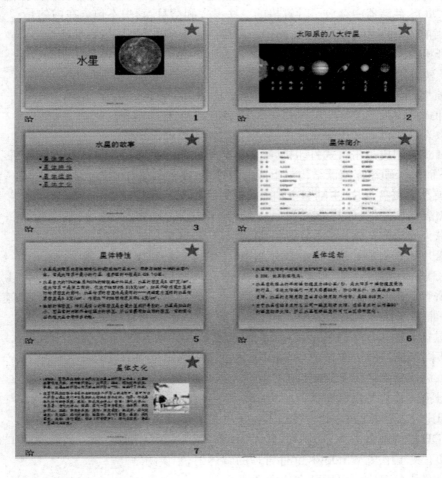

真题卷二（江苏）

一、单选题

1. 二十世纪四五十年代的第一代计算机主要应用于_____领域。

A. 数据处理　　　　　B. 工业控制　　　　　C. 人工智能　　　　　D. 科学计算

2. 下列四个不同进位制的数中最大的数是_____。

A. 十进制数 73.5　　　　　　　　　　B. 二进制数 1001101.01

C. 八进制数 115.1　　　　　　　　　　D. 十六进制数 4C.4

3. CMOS 存储器中存放了计算机的一些参数和信息，其中不包含在内的是_____。

A. 当前的日期和时间　　　　　　　　　B. 硬盘数目与容量

C. 开机的密码　　　　　　　　　　　　D. 基本外围设备的驱动程序

4. 下列关于打印机的说法，错误的是_____。

A. 喷墨打印机是使墨水喷射到纸上形成图像或字符的

B. 针式打印机只能打印汉字和 ASCII 字符，不能打印图像

C. 激光打印机是利用激光成像、静电吸附碳粉原理工作的

D. 针式打印机是击打式打印机，喷墨打印机和激光打印机是非击打式打印机

5. 下面关于硬盘存储器结构与组成的叙述中，错误的是_____。

A. 硬盘由磁盘盘片、主轴与主轴电机、移动臂、磁头和控制电路等组成

B. 磁盘盘片是信息的存储介质

C. 磁头的功能是读写盘片上所存储的信息

D. 盘片和磁头密封在一个盒状装置内，主轴电机安装在 PC 主板上

6. PC 机使用的芯片组大多由两块芯片组成，它们的功能主要是_____和 I/O 控制。

A. 寄存数据　　　　　B. 存储控制　　　　　C. 运算处理　　　　　D. 高速缓冲

7. 下面关于鼠标器的叙述中，错误的是_____。

A. 鼠标器输入计算机的是其移动时的位移量和移动方向

B. 不同鼠标器的工作原理基本相同，区别在于感知位移信息的方法不同

C. 鼠标器只能使用 PS/2 接口与主机连接

D. 触摸屏具有与鼠标器类似的功能

8. 相比较而言，下列存储设备最不便于携带使用的是_____。

A. IDE 接口硬盘　　　　B. 存储卡　　　　　C. 优盘 DUS　　　　　B. 接口硬盘

9. 以下关于中文 Windows 文件管理的叙述中，错误的是_____。

A. 文件夹的名字可以用英文或中文

B. 文件的属性若是"系统"，则表示该文件与操作系统有关

C. 根文件夹（根目录）中只能存放文件夹，不能存放文件

D. 子文件夹中既可以存放文件，也可以存放文件夹，从而构成树型的目录结构

10. 下面关于程序设计语言的说法错误的是_____。

A. FORTRAN 语言是一种用于数值计算的面向过程的程序设计语言

B. Java 是面向对象用于网络环境编程的程序设计语言

C. C 语言所编写的程序,可移植性好

D. C++是面向过程的语言,VC++是面向对象的语言

11. 下列关于操作系统设备管理的叙述中,错误的是_____。

A. 设备管理程序负责对系统中的各种输入输出设备进行管理

B. 每个设备都有自己的驱动程序

C. 设备管理程序负责处理用户和应用程序的输入输出请求

D. 设备管理程序驻留在 BIOS 中

12. 在 Windows 操作系统中,系统约定第一个硬盘的盘符必定是_____。

A. A: B. B: C. C: D. D:

13. 以下 IP 地址中只有_____可用作某台主机的 IP 地址。

A. 62.26.1.256   B. 202.119.24.5

C. 78.0.0.0   D. 223.268.129.1

14. 下列_____不是杀毒软件。

A. 金山毒霸   B. FlashGet

C. Norton AntiVirus   D. 卡巴斯基

15. 下列有关计算机网络客户/服务器工作模式的叙述中,错误的是_____。

A. 采用客户/服务器模式的网络一般都是小型网络

B. 客户请求使用的资源需通过服务器提供

C. 客户/服务器工作模式简称为 C/S 模式

D. 客户工作站与服务器都应运行相关的软件

16. 路由器(Router)用于异构网络的互联,它跨接在几个不同的网络之中,所以使用的 IP 地址个数为_____。

A. 1   B. 2

C. 3   D. 连接的物理网络数目

17. 在 Word 文档"doc1"中,把文字"图表"设为超链接,指向一个名为"Table1"的 Excel 文件,则链源为_____。

A. 文件"Table1.xls"   B. Word 文档"doc1.doc"

C. Word 文档的当前页   D. 文字"图表"

18. 下列有关网络操作系统的叙述中,错误的是_____。

A. 网络操作系统通常安装在服务器上运行

B. 网络操作系统应能满足用户的任何操作请求

C. 网络操作系统必须具备强大的网络通信和资源共享功能

D. 利用网络操作系统可以管理、检测和记录客户机的操作

19. 以下有关无线通信技术的叙述中,错误的是_____。

A. 无线通信不需要架设传输线路,节省了传输成本

B. 允许通信终端在一定范围内随意移动,方便了用户

C. 电波通过自由空间传播时,能量集中,传输距离可以很远

D. 容易被窃听、也容易受干扰

20. 因特网为我们提供了一个海量的信息资源库,为了快速地找到需要的信息,必须使用搜索引擎,下面哪一个不是搜索引擎?

A. Google   B. Adobe   C. 百度   D. Bing(必应)

21. 数字图像的文件格式有多种,下列哪一种图像文件能够在网页上发布并可具有动画效果?

A. BMP   B. GIF   C. JPEG   D. TIF

22. 图形也称为计算机合成图像,它是发明摄影技术和电影电视技术之后最重要的一种生成图像的方法。下面关于计算机图形的叙述中,错误的是:

A. 计算机只能生成假想或抽象景物的图像,不能生成实际景物的具有真实感的图像

B. 计算机不仅能生成静止图像,而且还能生成各种运动、变化的动态图像

C. 显卡(图形加速卡)在生成图像的过程中起着重要作用,许多处理都是由显卡完成的

D. 计算机合成图像在产品设计、绘图、广告制作等领域有着广泛的应用

二、判断题

1. 非接触式 IC 卡利用电磁感应方式给芯片供电,实现无线传输数据。 （　　）

2. 在 Windows 系统中,按下 Alt＋PrintScreen 键可以将桌面上当前窗口的图像复制到剪贴板中。 （　　）

3. 计算机常用的输入设备为键盘和鼠标器。笔记本电脑常使用轨迹球、指点杆和触摸板等替代鼠标器。 （　　）

4. CPU 执行的指令都是使用二进制代码表示的。 （　　）

5. 软件必须依附一定的硬件和软件环境,否则它可能无法正常运行。 （　　）

6. 应用软件分为通用应用软件和定制应用软件,学校教务管理软件属于定制应用软件。 （　　）

7. 收音机可以收听许多不同电台的节目,是因为广播电台采用了频分多路复用技术播送其节目。 （　　）

8. 使用双绞线作为通信传输介质,具有成本低、可靠性高、传输距离长等优点。 （　　）

9. 现代通信指的是使用电波或光波传递信息的技术,所以也称为电信。 （　　）

10. 在网络环境中一般都采用高强度的指纹技术对身份认证信息进行加密。 （　　）

11. 在利用计算机生成图形的过程中,描述景物形状结构的过程称为"绘制",也叫图像合成。 （　　）

12. 在一个关系数据库中存在多张二维表,这些二维表的"主键"标识,可能相同,也可能不同。 （　　）

三、填空题

1. 采用大规模或超大规模集成电路的计算机属于第(　　　　　　)代计算机。

2. 半导体存储芯片分为 RAM 和 ROM 两种,RAM 的中文全称是(　　　　　　)存储器。

3. 利用(　　　　　)器,一个 USB 接口最多能连接 100 多个设备。

4. PC 机的主存储器是由若干 DRAM 芯片组成的,目前它完成一次完整的存取操作所用时间大约是几十个(　　　　　)s。

5. 当 CapsLock 指示灯不亮时,按下(　　　　　)键的同时,按字母键,可以输入大写字母。

6. 微软公司在 Windows 系统中安装的 Web 浏览器软件名称是(　　　　　)。

7. 通过网站的起始网页就能访问该网站上的其他网页,该网页称为(　　　　　　)。

8. 某个网页的 URL 为 http://zhidao.baidu.com/question/76024285.html,该网页所在的 Web 服务器的域名是(　　　　　　)。

9. 以下通信方式中,(　　　　　　)都属于微波远距离通信。① 卫星通信　② 光纤通信　③ 地面微波接力通信

10. 一幅图像若其像素深度是 8 位,则它能表示的不同颜色的数目为(　　　　　　)。

11. 采用网状结构组织信息,各信息按照其内容的关联性用指针互相链接起来,使得阅读时可以非常方便地实现快速跳转的一种文本,称为(　　　　　　)。

四、Word 操作

1. 将页面设置为:A4 纸,上、下页边距为 2.6 厘米,左、右页边距为 3.2 厘米,每页 43 行,每行 40 个字符;

2. 给文章加标题"了解篆刻",设置其格式为隶书、二号字,居中显示,标题段落填充主题颜色—茶色、背景 2、深色 10％的底纹;

3. 设置正文各段首行缩进 2 字符,段前段后间距 0.2 行;

4. 给正文中加粗且有下划线的第二、第四、第六段添加菱形项目符号;

5. 参考样张,在正文适当位置插入图片"篆刻.jpg",设置图片高度、宽度缩放比例均为 60％,环绕方式为四周型,图片样式为简单框架、黑色;

6. 在正文第一行第一个"镌刻"后插入脚注"把铭文刻或画在坚硬物质或石头上";

7. 设置奇数页页眉为"篆刻简介",偶数页页眉为"篆刻起源",均居中显示,并在所有页的页面底端插入页码,页码样式为"粗线"。

五、Excel 操作

1. 在"女子个人"工作表中,设置第一行标题文字"女子个人 10 米气手枪成绩"在 A1：O1 单元格区域合并后居中,字体格式为方正姚体、18 号字、标准色—红色；

2. 在"女子个人"工作表的 H 列和 N 列中,利用公式计算每个运动员的成绩一和成绩二（成绩一为前五发成绩之和,成绩二为后五发成绩之和）,结果以带 1 位小数的数值格式显示；

3. 在"女子个人"工作表的 O 列中,利用公式计算每个运动员的总成绩（总成绩＝成绩一＋成绩二）；

4. 删除"男团"工作表的"成绩一""成绩二"列,并隐藏"运动员注册号"列；

5. 在"男团"工作表中,按照"省市"升序排序；

6. 在"男团"工作表中,按照"省市"进行分类汇总,统计各省市运动员的总成绩之和,汇总结果显示在数据下方；

7. 参考样张,在"男团"工作表中,根据分类汇总数据,生成一张反映各省市男团总成绩的"簇状柱形图",嵌入当前工作表中,图表上方标题为"男子团体 10 米气手枪成绩"、16 号字,无图例,显示数据标签、并放置在数据点结尾之外。

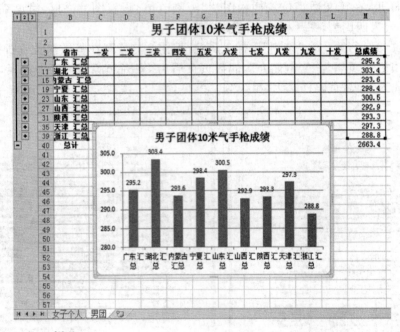

六、PowerPoint 操作

1. 设置所有幻灯片背景为"蓝色面巾纸"纹理,除标题幻灯片外,为其他幻灯片添加幻灯片编号；

2. 交换第一张和第二张幻灯片,并将文件 memo.txt 中的内容作为第三张幻灯片的备注；

3. 将第三张幻灯片文本区中的内容转换成 SmartArt 中的垂直块列表；

4. 在第四张幻灯片中插入图片 table.jpg,设置图片的动画效果为"泪滴形"动作路径；

5. 将幻灯片大小设置为 35 毫米幻灯片,并为最后一张幻灯片中的图片创建超链接,单击图片指向第一张幻灯片。

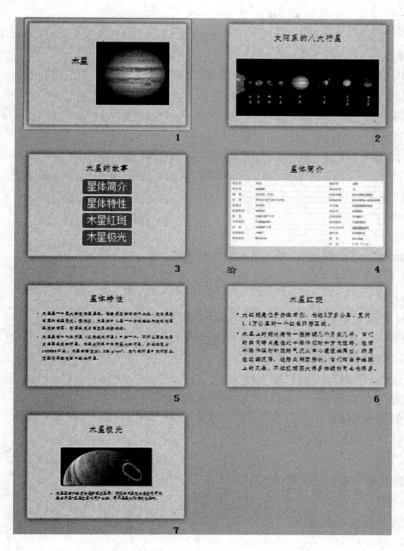

真题卷三（全国）

一、选择题

1. 计算机中,负责指挥计算机各部分自动协调一致地进行工作的部件是_____。

A. 运算器　　　　　　　　　　　　B. 控制器

C. 存储器　　　　　　　　　　　　D. 总线

2. 用 MIPS 衡量的计算机性能指标是_____。

A. 处理能力　　　　　　　　　　　B. 存储容量

C. 可靠性　　　　　　　　　　　　D. 运算速度

3. 第二代电子计算机的主要元件是_____。

A. 继电器　　　　　　　　　　　　B. 晶体管

C. 电子管　　　　　　　　　　　　D. 集成电路

4. 十进制数 100 转换成无符号二进制整数是_____。

A. 0110101　　　　　　　　　　　B. 011011000

C. 01100100　　　　　　　　　　　D. 01100110

5. 在 CD 光盘上标记有"CD-RW"字样,"RW"标记表明该光盘是_____。

A. 只能写入一次,可以反复读出的一次性写入光盘

B. 可多次擦除型光盘

C. 只能读出,不能写入的只读光盘

D. 其驱动器单倍速为 1350KB/S 的高密度可读写光盘

6. 1GB 的准确值是_____。

A. 1 024×1 024 bytes　　　　　　B. 1 024 KB

C. 1 024 MB　　　　　　　　　　　D. 1 000×1 000 KB

7. 下列软件中,属于应用软件的是_____。

A. 操作系统　　　　　　　　　　　B. 数据库管理系统

C. 程序设计语言处理系统　　　　　D. 管理信息系统

8. 目前广泛使用的 Internet,其前身可追溯到_____。

A. ARPANET　　　　　　　　　　　B. CHINANET

C. DECnet　　　　　　　　　　　　D. NOVELL

9. 通常所说的计算机的主机是指_____。

A. CPU 和内存　　　　　　　　　　B. CPU 和硬盘

C. CPU、内存和硬盘　　　　　　　D. CPU、内存与 CD-ROM

10. 下列叙述中,正确的是_____。

A. 用高级语言编写的程序成为源程序

B. 计算机能直接识别、执行用汇编语言编写的程序

C. 机器语言编写的程序执行效率最低

D. 不同型号的 CPU 具有相同的机器语言

11. 硬盘属于_____。

A. 内部存储器 　　　　　　　　　　 B. 外部存储器

C. 只读存储器 　　　　　　　　　　 D. 输出设备

12. 下面关于操作系统的叙述中,正确的是_____。

A. 操作系统是计算机软件系统中的核心软件

B. 操作系统属于应用软件

C. Windows 是 PC 机唯一的操作系统

D. 操作系统的五大功能是:启动、打印、显示、文件存取和关机

13. 办公室自动化(OA)是计算机的一项应用,按计算机应用的分类,它属于_____。

A. 科学计算 　　　　　　　　　　　 B. 辅助设计

C. 实时控制 　　　　　　　　　　　 D. 信息处理

14. 下列关于电子邮件的叙述中,正确的是_____。

A. 如果收件人的计算机没有打开时,发件人发来的电子邮件将丢失

B. 如果收件人的计算机没有打开时,发件人发来的电子邮件将退回

C. 如果收件人的计算机没有打开时,当收件人的计算机打开时再重发

D. 发件人发来的电子邮件保存在收件人的电子邮箱中,收件人可随时接收

15. 显示器的主要技术指标之一是_____。

A. 分辨率 　　　　　　　　　　　　 B. 亮度

C. 彩色 　　　　　　　　　　　　　 D. 对比度

16. 在标准 ASCII 码表中,已知英文字母 K 的十六进制码值是 4B,则二进制 ASCII 码 1001000 对应的字符是_____。

A. G 　　　　　　　　　　　　　　 B. H

C. I 　　　　　　　　　　　　　　　 D. J

17. 为防止计算机病毒传染,应该做到_____。

A. 无病毒的 U 盘不要与来历不明的 U 盘放在一起

B. 不要复制来历不明 U 盘中的程序

C. 长时间不用的 U 盘要经常格式化

D. U 盘中不要存放可执行程序

18. 某 800 万像素的数码相机,拍摄照片的最高分辨率大约是_____。

A. 3 200×2 400 　　　　　　　　　 B. 2 048×1 600

C. 1 600×1 200 　　　　　　　　　 D. 1 024×768

19. 计算机网络是计算机技术和_____。

A. 自动化技术的结合 　　　　　　　 B. 通信技术的结合

C. 电缆等传输技术的结合 　　　　　 D. 信息技术的结合

20. 下列选项属于面向对象的程序设计语言是_____。

A. Java 和 C 　　　　　　　　　　　 B. Java 和 C ++

C. VB 和 C 　　　　　　　　　　　 D. VB 和 Word

二、基本操作

1. 将考生文件夹下 LI\\QIAN 文件夹中的文件夹 YANG 复制到考生文件夹下 WANG

文件夹中。

2. 将考生文件夹下 TIAN 文件夹中的文件 ARJ.EXP 设置成只读属性。

3. 在考生文件夹下 ZHAO 文件夹中建立一个名为 GIRL 的新文件夹。

4. 将考生文件夹下 SHEN\\KANG 文件夹中的文件 BIAN.ARJ 移动到考生文件夹下 HAN 文件夹中,并改名为 QULIU.ARJ。

5. 将考生文件夹下 FANG 文件夹删除。

三、上网题

请根据题目要求,完成下列操作:

1. 某模拟网站的主页地址是:HTTP://LOCALHOST/index.html,打开此主页,浏览"杜甫"页面,查找"代表作"的页面内容并将它以文本文件的格式保存到考生文件夹下,命名为"DFDBZ.txt"。

2. 向 wanglie@mail.neea.edu.cn 发送邮件,并抄送 jxms@mail.neea.edu.cn,邮件内容为:"王老师:根据学校要求,请按照附件表格要求统计学院教师任课信息,并于 3 日内返回,谢谢!",同时将文件"统计.xlsx"作为附件一并发送。将收件人 wanglie@mail.neea.edu.cn 保存至通信簿,联系人"姓名"栏填写"王列"。

四、字处理

1. 在考生文件夹下,打开文档 WORD1.DOCX,按照要求完成下列操作并以该文件名(WORD1.DOCX)保存文档。

(1) 将文中所有错词"声明科学"替换为"生命科学";设置文档页面的纸张大小为"18 厘米×26 厘米"(宽度×高度)、上下页边距各为 3 厘米;为文档添加内容为"科技知识"的文字水印,水印字体为微软雅黑、颜色为红色(标准色);设置页面颜色的填充效果为"颜色/预设/金色年华""底纹样式/斜下";为页面添加 30 磅宽红果样式的艺术型边框;清除默认的页眉线。

(2) 将标题段文字("生命科学是中国发展的机遇")设置为二号、蓝色(标准色)、黑体、居中对齐、段后间距 1 行,并将字体颜色的渐变方式设置为"变体/线性向下";为标题段文字添加黄色(标准色)底纹。

(3) 设置正文各段落("新华网北京……研究和学习。")的字体格式为四号宋体,段落格式为 1.2 倍行距、段前间距 0.5 行;设置正文第一段("新华网北京……采访时说的话。")首字下沉 2 行(距正文 0.2 厘米)、其余段落("坎贝尔博士……研究和学习。")首行缩进 2 字符;将正文第二段("坎贝尔博士……机遇。")分为等宽的两栏,栏间添加分隔线。

2. 在考生文件夹下,打开文档 WORD2.DOCX,按照要求完成下列操作并以该文件名(WORD2.DOCX)保存文档。

(1) 将文中后 7 行文字转换成一个 7 行 4 列的表格;在表格右侧增加一列、输入列标题"平均温度(℃)",并在新增列相应单元格内填入其左侧"高温(℃)"列和"低温(℃)"列的平均值;按"平均温度(℃)"列依据"数字"类型升序排列表格内容;设置表格居中、表格中的文字水平居中。

(2) 设置表格列宽为 3 厘米、行高为 0.7 厘米;设置表格外框线和第一、二行间的内框线为红色(标准色)1.5 磅单实线、其余内框线为红色(标准色)0.5 磅单实线;为表格添加底纹,底纹颜色为"橄榄色,个性色 3,淡色 60%"。

五、电子表格

打开考生文件夹下的电子表格 Excel.xlsx，按照下列要求完成对此电子表格的操作并保存。

1. 将 Sheet1 工作表的 A1:G1 单元格合并为一个单元格，内容水平居中；利用函数计算 2015 年和 2016 年产品销售总量分别置于 B15 和 D15 单元格内；计算 2015 年和 2016 年每个月销量占各自全年总销量的百分比内容（百分比型，保留小数点后 2 位）；计算同比增长率列内容（同比增长率＝(2016 年销量－2015 年销量)/2015 年销量，百分比型，保留小数点后 2 位）；同比增长率大于或等于 20% 的月份在备注栏内填"较快"信息，其他填"一般"信息（利用 IF 函数）；利用条件格式对 F3:F14 单元格区域设置"实心填充/绿色数据条"。

2. 选取 Sheet1 工作表中"月份"列（A2:A14）、"2016 年销量"列（D2:D14）和"同比增长率"列（F2:F14）三列数据建立组合图；并设置"2016 年销量"系列为主坐标，"2016 年销量"系列的图表类型为"簇状柱形图"；"同比增长率"系列为次坐标，"同比增长率"系列的图表类型为"折线图"；图表标题位于图表上方，图表标题为"同比增长率统计图"，图例位于顶部；设置图表颜色为"彩色/颜色 2"，设置绘图区填充格式为"图案填充/虚线网格"；将图插入到表 A17:G32 单元格区域，将 Sheet1 工作表命名为"产品销售统计表"。

3. 选择 Sheet2 工作表，对工作表内数据清单的内容进行筛选，条件为：所有东部和西部的分公司且销售额高于平均值，将 Sheet2 工作表命名为"产品销售情况表"，保存 Excel.xlsx 文件。

六、演示文稿

打开考生文件夹下的演示文稿 yswg.ppt，按照下列要求完成对此文稿的修饰并保存。

1. 在第一张幻灯片前插入 1 张新幻灯片，设置幻灯片大小为"全屏显示（16：9）"；为整个演示文稿应用"离子会议室"主题，放映方式为"观众自行浏览"；除了标题幻灯片外其他每张幻灯片中的页脚插入"晶泰来水晶吊坠"七个字。

2. 第一张幻灯片的版式设置为"标题幻灯片"，主标题为"产品策划书"，副标题为"晶泰来水晶吊坠"，主标题字体设置为华文形楷、80 磅字，副标题的字体设置为楷体、加粗、34 磅字；为副标题设置"进入/浮入"的动画效果，效果选项为"下浮"。

3. 第二张幻灯片的版式设置为"两栏内容"；将考生文件夹下的图片文件 shuijing1.jpg 插入到幻灯片右侧的内容区，图片样式为"金属框架"，图片效果为"发光/紫色，8pt 发光，个性色 6"。图片动画设置为"进入/十字形扩展"，效果选项为"切出"，图片动画"开始"为"上一动画之后"；左侧内容文字动画设置为"强调/跷跷板"；标题动画设置为"进入/基本缩放"，效果选项为"从屏幕中心放大"；动画顺序是先标题、内容文本，最后是图片。

4. 第三张幻灯片的版式设置为"内容与标题"；在左侧标题下方的文本框中输入文字"水晶饰品越来越受到人们的喜爱"，字体设置为"微软雅黑"，字体大小为 16 磅字。将幻灯片右侧文本框中的文字转换成为"垂直项目符号列表"版式的 SmartArt 图形，并设置其动画效果为"进入/飞入"，效果选项的方向为"自右侧"，序列为"逐个"。

5. 第四张幻灯片的版式设置为"两栏内容"；将考生文件夹下的图片文件 shuijing2.jpg 插入到幻灯片右侧的内容区，设置图片尺寸"高度 8 厘米""锁定纵横比"，图片位置设置为水平 13 厘米、垂直 5 厘米，均为自"左上角"；并为图片设置动画效果"进入/浮入"，效果选项为"下浮"。

6. 第五张幻灯片的版式设置为"标题和内容";将幻灯片文本框中的文字转换成为"基本日程表"版式的 SmartArt 图形,并设置样式为"优雅"。设置 SmartArt 图形的动画效果为"进入/弹跳",序列为"逐个";标题动画设置为"进入/圆形扩展",效果选项为"菱形",动画"开始"为"上一动画同时";动画顺序是先标题后图形。

7. 设置第 1、3、5 张幻灯片切换效果为"揭开",效果选项为"从右下部";设置第 2、4 张幻灯片切换效果为"梳理",效果选项为"垂直"。

真题卷四（全国）

一、选择题

1. 随着 Internet 的发展，越来越多的计算机感染病毒的可能途径之一是_____。
A. 从键盘上输入数据
B. 通过电源线
C. 所使用的光盘表面不清洁
D. 通过 Internet 的 E-mail，附着在电子邮件的信息中

2. 十进制数 59 转换成无符号二进制整数是_____。
A. 0111101
B. 0111011
C. 0110101
D. 01111

3. 用来存储当前正在运行的应用程序及相应数据的存储器是_____。
A. 内存
B. 硬盘
C. U 盘
D. CD-ROM

4. 根据域名代码规定，表示政府部门网站的域名代码是_____。
A. .net
B. .com
C. .gov
D. .org

5. 一个完整的计算机系统应该包括_____。
A. 主机、键盘和显示器
B. 硬件系统和软件系统
C. 主机和它的外部设备
D. 系统软件和应用软件

6. 下列关于 CPU 的叙述中，正确的是_____。
A. CPU 能直接读取硬盘上的数据
B. CPU 能直接与内存储器交换数据
C. CPU 主要组成部分是存储器和控制器
D. CPU 主要用来执行算术运算

7. 下列的英文缩写和中文名字的对照中，错误的是_____。
A. CAD-计算机辅助设计
B. CAM-计算机辅助制造
C. CINS-计算机集成管理系统
D. CAI-计算机辅助教育

8. 在标准 ASCII 码表中，已知英文字母 A 的十进制码值是 65，英文字母 a 的十进制码值是_____。
A. 95
B. 96
C. 97
D. 91

9. 下列软件中，不是操作系统的是_____。
A. Linux
B. UNIX
C. MS DOS
D. MS office

10. 字长是 CPU 的主要技术性能指标之一，它表示的是_____。
A. CPU 的计算结果的有效数字长度
B. CPU 一次能处理二进制数据的位数
C. CPU 能表示的最大的有效数字位数
D. CPU 能表示的十进制整数的位数

11. 计算机技术中，下列度量存储器容量的单位中，最大的单位是_____。
A. KB
B. MB
C. Byte
D. GB

12. 下列各组软件中,属于应用软件的一组是_____。

A. Windows XP 和管理信息系统　　　　B. Unix 和文字处理程序

C. Linux 和视频播放系统　　　　D. Office 2003 和军事指挥程序

13. 下列叙述中,正确的是_____。

A. 高级语言编写的程序可移植性差

B. 机器语言就是汇编语言,无非是名称不同而已

C. 指令是由一串二进制数 0、1 组成的

D. 用机器语言编写的程序可读性好

14. 下列设备中,可以作为微机输入设备的是_____。

A. 打印机　　　　B. 显示器

C. 鼠标器　　　　D. 绘图仪

15. 下列叙述中,错误的是_____。

A. 硬磁盘可以与 CPU 之间直接交换数据

B. 硬磁盘在主机箱内、可以存放大量文件

C. 硬磁盘是外存储器之一

D. 硬盘的技术指标之是每分钟的转速

16. 在 Internet 上浏览时,浏览器和 WWW 服务器之间传输网页使用的协议是_____。

A. Http　　　　B. IP

C. Ftp　　　　D. Smtp

17. 一般说来,数字化声音的质量越高,则要求_____。

A. 量化位数越少、采样率越低　　　　B. 量化位数越多、采样率越高

C. 量化位数越少、采样率越高　　　　D. 量化位数越多、采样率越低

18. 关于汇编语言程序_____。

A. 相对于高级程序设计语言程序具有良好的可移植性

B. 相对于高级程序设计语言程序具有良好的可读性

C. 相对于机器语言程序具有良好的可移植性

D. 相对于机器语言程序具有较高的执行效率

19. "千兆以太网"通常是一种高速局域网,其网络数据传输速率大约为

A. 1000 000 位/秒　　　　B. 1000 000 000 位/秒

C. 100 000 字节/秒　　　　D. 10 000 000 字节/秒

20. 计算机网络是一个_____。

A. 管理信息系统　　　　B. 编译系统

C. 在协议控制下的多机互联系统　　　　D. 网上购物系统

二、基本操作

1. 将考生文件夹下 KEEN 文件夹设置成隐藏属性。

2. 将考生文件夹下 QEEN 文件夹移动到考生文件夹下 NEAR 文件夹中,并改名为 SUNE。

3. 将考生文件夹下 DEER\\DAIR 文件夹中的文件 TOUR. PAS 复制到考生文件夹下 CRY\\SUMER 文件夹中。

4. 将考生文件夹下 CREAM 文件夹中的 SOUP 文件夹删除。

5. 在考生文件夹下建立一个名为 TESE 的文件夹。

三、上网题

请根据题目要求，完成下列操作：

1. 某模拟网站的主页地址是：HTTP://L0CALHOST/index.html，打开此主页，浏览"绍兴名人"页面，查找介绍"秋瑾"的页面内容，将页面中秋瑾的照片保存到考生文件夹下，命名为"QIUJIN.jpg"，并将此页面内容以文本文件的格式保存到考生文件夹下，命名为"QIUJIN.txt"。

2. 接收并阅读由 xiaoqiang@mail.ncre.edu.cn 发来的 Email，将此邮件地址保存到通信录中，姓名输入"小强"，并新建一个联系人分组，分组名字为"小学同学"，将小强加入此分组中。

四、字处理

在考生文件夹下，打开文档 WORD.DOCX，按照要求完成下列操作并以该文件名（WORD.DOCX）保存文档。

1. 将文中所有错词"人声"替换为"人生"；将标题（"活出精彩搏出人生"）应用"标题 1"样式，并设置为小三号、隶书、段前段后间距均为 6 磅、单倍行距、居中；标题字体颜色设为"橙色，个性色 6，深色 50％"、文本效果为"映像/映像变体/紧密映像：4pt 偏移量"；修改标题阴影效果为：内部/内部右上角；在文件菜单下编辑文档属性信息，摘要选项卡中的作者改为：NCRER、单位是：NCRE、标题为：活出精彩搏出人生。

2. 设置纸张方向为"横向"；设置页边距为上下各 3 厘米，左右各 2.5 厘米，装订线位于左侧 3 厘米处，页眉页脚各距边界 2 厘米，每页 24 行；添加空白型页眉，键入文字"校园报"，设置页眉文字为小四号、黑体、深红色（标准色）、加粗；为页面添加水平文字水印"精彩人生"，文字颜色为：橄榄色，个性色 3，淡色 80％。

3. 将正文一至二段（"人生在世，需要去……我终于学会了坚强。"）设置为小四号、楷体；首行缩进 2 字符，行间距为 1.15 倍；将文本（"人生在世，需要去……我终于学会了坚强。"）分为等宽的 2 栏、栏宽为 28 字符，并添加分隔线；将文本（"记住该记住的，忘记该忘记的。改变能改变的，接受不能接受的。"）设置为黄色突出显示；在"校运动会奖牌排行榜"前面的空行处插入考生文件夹下的图片 picture1.jpg，设置图片高为 5 厘米，宽为 7.5 厘米，文字环绕为上下型，艺术效果为：马赛克气泡、透明度 80％。

4. 将文中后 12 行文字转换为一个 12 行 5 列的表格，文字分隔位置为"空格"；设置表格列宽为 2.5 厘米，行高为 0.5 厘米；将表格第一行合并为一个单元格，内容居中；为表格应用样式"网格表 4-着色 2"；设置表格整体居中。

5. 将表格第一行文字（"校运动会奖牌排行榜"）设置为小三号、黑体、字符间距加宽 1.5 磅；统计各班金、银、铜牌合计，各类奖牌合计填入相应的行和列；以金牌为主要关键字、降序，银牌为次要关键字、降序，铜牌为第三关键字、降序，对 9 个班进行排序。

五、电子表格

打开考生文件夹下的电子表格 Excel.xlsx，按照下列要求完成对此电子表格的操作并保存。

1. 选取 Sheet1 工作表，将 A1：F1 单元格合并为一个单元格，文字居中对齐；利用

VLOOKUP 函数,依据本工作簿中"学生班级信息表"工作表中信息填写 Sheet1 工作表中"班级"列的内容;利用 IF 函数给出"成绩等级"列的内容,成绩等级对照请依据 G4:H8 单元格区域信息;利用 COUNTIFS 函数分别计算每门课程(以课程号标识)一班、二班、三班的选课人数,分别置于 H14:H17、I14:I17、J14:J17 单元格区域;利用 AVERAGEIF 函数计算各门课程(以课程号标识)平均成绩置于 K14:K17 单元格区域(数值型,保留小数点后 1 位)。利用条件格式修饰"成绩等级"列,将成绩等级为"A"的单元格设置颜色为"水绿色、个性色5、淡色 40%"、样式为"25%灰色"的图案填充。将 G13:K17 单元格区域设置为"表样式浅色2"的套用表格格式。

2. 选取 Sheet1 工作表内"统计表"下的"课程号"列、"一班选课人数"列、"二班选课人数"列、"三班选课人数"列数据区域的内容建立"簇状柱形图",图例为四门课程的课程号,图表标题为"各班选课人数统计图",利用图表样式"样式 7"修饰图表,将图插入到当前工作表的 G19:K34 单元格区域,将工作表命名为"选修课程统计表"。

3. 选取"产品销售情况表",对工作表内数据清单的内容建立数据透视表,按行为"分公司",列为"季度",数据为"销售额(万元)"求和布局,利用"数据透视表样式浅色 9"修饰图表,添加"镶边行"和"镶边列",将数据透视表置于现有工作表的 I2 单元格,保存 Excel.xlsx 工作簿。

六、演示文稿

打开考生文件夹下的演示文稿 yswg.ppt,按照下列要求完成对此文稿的修饰并保存。

1. 在第一张幻灯片前插入 1 张新幻灯片,在最后一张幻灯后插入 1 张新幻灯片;为整个演示文稿应用"平面"主题,放映方式为"观众自行浏览(窗口)";设置幻灯大小为"全屏显示(16:9)";除标题幻灯片外的幻灯片都插入幻灯片编号。

2. 设置第一张幻灯片版式为"标题幻灯片",主标题为"微课(Micro-lecture)",副标题为"培训教程";副标题设置为微软雅黑、48 磅字、蓝色(标准色)。

3. 设置第二张幻灯片的版式为"标题和内容",标题为"微课定义";将文本区内容转换为SmartArt 图形,布局为"梯形列表",SmartArt 样式为"卡通",更改颜色为"彩色填充—个性色 2";SmartArt 图形动画设置为"进入—翻转式由远及近",效果选项为"序列—逐个",SmartArt 图形动画"持续时间 1.5 秒""延迟 0.5 秒";标题动画为"进入—空翻",动画开始为"上一动画之后""延迟 1 秒";动画顺序是先标题后图形。

4. 设置第三张幻灯片版式为"两栏内容",主标题为"the One Minute Professor";将考生文件夹下的图片文件 PPT1.jpg 插入到右侧的内容区,图片的大小为"高度 10 厘米""锁定纵横比",图片在幻灯片上的水平位置为"12 厘米""从左上角",垂直位置为"3 厘米""从左上角",图片样式为"金属椭圆",图片效果为"棱台—斜面",艺术效果为"马赛克气泡";图片动画设置为"进入—弹跳",图片动画开始为"上一动画之后""持续时间 1.5 秒""延迟 1 秒";内容文本设置动画"强调—加粗展示",效果选项为"按段落";动画顺序是先文本后图片。

5. 设置第四张幻灯片版式为"空白",并在位置(水平位置:4 厘米,从:左上角,垂直位置:1.5 厘米,从:左上角)插入样式为"填充—金色,着色 3,锋利棱台"的艺术字"微课内容组成",文字大小设置 66 磅字,艺术字宽度为 15.5 厘米、高为 3.5 厘米,艺术字形状填充为预设渐变"顶部聚光灯—个性色 1"、类型"线性",文本效果为"转换—弯曲—双波形 2",艺术字动画设置为"进入—缩放",效果选项为"消失点—幻灯片中心",动画开始为"与上一动画同时"；将考生文件夹下的图片文件 PPT2.jpg 插入到此幻灯片中，图片的大小为"高度 8 厘米""锁定纵横比"，图片在幻灯片上的垂直位置为"6 厘米""从左上角"，图片按"水平居中"对齐排列，图片样式为"透视阴影，白色"，图片效果发光为"绿色，11pt 发光，个性色 1"；图片动画设置为"进入—玩具风车"；动画顺序是先图片后艺术字；当前幻灯片的背景格式设置为"蓝色面巾纸"纹理填充、"隐藏背景图形"。

6. 设置第 1、3 张幻灯片切换方式为"切换"，效果选项为"向左"，并且幻灯片的自动换片时间是 5 秒；第 2、4 张幻灯片切换方式为"棋盘"，效果选项为"自顶部"，并且幻灯片的自动换片时间是 6 秒。

参考答案

自测题参考答案

自测题1

1. 对　2. 错　3. 10　4. 10 100.1　24.4　14.8　5. −16　6. 51　7. A　8. D　9. C
10. D

自测题2

1. 错　2. 错　3. 错　4. 对　5. 总线　6. CCD　7. 刷新速率　8. dpi　9. FFFFF
10. 绘图　11. B　12. C　13. D　14. B　15. B　16. D　17. C　18. C　19. D　20. C

自测题3

1. D　2. D　3. A　4. A　5. B　6. A　7. A　8. A　9. B　10. D

自测题4

1. B　2. D　3. C　4. C　5. B　6. A　7. C　8. B　9. B　10. D　11. D　12. C　13. C
14. A　15. C　16. B　17. B　18. B　19. A　20. A

自测题5

1. 像素　2. 2 048　3. ASCII　4. 对　5. 对　6. 错　7. C　8. C　9. C　10. D

自测题6

1. 关系模式名、属性　2. 连接、选择　3. 错　4. 对　5. 错　6. C　7. A　8. C　9. B
10. B

真题卷参考答案

真题卷一(江苏)

1. D　2. C　3. C　4. D　5. A　6. C　7. D　8. D　9. B　10. C　11. C　12. A　13. C
14. A　15. D　16. B　17. B　18. A　19. A　20. C　21. C　22. D　23. D　24. 对　25. 错
26. 错　27. 错　28. 错　29. 错　30. 错　31. 错　32. 对　33. 对　34. 对　35. 0.01
36. 两　37. 音视频　38. 集成　39. LED　40. 文件　41. 退回　42. MAC　43. 数据通信
44. 768　45. 1

真题卷二(江苏)

1. D　2. B　3. D　4. B　5. D　6. B　7. C　8. A　9. C　10. D　11. D　12. C　13. B
14. B　15. A　16. D　17. D　18. B　19. C　20. B　21. B　22. A　23. 对　24. 对　25. 对
26. 对　27. 对　28. 对　29. 对　30. 错　31. 对　32. 错　33. 错　34. 对　35. 四　36. 随
机存取　37. USB 集线　38. n　39. Shift　40. Internet Explorer　41. 主页　42. baidu.
com　43. 1 和 3　44. 256　45. 超文本

真题卷三(全国)

1. B   2. D   3. B   4. C   5. B   6. C   7. D   8. A   9. A   10. A   11. B   12. A   13. D

14. D   15. A   16. B   17. B   18. A   19. B   20. B

真题卷四(全国)

1. D   2. B   3. A   4. C   5. B   6. B   7. C   8. C   9. D   10. B   11. D   12. D   13. C

14. C   15. A   16. A   17. B   18. C   19. B   20. C

参考文献

［1］许晓萍.计算机信息技术基础教程［M］.南京:南京大学出版社,2019.

［2］张福炎,孙志挥.大学计算机信息技术教程(2018 版)［M］.南京:南京大学出版社,2018.

［3］李汝光,许晓萍.大学计算机信息技术基础教程［M］.南京:南京大学出版社,2015.

［4］张效祥,徐家福.计算机科学技术百科全书［M］.第 3 版.北京:清华大学出版社,2018.

［5］谢希仁.计算机网络［M］.第 7 版.北京:电子工业出版社,2017.

［6］刘瑞挺,张宁林.计算机新导论［M］.北京:清华大学出版社,2013.

［7］王珊,萨师煊.数据库系统概论［M］.第 5 版.北京:高等教育出版社,2014.